W0339138

LE DERNIER THÉORÈME DE FERMAT

Titre de l'édition originale

Fermat's Last Theorem
publiée par Walker Publishing Company, Inc.

© 1997 by Simon Singh
© 1997 by John Lynch (Avant-propos)
© 1998, éditions Jean-Claude Lattès pour la traduction française.

Simon Singh

LE DERNIER THÉORÈME DE FERMAT

L'histoire de l'énigme qui a défié les plus grands esprits du monde pendant 358 ans

Traduit de l'anglais par
GERALD MESSADIÉ

Consultant scientifique
Jean-Paul Maneval

JC Lattès

Crédits photographiques

Schémas et illustrations au trait : © Jed Mugford.

P. 23 : Andrew Wiles; p. 41 : Charles Taylor; p. 61 : reproduit avec l'autorisation du Président du Council of the Royal Society; pp. 82, 93 et 94 : John Carter Library, Brown University; p. 100 : reproduit avec l'autorisation du Président du Council of the Royal Society; p. 132 : archives de l'Académie des Sciences; p. 141 : archives de l'Académie des Sciences; p. 142 : avec l'autorisation du Président du Council of the Royal Society; p. 145 : *Die Mathematik und ihre Dozenten* (Akademie Verlag, Berlin); p. 151 : Dr Klaus Barner, university of Kassel; p. 159 : *Sam Loyd and his Puzzles* (Barse and Co., New York); p. 169 : Mathematisches Forschungsinstitut Oberwolfach; p. 171 : Royal Society Library, London; p. 183 : Godfrey Argent; p. 196 : Andrew Wiles; p. 200 : Ken Ribet; p 206 : Goro Shimura; p. 208 : Princeton University, Orren Jack Turner; p 216 : © 1997 Cordon Art, Baarn, Hollande; p. 219 : Goro Shimura; p. 235 : Catherine Karnow; p. 239 : Princeton University, Denise Applewhite; pp. 249, 263 : R. Bourgne et J.P. Azra, *Des écrits et des mémoires mathématiques d'Evariste Galois* (Gauthier-Villars, 1976; réédité par les éditions Jacques Gabay, 1997); p. 271 : A. J. Hanson et S. Dixon, Wolfram Research Inc.; p. 279 : BBC; p. 288 : Science Photo Library; p. 293 : © 1993 by The New York Times Co.; p. 294 : Ken Ribet; p. 310 : Richard Taylor; p. 318 : Princeton University (tous droits réservés); p. 321 : Andrew Wiles, « Modular elliptic curves and Fermat's Last Theorem », *Annals of Mathematics*, 141, 443, 1995, The Johns Hopkins University Press.

En souvenir de Pakhar Singh

Avant-propos

Nous nous rencontrâmes enfin dans une salle clairsemée, assez grande pour contenir tous les gens du Département des mathématiques de Princeton à l'occasion de leurs grandes célébrations. Il n'y avait pas foule cet après-midi-là, mais néanmoins assez de monde pour que je pusse me demander lequel des gens présents était Andrew Wiles. Au bout de quelques moments, j'attachai mon regard à un homme qui semblait assez timide, écoutant les conversations autour de lui, buvant du thé à petites gorgées et se laissant entraîner dans les échanges rituels que tous les mathématiciens du monde pratiquent vers quatre heures de l'après-midi. Quant à lui, il avait simplement deviné qui j'étais.

La semaine avait été remarquable. J'avais rencontré quelques-uns des plus brillants mathématiciens vivants et commencé à entr'apercevoir leur monde. Mais en dépit de tous mes efforts pour atteindre à Andrew Wiles, lui parler et le convaincre de participer à un documentaire de la BBC de la série *Horizon*[1] sur sa réussite, c'était notre première entrevue. L'homme était celui qui avait récemment annoncé avoir trouvé

1. Série télévisée consacrée aux sujets scientifiques *(N.d.T.)*.

le Saint Graal des mathématiques; celui qui avait déclaré avoir prouvé le Dernier théorème de Fermat. Pendant notre entretien, Wiles sembla absent et réservé, et bien qu'amical et courtois, il était évident qu'il m'eût souhaité aussi loin de lui que possible. Il m'expliqua avec une grande simplicité qu'il ne pouvait vraiment pas attacher son attention à quoi que ce fût d'autre que son travail, qui avait atteint un point critique; mais peut-être plus tard, quand les pressions présentes se seraient dissipées, participerait-il avec plaisir au projet proposé. Je savais, et il savait que je savais, qu'il affrontait l'échec de l'ambition de sa vie et que le Saint Graal qu'il avait présenté se révélait n'être qu'un récipient assez beau et de valeur, mais en fin de compte un simple récipient. Il avait trouvé une faille dans la preuve qui avait été annoncée à sons de trompe.

L'histoire du Dernier théorème de Fermat est unique. La première fois que je rencontrai Andrew Wiles, je venais de me rendre compte que c'est vraiment l'une des plus grandes parmi les aventures scientifiques ou académiques. J'avais vu les manchettes au cours de l'été 1993, quand la démonstration avait propulsé les mathématiques aux premières pages de tous les grands journaux du monde. Je n'avais à l'époque qu'un vague souvenir de ce qu'était le Dernier théorème, mais je m'avisai que c'était à l'évidence quelque chose de très particulier, et qui entrait dans le champ d'*Horizon*. Je passai les semaines suivantes à m'entretenir avec plusieurs mathématiciens : ceux qui étaient étroitement impliqués dans l'histoire, ceux qui étaient des familiers d'Andrew et ceux qui plus simplement communiaient dans l'émotion d'un grand moment de leur science. Tous partagèrent généreusement leurs connaissances de l'histoire des mathématiques et me communiquèrent avec patience le peu de compréhension que je pus réunir des concepts en jeu. Il devint rapidement clair que c'était une affaire que seule peut-être une demi-douzaine de gens dans le monde pouvait pleinement comprendre. Je me demandai un temps si je n'étais pas fou de vouloir en faire un film. Mais ces mathématiciens m'avaient également instruit de l'histoire fondamentale des mathématiques et de la signification profonde de Fermat pour les mathématiques et ses initiés, et je me rendis compte que c'était là que résidait le véritable sujet.

J'appris les origines grecques antiques du problème et j'appris également que le Dernier théorème de Fermat était l'Himalaya de la théorie des nombres. Je fus initié à l'esthétique des mathématiques et je commençai à comprendre pourquoi l'on définit les mathématiques comme le langage de la nature. Grâce aux contemporains de Wiles, je saisis l'ampleur herculéenne du travail qu'il avait accompli en conjuguant les plus récentes techniques de la théorie des nombres pour les mettre au service de sa preuve. J'appris de ses amis à Princeton l'évolution complexe accomplie par Andrew au cours de ses années d'études solitaires. Je construisis mentalement un décor extraordinaire autour d'Andrew Wiles et de l'énigme qui dominait sa vie, mais il semblait que je fusse condamné à ne jamais rencontrer l'homme lui-même.

Bien que les mathématiques utilisées par Wiles pour établir sa preuve soient parmi les plus compliquées du monde, je découvris que la beauté du Dernier théorème de Fermat réside dans sa suprême simplicité. C'est une énigme formulée dans des termes familiers à tout écolier. Pierre de Fermat était un homme dans la tradition de la Renaissance, qui se trouvait au cœur de la redécouverte du savoir des anciens Grecs, mais il avait posé une question à laquelle les Grecs n'avaient pas songé et il avait ainsi énoncé ce qui allait devenir le problème le plus difficile du monde. Excitant les curiosités, il laissa à la postérité une note suggérant qu'il avait une réponse, sans dire ce qu'elle était. Tel fut le début d'une quête qui dura trois siècles.

La longueur de ce délai souligne la signification de l'énigme. Il est difficile d'imaginer dans aucun domaine de la science un problème aussi simple et aussi clair et qui pourtant ait résisté aussi longtemps à l'avancée du savoir. Que l'on considère les bonds accomplis en physique, en chimie, en biologie, en médecine et en mécanique depuis le XVIIe siècle. Nous sommes, en médecine, passés des « humeurs » au découpage de gènes, nous avons identifié les particules atomiques élémentaires et nous avons envoyé des hommes sur la Lune, mais dans la théorie des nombres, le Dernier théorème de Fermat était resté inviolé.

Au cours de mes recherches, je me demandai pendant quelque temps pour quelle raison le Dernier théorème pouvait intéresser qui que ce fût d'autre qu'un mathématicien, et pourquoi il serait important de lui consacrer un film. Les maths ont une multitude d'applications pratiques, mais en ce qui touche à la théorie des nombres, les usages les plus excitants qu'on m'indiqua intéressaient la cryptographie, le profil des haut-parleurs et la communication avec les engins spatiaux. Aucun de ces domaines ne me paraissait susceptible d'attirer une audience. Ce qui était beaucoup plus captivant, c'étaient les mathématiciens eux-mêmes et la passion qu'ils mettaient à parler de Fermat.

Les maths sont l'une des formes de pensée les plus pures et pour les profanes, les mathématiciens sont presque des extraterrestres. Ce qui me frappa dans toutes mes conversations avec eux fut leur extrême précision. Ils répondaient rarement sur-le-champ à une question, et je devais souvent attendre que la structure exacte de la réponse se constituât dans leur esprit, mais enfin la réponse venait quand même, aussi exacte et cohérente que j'eusse pu le souhaiter. Quand j'interrogeai un ami d'Andrew, Peter Sarnak, sur ce point, il me répondit que les mathématiciens détestent tout simplement faire une réponse incorrecte. Ils se servent évidemment de l'intuition et de l'inspiration, mais les déclarations formelles doivent être irréprochables. La preuve siège au centre des maths et c'est ce qui les distingue des autres sciences. Les autres sciences comportent des hypothèses qui sont mises à l'épreuve de la preuve expérimentale jusqu'à ce qu'elles se révèlent erronées et que de nouvelles hypothèses leur succèdent. Dans les mathématiques le but est la preuve absolue et une fois que quelque chose est prouvé, c'est pour toujours et sans espoir de changement. Dans le Dernier théorème, les mathématiciens tenaient leur plus grande gageure et celui qui en trouverait la réponse y gagnerait la vénération de toute la discipline.

Des prix furent offerts et la rivalité en fut attisée. L'histoire du Dernier théorème est riche, on y rencontre la mort et la charlatanerie, et elle a même stimulé le développement des maths. Pour reprendre les termes du mathématicien de Harvard Barry Mazur, Fermat a instillé une certaine « âme » dans ces domaines des maths mis en œuvre dans les premiers essais de résolution. Ironiquement, il se trouve que ce fut un de ces domaines qui fut essentiel à la preuve finale de Wiles.

Approchant progressivement une certaine compréhension de ces questions étranges, j'en vins à considérer le Dernier théorème de Fermat comme indispensable au développement des maths et même comme parallèle à celui-ci. Fermat fut le père de la théorie moderne des nombres et depuis son époque, les mathématiques ont évolué et se sont diversifiées dans de nombreuses disciplines spécialisées ; de nouvelles techniques ont donné naissance à de nouveaux domaines et sont devenues des sujets à part entière. Au cours des siècles, le Dernier théorème en est venu à paraître de moins en moins nécessaire au côté pointu de la recherche mathématique et à ressembler de plus en plus à une curiosité. Mais il est désormais clair qu'il n'a jamais cessé d'être essentiel aux maths.

Les problèmes de nombres tels que celui qu'a posé Fermat sont comme des jeux d'énigmes et les mathématiciens en sont friands. Pour Andrew Wiles, celui-ci était une énigme très particulière et pour tout dire l'ambition de sa vie. Trente ans auparavant, dans son enfance, il avait été inspiré par le Dernier théorème de Fermat, dont il avait pris connaissance dans une bibliothèque publique. Le rêve de son enfance et de sa maturité fut de résoudre le problème et quand il fit connaître pour la première fois une démonstration, au cours de cet été de 1993, celle-ci représentait l'achèvement de sept ans de travail acharné, poursuivi avec une détermination et une concentration difficiles à imaginer. Plusieurs des techniques qu'il utilisa n'existaient pas encore au moment où il s'attaqua au problème. Il compila aussi les travaux de plusieurs mathématiciens de premier ordre, synthétisant des idées et créant des concepts où d'autres n'avaient pas osé s'aventurer. En un sens, selon Barry Mazur, il se trouva que tout le monde avait travaillé sur Fermat, mais chacun pour soi et sans se l'être réellement fixé pour but, car la démonstration requérait qu'on y appliquât toute la puissance des maths modernes. Or, ce qu'avait fait Andrew avait été de relier des domaines des maths qui jusqu'alors avaient paru sans rapport. Son travail semblait illustrer toutes les transformations opérées dans les maths depuis que le problème avait été énoncé.

Au cœur de sa démonstration de Fermat, Andrew avait mis à l'essai une idée connue sous le nom de conjecture de Taniyama-Shimura, qui jetait une passerelle entre des domaines mathématiques extrêmement différents. L'objectif suprême de nombreux mathématiciens est un champ unifié, et l'entreprise de Wiles semblait en représenter l'esquisse. En prouvant le Dernier théorème de Fermat, Wiles avait donc consolidé une part de la plus importante théorie des nombres de l'après-guerre, jetant ainsi les bases d'une pyramide de conjectures. Cela allait bien au-delà d'une solution du problème de mathématiques le plus ancien, c'était reculer les frontières mêmes des mathématiques. C'était comme si le problème simple de Fermat, conçu à une époque où les maths étaient dans leur enfance, avait attendu ce moment-là.

L'histoire de Fermat s'achevait de la manière la plus spectaculaire. Pour Andrew Wiles, c'était aussi la fin d'un isolement professionnel presque étranger aux maths, qui impliquent habituellement la collaboration. Le rite du thé dans les instituts de mathématiques du monde entier marque l'heure où l'on met en commun les idées, car les échanges d'opinions sont coutumiers avant la publication. Ken Ribet, un mathématicien qui fut lui-même étroitement associé à la démonstration, m'avait confié, sur un mode presque plaisant, que c'est en raison de leur insécurité que les mathématiciens ont besoin de l'encouragement critique de leurs collègues. Andrew Wiles avait évité tout cela, gardant son travail secret jusqu'aux étapes finales. Cela aussi reflétait l'importance de Fermat. Wiles était habité par l'obsession passionnée d'être celui qui aurait résolu le problème, une passion assez forte pour qu'il y eût consacré sept années de sa vie sans faire part de son objectif. Il avait compris qu'en dépit de l'inactualité du problème, la rivalité qui régnait autour de Fermat ne s'était jamais affaiblie et il n'aurait jamais pu prendre le risque de révéler ce qu'il faisait.

Au terme de plusieurs semaines de recherches, j'arrivai donc à Princeton. L'émotion des mathématiciens avait alors atteint son apogée. J'avais trouvé des histoires de rivalités, de réussites, d'isolement, de génie, de triomphes, de jalousie, de pressions intenses, de frustrations, de deuil et même de tragédie. Au cœur de la cruciale conjecture de Taniyama-Shimura par exemple, se trouvait la vie déplorable de Yutaka Taniyama dans le Japon d'après guerre, que me raconta son meilleur ami, Goro Shimura. Ce fut aussi de Shimura que j'appris la notion de « bien » en maths, celle où l'on a l'intuition que les choses sont justes parce qu'elles sont fondées. Le sentiment du bien régnait en quelque sorte sur le monde des maths cet été-là. Tout le monde jouissait de ce moment glorieux.

Dans ce vaste courant, il est compréhensible qu'Andrew ait ressenti en cet automne de 1993 le poids de sa responsabilité, quand il apparut progressivement que son travail comportait une faille. Les regards du monde s'étaient concentrés sur lui, ses collègues demandaient qu'il publiât ses preuves et pourtant, lui seul sait comment, il ne perdit pas son cran... Il faisait des maths en privé, à son gré, et soudain il se trouvait exposé au public. Andrew, qui est extraordinairement discret, avait fait de grands efforts pour épargner à sa famille la tempête qui éclatait au-dessus de lui. Pendant toute la semaine que je passai à Princeton, je lui téléphonai, je laissai des messages à son bureau, sur le pas de sa porte, aux bons soins de ses amis; je lui adressai même un colis de thé anglais et de Marmite[1]. Mais il résista à mes ouvertures, jusqu'à cette rencontre accidentelle le jour de mon départ. Une conversation posée, mais intense s'ensuivit, qui ne dura en tout qu'une quinzaine de minutes.

Quand nous nous séparâmes cet après-midi-là, nous avions établi un accord. S'il parvenait à réparer la faille, il viendrait parler du film avec moi; j'étais disposé à attendre. Mais quand je repris l'avion pour Londres le soir même, j'eus le sentiment que le film de télévision était un projet défunt. Personne n'avait jamais réglé les failles des nombreuses tentatives de démonstration de Fermat au cours de trois siècles. L'histoire était jonchée de déclarations fausses et si je souhaitais bien qu'il en fût autrement, il était difficile d'imaginer Andrew comme autre chose qu'une stèle de plus dans le cimetière des mathématiques.

Un an plus tard je reçus l'appel. Après une extraordinaire acrobatie mathématique et un éclair d'intuition et d'inspiration, Andrew avait finalement résolu l'énigme de Fermat. Un an plus tard, nous trouvâmes le temps de nous consacrer à un film. J'avais alors invité Simon Singh à se joindre à ce projet, et nous passâmes du temps avec Andrew, apprenant de sa bouche l'histoire entière de ses sept années d'études solitaires et de l'année infernale qui suivit. Pendant le tournage, Andrew nous confia ce qu'il n'avait jamais dit à personne, ses sentiments intimes sur ce qu'il avait fait, comment il avait pendant trente ans poursuivi un rêve d'enfance; comment l'étude d'une grande partie des maths avait constitué pour lui, presque à son insu, une acquisition des outils qui lui serviraient à percer le problème de Fermat qui avait dominé sa vie; comment les choses avaient pour lui changé à

1. Concentré de jus de viande typiquement britannique *(N.d.T.)*.

jamais ; son sentiment de perte, maintenant que ce problème ne serait plus son compagnon constant ; enfin le soulagement qu'il ressentait désormais. Alors que le sujet était aussi difficile à comprendre pour un profane qu'on peut l'imaginer, le niveau de tension émotionnelle lors de nos entretiens était plus fort que tout ce que j'avais connu dans une carrière dédiée aux films scientifiques. Pour Andrew, c'était la fin d'un chapitre de sa vie. Pour moi, c'était un privilège que d'y assister.

Le film a été diffusé sur la BBC sous le titre *Horizon : le Dernier théorème de Fermat.* Simon Singh a développé dans ce livre ces aperçus et ces conversations, avec la pleine richesse de l'histoire de Fermat, de l'histoire et des mathématiques qui en ont formé le contexte ; c'est le récit complet et enrichissant de l'une des plus grandes aventures de la pensée.

John Lynch
Directeur de la série télévisée de la BBC,
Horizon
Mars 1997

Préface

L'histoire du théorème de Fermat est intimement liée à celle des mathématiques et touche à tous les thèmes majeurs de la théorie des nombres. Elle ouvre un aperçu unique sur l'objet des mathématiques et, plus encore, sur ce qui inspire les mathématiciens. Le Dernier théorème siège au centre d'une épopée de courage, de tricherie, d'astuce et de tragédie où figurent les plus grands noms des mathématiques.

Le Dernier théorème de Fermat prend sa source dans les mathématiques de la Grèce antique, quelque deux mille ans avant que Pierre de Fermat posât le problème sous la forme que nous connaissons. Il fait le lien entre les fondements des mathématiques établis par Pythagore et les concepts les plus avancés des mathématiques modernes. En écrivant ce livre, j'ai privilégié une structure essentiellement chronologique, commençant par l'éthique révolutionnaire des pythagoriciens et finissant par l'histoire personnelle d'Andrew Wiles, celle de ses efforts pour résoudre le casse-tête de Fermat.

Le premier chapitre raconte l'histoire de Pythagore et explique comment le théorème de Pythagore a engendré directement le Dernier théorème. Ce chapitre analyse également quelques concepts fondamentaux qui sont évoqués dans l'ensemble du livre. Le deuxième chapitre va de la Grèce antique à la France du XVIIe siècle, où Pierre de Fermat postula l'énigme la plus profonde de l'histoire des mathématiques. Pour représenter le caractère exceptionnel de Fermat et sa contribution aux mathématiques, qui excède de loin le Dernier théorème, plusieurs pages sont consacrées à sa biographie, à son époque et à quelques-unes de ses autres brillantes découvertes.

Les troisième et quatrième chapitres décrivent quelques-unes des tentatives de prouver le dernier théorème de Fermat aux XVIIIe et XIXe siècles et au début du XXe. Bien que ces recherches aient échoué, elles ont inspiré un précieux arsenal de techniques et d'outils mathématiques, dont plusieurs ont été essentiels aux plus récentes. En plus des mathématiques qui y sont décrites, on trouvera dans le plus clair de ces chapitres une évocation des mathématiciens obsédés par l'héritage de Fermat. Leurs histoires démontrent à quel point ils étaient prêts à tout sacrifier dans cette recherche de la gloire, mais aussi comment les mathématiques ont évolué au cours des siècles.

Les derniers chapitres constituent une chronique des événements notables des quarante dernières années, qui ont bouleversé l'approche du Dernier théorème de Fermat. Les sixième et septième chapitres en particulier s'attachent aux percées effectuées par Andrew Wiles au cours de la dernière décennie et qui ont surpris la communauté scientifique ; ils sont fondés sur des entretiens poussés avec Wiles. Ces entretiens m'ont offert l'occasion unique d'entendre le récit d'une des plus prodigieuses aventures intellectuelles de ce siècle.

Je me suis efforcé, en rapportant l'histoire de Pierre de Fermat et de son énigme, de décrire des concepts mathématiques sans recourir à des équations. Mais il était inévitable qu'un x, un y ou un z pointassent çà et là leurs oreilles hirsutes. Quand les équations étaient indispensables, j'ai tenté de les expliquer au préalable pour que des lecteurs profanes en saisissent le sens. Pour ceux des lecteurs qui ont une meilleure connaissance du sujet, j'ai ajouté une série de notes qui approfondissent les idées mathématiques du texte courant.

Ce livre n'aurait pu être écrit sans le secours et le concours de plusieurs personnes. Il me faut tout spécialement remercier Andrew Wiles, qui a pris sur son temps pour m'accorder des entretiens longs et détaillés alors que son planning était chargé. Au cours de mes sept années de journalisme scientifique, je n'ai rencontré personne qui ait plus de passion, ni d'attachement pour son sujet, et je dois au professeur Wiles une profonde gratitude pour sa promptitude à partager son expérience avec moi.

Il me faut également remercier les autres mathématiciens qui m'ont aidé à écrire ce livre et qui m'ont accordé des entretiens sans compter. Certains d'entre eux s'étaient eux-mêmes engagés dans la solution du Dernier théorème de Fermat, d'autres étaient des témoins des événements historiques de ces quarante dernières années dans ce domaine. J'ai passé avec eux des heures délectables et j'ai apprécié la patience et l'enthousiasme qu'ils ont mis à m'expliquer nombre de superbes concepts scientifiques. Je désigne ici en particulier John Conway, Nick Katz, Ben Mazur, Ken Ribet, Peter Sarnak, Goro Shimura et Richard Taylor.

Je me suis efforcé d'illustrer ce livre avec autant de portraits que possible, afin d'offrir au lecteur une image plus vivante des personnages mêlés à l'histoire du Dernier théorème de Fermat. Des bibliothèques et des archives nombreuses ont témoigné d'une obligeance extrême, et je veux ici remercier Susan Oakes, de la London Mathematical Society, Sandra Cumming, de la Royal Society, et Ian Stewart, de la Warwick University. Ma gratitude va également à Jacquelyn Savani, de la Princeton University, Duncan McAngus, Jeremy Gray, Paul Balister et l'ensemble de l'Isaac Newton Institute pour leur contribution à mes recherches. Enfin, il me faut remercier Patrick Walsh, Christopher Potter, Bernadette Alves et Sanjida O'Connell pour leurs commentaires et leurs encouragements tout au long de l'année écoulée.

Je dois, pour finir, beaucoup à la British Broadcasting Corporation, qui m'a permis de me servir de ses dossiers et qui m'a consenti du temps libre. Je suis en particulier redevable à John Lynch, qui a collaboré avec moi à un documentaire de la BBC sur le Dernier théorème de Fermat et qui m'a instillé l'intérêt pour ce sujet.

Andrew Wiles à dix ans, quand il découvrit le Dernier théorème de Fermat.

I

« Je pense que je m'arrêterai ici. »

On se souviendra d'Archimède quand on aura oublié Eschyle, parce que les langues meurent, mais pas les idées mathématiques. « Immortalité » est sans doute un mot creux, mais un mathématicien a probablement plus de chances d'en jouir qu'un autre.

G.H. Hardy

23 juin 1993, Cambridge

C'était la plus importante conférence mathématique du siècle. Deux cents mathématiciens étaient saisis. Seul un quart d'entre eux avait pleinement compris le mélange dense d'algèbre et de symboles grecs qui couvrait le tableau noir. Le reste était simplement là pour assister à ce qu'il espérait être un événement réellement historique.

Les rumeurs avaient circulé depuis la veille. Le courrier électronique sur Internet avait laissé entendre que la conférence culminerait dans une solution du Dernier théorème de Fermat, le plus célèbre problème mathématique du monde. Mais ce genre de rumeur n'était pas rare. Le sujet de ce théorème surgissait souvent dans les conversations à l'heure du thé, et les mathématiciens se lançaient dans des conjectures sur celui d'entre eux qui ferait ceci ou cela. Quelquefois, les confidences professionnelles dans la salle de réunion des anciens se changeaient en spéculations sur une percée ; mais rien ne s'avérait jamais.

Cette fois-ci, la rumeur était différente. Un jeune chercheur de Cambridge était tellement convaincu qu'il avait couru risquer 10 livres chez le bookmaker sur une solution du problème dans la semaine. Le bookmaker flaira toutefois un subterfuge et refusa la mise. C'était le cinquième étudiant qui proposait le même pari dans la journée et tous misaient la même somme. En dépit du fait que les plus grands esprits de la planète s'étaient cassé les dents sur le Dernier théorème de Fermat depuis trois siècles, même les bookmakers commençaient à soupçonner que cette fois-ci pourrait être la bonne.

Les trois tableaux noirs étaient couverts de calculs et le conférencier fit une pause. Le premier tableau fut lessivé et l'algèbre reprit. Chaque ligne de calculs semblait constituer un petit pas de plus vers la solution, mais après trente minutes le conférencier n'avait toujours pas annoncé la preuve. Les professeurs entassés aux premières rangées attendaient la conclusion avec impatience. Les étudiants qui se tenaient à l'arrière épiaient leurs aînés, espérant deviner dans leurs expressions ou leurs propos ce que serait cette conclusion. Est-ce que la séance en cours allait être une preuve exhaustive du Dernier théorème, ou bien le conférencier ne faisait-il qu'esquisser une démonstration incomplète autant que décevante ?

Le conférencier était Andrew Wiles, un Anglais réservé qui avait émigré aux États-Unis dans les années quatre-vingt et qui avait assumé un poste de professeur à l'université de Princeton. Là, il s'était acquis la réputation de l'un des plus brillants mathématiciens de sa génération. Depuis quelques années, toutefois, il avait disparu du circuit annuel des conférences et des séminaires, et ses collègues commençaient à penser que Wiles avait son avenir derrière lui. Il n'est pas inhabituel pour de jeunes et brillants esprits de se consumer prématurément, comme l'avait relevé le mathématicien Alfred Adler : « La vie mathématique d'un mathématicien est brève. Le travail s'améliore rarement après vingt-cinq ou trente ans. S'il n'a pas déjà produit le meilleur, il n'en produira pas beaucoup plus. »

« Les jeunes hommes devraient prouver les théorèmes et les vieux, écrire des livres », observe G.H. Hardy dans l'*Apologie d'un mathématicien*. « Aucun mathématicien ne devrait jamais oublier que les mathématiques, plus que n'importe quel autre art ou science, sont une activité de jeune homme. Pour le démontrer simplement et de manière comparativement rudimentaire, la moyenne d'âge pour l'élection à la Royal Society est la plus basse pour les mathématiques. » Le plus brillant élève de Hardy, Srinivasa Ramanujan, fut nommé Fellow of the Royal Society à trente et un ans seulement, au terme d'une série de percées dans sa jeunesse. Bien qu'il eût reçu fort peu d'instruction dans son village natal de Kumbakonam, en Inde du sud, Ramanujan avait été capable d'énoncer des théorèmes et de formuler des solutions qui échappaient aux mathématiciens occidentaux. Il semble qu'en mathématiques, l'expérience qui vient avec l'âge soit moins importante que l'intuition et l'audace de la jeunesse. Quand Ramanujan adressa ses résultats à Hardy, ce professeur de Cambridge en fut à ce point admiratif qu'il invita son correspondant à quitter son médiocre emploi de clerc en Inde du sud et à s'inscrire au Trinity College, où il pourrait frayer avec quelques-uns des théoriciens les plus éminents de la théorie des nombres. Les hivers de l'East Anglia se révélèrent, hélas, trop rigoureux pour Ramanujan, qui devint tuberculeux et mourut à trente-trois ans.

D'autres mathématiciens ont connu des carrières aussi brillantes, mais aussi courtes. Au XIXe siècle, le Norvégien Niels Henrik Abel apporta sa plus grande contribution aux mathématiques à dix-neuf ans et mourut huit ans plus tard dans le dénuement, de tuberculose également. Charles Hermite a dit de lui : « Il a laissé du pain sur la planche des mathématiciens pour cinq cents ans », et il est vrai que les découvertes d'Abel exercent encore une profonde influence sur de nombreux théoriciens d'aujourd'hui. Le contemporain tout aussi brillant d'Abel, Évariste Galois, effectua également des percées dans sa grande jeunesse et mourut tout juste âgé de vingt et un ans.

Ces exemples ne sont pas destinés à montrer que les mathématiciens meurent prématurément et tragiquement, mais plutôt que leurs plus brillantes idées leur viennent dans leur jeunesse, et Hardy l'a reconnu : « Je ne connais pas d'exemple d'une avancée mathématique majeure qui ait été faite par quelqu'un de plus de cinquante ans. » Les mathématiciens d'âge mûr se fondent souvent dans le décor et passent le reste de leurs vies à enseigner ou à s'occuper de l'administration plutôt qu'à faire des recherches, mais tel ne fut pas le cas de Wiles. Bien qu'il eût atteint l'âge respectable de quarante ans, il avait passé les sept dernières années dans des travaux parfaitement secrets, essayant de résoudre le plus grand problème des mathématiques. Tandis que certains soupçonnaient sa source de s'être tarie, il faisait une avancée prodigieuse et inventait des techniques et des outils nouveaux, qu'il s'apprêtait à faire connaître. Sa décision de travailler dans l'isolement parfait était une stratégie à haut risque, sans précédent dans le monde des mathématiques.

Le département des mathématiques de n'importe quelle université est le moins secret de tous : il n'a pas, en effet, d'invention à breveter. Sa communauté se targue d'être ouverte à tous et aux libres échanges d'idées, et les pauses pour le thé y sont des rituels quotidiens où l'on échange et analyse des concepts par-dessus des théières d'Earl Grey et des plateaux de biscuits. Il en résulte qu'on voit de plus en plus d'articles publiés par des co-auteurs ou des équipes de mathématiciens; le renom en rejaillit sur tous. Toutefois, si le professeur Wiles avait vraiment établi la preuve exacte et complète du Dernier théorème de Fermat, le prix le plus convoité des mathématiques ne reviendrait qu'à lui et à lui seul. Mais il lui fallait payer pour son secret, car il n'avait auparavant ni discuté, ni mis ses idées à l'épreuve de sa communauté et il courait donc des risques sérieux d'avoir commis une erreur fondamentale.

Wiles eût souhaité consacrer plus de temps à réviser son travail et son manuscrit final. Mais l'occasion unique se présenta d'annoncer sa découverte à l'Isaac Newton Institute à Cambridge et il renonça à la prudence. Le seul objet de cet institut est de réunir les plus beaux cerveaux du monde pendant quelques semaines, afin qu'ils organisent des séminaires sur des sujets pointus de leur choix. Le bâtiment en est situé à l'écart dans l'université, loin des étudiants et des sujets de distraction; il est spécialement conçu pour inciter les chercheurs à la concentration et aux échanges. Pas de corridors par lesquels on puisse se dérober; chaque bureau donne sur un forum central. Les mathématiciens sont encouragés à passer leur temps dans ce forum et découragés de fermer leurs portes. La collaboration ambulatoire est à l'honneur dans l'institut; même l'ascenseur, qui ne dessert pourtant que trois étages, est pourvu d'un tableau noir. En fait, chaque pièce du bâtiment, y compris les toilettes, est pourvue d'un tableau noir. Cette fois-là, les séminaires du

Newton Institute étaient consacrés à « Fonctions *L* et Arithmétique ». Tous les plus grands théoriciens des nombres étaient réunis pour discuter des problèmes afférents à ce domaine hautement spécialisé des mathématiques pures, mais seul Wiles était conscient du fait que les fonctions *L* pouvaient recéler la clef du Dernier théorème de Fermat.

Mais la principale raison qu'avait Wiles de s'exprimer à Cambridge est que c'était sa ville, il y était né, y avait grandi, y avait conçu sa passion pour les nombres et y avait découvert le problème qui devait dominer le reste de sa vie.

Le dernier problème

A l'âge de dix ans, en 1963, Andrew Wiles était déjà fasciné par les maths. « J'adorais faire des problèmes à l'école, je les emportais à la maison et j'en inventais de nouveaux. Mais le meilleur problème que j'aie jamais trouvé, je l'ai découvert à la bibliothèque municipale. »

Un jour qu'il rentrait chez lui par le chemin des écoliers, le jeune Wiles décida de se rendre à la bibliothèque qui se trouvait sur Milton Road. Elle était plutôt pauvre, comparée aux bibliothèques du collège, mais elle comportait toutefois une large collection de livres d'énigmes et c'était ce qui y attirait Andrew. Ces livres étaient bourrés de toutes sortes de mystères scientifiques et d'énigmes mathématiques, et l'on trouvait commodément la réponse à chaque question dans les dernières pages. Mais cette fois-là, Andrew tomba sur un livre qui ne comportait qu'une seule énigme et pas de solution.

Ce livre était *Le Problème ultime*, d'Eric Temple Bell, et c'était l'histoire d'un problème mathématique qui remontait à la Grèce antique, mais qui n'avait atteint sa maturité qu'au XVIIe siècle, quand le grand mathématicien français Pierre de Fermat lança à son insu une gageure au reste du monde. L'un après l'autre, d'autres grands mathématiciens furent mis en échec par le problème que Fermat avait laissé en héritage et, pendant quelque trois siècles, personne n'avait été capable de le résoudre. Il existe d'autres problèmes mathématiques non résolus, mais ce qui prête son relief à celui de Fermat est son apparente simplicité. Trente ans après la première lecture du livre de Bell, Wiles me décrivit son sentiment au moment où il découvrit le Dernier théorème : « Cela avait l'air si simple, et pourtant tous les grands mathématiciens de l'histoire avaient été incapables de le résoudre. C'était un problème que, moi, un gamin de dix ans, pouvais comprendre et je sus alors que je ne m'en déferais jamais. Je devais le résoudre. »

Habituellement, en mathématiques, la moitié de la difficulté consiste à comprendre la question. Mais, ici, elle était évidente — prouver qu'il n'y a pas de nombres entiers x, y, z, solutions de l'équation :

$$x^n + y^n = z^n \text{ pour } n > 2$$

Le problème a l'air simple parce qu'il se fonde sur un élément mathématique que tout le monde peut se rappeler, le théorème de Pythagore :

> Le carré de l'hypothénuse d'un triangle rectangle est égal à la somme des carrés des deux autres côtés.
>
> soit : $x^2 + y^2 = z^2$

Cette comptine pythagoricienne a été inscrite dans des millions, sinon des milliards de cerveaux humains. C'est le théorème fondamental que tout innocent écolier est contraint d'apprendre. Mais en dépit du fait qu'elle peut être comprise par un enfant de dix ans, cette création de Pythagore a inspiré un problème qui a défié les plus grands esprits mathématiques de l'histoire.

Pythagore de Samos a exercé une grande influence sur les mathématiques. Le personnage était mystérieux. On ne possède pas d'informations de première main sur sa vie et son travail, et comme il est nimbé de mythe et de légende, les historiens sont en peine de distinguer les faits de la fiction. Ce qui semble certain est que Pythagore a été le fondateur de la logique numérique et le créateur de l'âge d'or des mathématiques. Grâce à son génie, les nombres n'ont plus été utilisés aux seules fins de compter et de calculer, mais ils ont été considérés pour leur valeur intrinsèque. Il étudia les propriétés de nombres particuliers, de leurs relations et des schémas qu'ils constituaient. Il s'avisa que les nombres existaient indépendamment du monde tangible et que leur étude échappait donc aux incertitudes de la perception. Cela signifiait qu'il pouvait découvrir des vérités qui étaient indépendantes de l'opinion ou des préjugés et qui étaient plus absolues que n'importe quel savoir antérieur.

C'est au VIe siècle avant notre ère. Pythagore a acquis ses connaissances mathématiques au cours de ses voyages. On avance qu'il aurait poussé jusqu'en Inde et en Bretagne, mais il est plus certain qu'il ait recueilli plusieurs de ses techniques et de ses outils mathématiques auprès des Égyptiens et des Babyloniens. Ces deux peuples avaient dépassé les limites de l'arithmétique élémentaire et ils étaient en mesure d'effectuer des opérations complexes qui leur avaient permis d'élaborer des systèmes de comptabilité avancés et d'ériger des constructions architecturales de haut niveau. Certes, ils considéraient les mathématiques comme un simple instrument utile pour résoudre des problèmes pratiques ; ainsi, les motifs de la recherche de certaines règles élémentaires de géométrie étaient de rétablir les limites des champs recouverts lors des crues annuelles du Nil. Le mot *géométrie* lui-même signifie « mesure de la terre ».

Pythagore s'avisa que les Égyptiens et les Babyloniens effectuaient chaque calcul selon une recette qu'on pouvait appliquer aveuglément. Ces recettes, qui se transmettaient de génération en génération, fournissaient toujours des réponses correctes et personne ne se souciait donc de les contester ou d'analyser la logique qui en sous-tendait les équations. Ce qui était important pour ces civilisations était que le calcul fût correct; les raisons pour lesquelles il l'était n'offraient pas d'intérêt.

Au terme d'une vingtaine d'années de voyages, Pythagore avait assimilé toutes les règles mathématiques du monde connu. Il partit pour son île natale de Samos, en mer Égée, avec l'intention de fonder une école consacrée à la philosophie et en particulier aux règles mathématiques qu'il avait découvertes. Il espérait trouver de nombreuses recrues à l'esprit ouvert qui l'aideraient à développer de nouvelles philosophies radicales, mais en son absence le tyran Polycrate avait changé l'île; jadis libérale, elle était devenue intolérante et conservatrice. Polycrate invita Pythagore à sa cour, mais le philosophe comprit que c'était là une manœuvre destinée à le réduire au silence et il déclina donc cet honneur. Il quitta la ville pour aller vivre dans une caverne à l'écart, où il pouvait s'adonner à la méditation sans être dérangé.

L'isolement lui pesa et Pythagore finit par proposer de l'argent à un garçon pour qu'il devînt son élève. Le nom de ce premier adepte est douteux, mais quelques historiens supposent que ç'aurait été également Pythagore, et que ce serait l'étudiant qui aurait acquis une certaine notoriété en postulant que les athlètes devaient manger de la viande pour améliorer leurs performances. Pythagore le maître payait Pythagore l'élève trois oboles par leçon, et le premier se rendit compte qu'au bout de quelques semaines, la répugnance du garçon au savoir avait fait place à l'enthousiasme. Pour prendre la mesure de son succès, Pythagore prétendit qu'il n'avait plus les moyens de payer l'élève et que les leçons devaient donc prendre fin, sur quoi le garçon proposa de payer pour son éducation plutôt que de l'interrompre. L'élève était devenu un disciple. Ce fut malheureusement la seule conversion effectuée par Pythagore à Samos. Il y eut bien une école connue sous le nom d'Hémicycle de Pythagore, mais les notions de réforme sociale qu'on y enseignait étaient inadmissibles et le philosophe fut contraint de fuir l'île en compagnie de sa mère et de son unique disciple.

Pythagore fit voile pour l'Italie du sud, qui faisait alors partie de la Grande Grèce, et il s'installa à Crotone. Il eut la chance d'y trouver le protecteur idéal, l'homme le plus riche de la ville et l'un des plus forts de l'histoire. La réputation de Pythagore comme le sage de Samos se répandait déjà en Grèce, mais celle de Milon était encore plus grande. Celui-ci était un personnage herculéen qui avait été couronné douze fois aux Jeux olympiques et pythiques, un record. Mais en plus d'être un athlète, Milon cultivait et étudiait la philosophie et les mathématiques. Il aménagea sa maison de manière à offrir à Pythagore assez d'espace pour y tenir une école. Ce fut ainsi que l'esprit le plus créatif et le corps le plus puissant s'associèrent.

Dans la sécurité de sa nouvelle installation, Pythagore fonda la Fraternité pythagoricienne, un groupe de six cents disciples qui étaient non seulement capables de comprendre son enseignement, mais encore de l'enrichir par des idées et des preuves nouvelles. Quand il adhérait à la Fraternité, chaque disciple devait faire don de toutes ses possessions à un fonds commun, et s'il en était qui la quittaient, ils recevaient le double de ce qu'ils avaient offert en y arrivant et l'on érigeait une stèle en leur mémoire. La Fraternité était une institution égalitaire et comprenait de nombreuses sœurs. L'élève favorite de Pythagore était la propre fille de Milon, la belle Théano, et en dépit de leur différence d'âge, ils finirent par se marier.

Peu après avoir fondé la Fraternité, Pythagore inventa le mot « philosophe » et signifia ainsi les buts de son école. Alors qu'il assistait aux Jeux olympiques, Léon, prince de Phlius, demanda à Pythagore comment il se définissait. « Je suis un philosophe », répondit Pythagore, mais Léon n'avait jamais entendu ce mot et en demanda l'explication.

> La vie, prince Léon, peut être comparée à ces jeux publics, car dans le vaste public assemblé ici se trouvent des gens qui sont attirés par le gain, d'autres par les espoirs de la renommée et de la gloire. Mais il y en a aussi quelques-uns qui sont venus pour observer et comprendre tout ce qui se passe ici.
>
> Il en va de même avec la vie. Certains sont menés par l'amour de la richesse, d'autres guidés aveuglément par la soif insensée de puissance et de domination, mais l'homme le plus noble se consacre à la découverte du sens et du but de la vie. Il cherche à découvrir les secrets de la nature. C'est celui que j'appelle un philosophe, car bien qu'aucun homme ne soit sage à tous égards, il peut aimer la sagesse comme clef des secrets de la nature.

Il existait bien des gens informés des aspirations de Pythagore, mais personne en dehors de la Fraternité ne connaissait l'étendue, ni les détails de ses succès. Chaque membre de l'école était requis de jurer qu'il ne révélerait jamais au monde aucune de ses découvertes mathématiques. Même après la mort de Pythagore, un membre de la Fraternité fut noyé pour avoir abjuré : il avait annoncé publiquement la découverte d'un nouveau solide régulier, le dodécaèdre, constitué de douze pentagones réguliers. L'ésotérisme prononcé de la Fraternité pythagoricienne explique en partie les mythes répandus sur des rituels étranges qu'elle aurait pratiqués, et explique aussi qu'il y ait peu de témoignages fiables sur ses réussites mathématiques.

Ce qu'on sait est que Pythagore avait établi une éthique qui changea le cours des mathématiques. La Fraternité était effectivement une communauté religieuse, et l'une des idoles qu'elle révérait était le Nombre. Ses membres supposaient qu'en comprenant les rapports entre les nombres, ils pourraient découvrir les secrets spirituels de l'univers et se rapprocher des dieux. La Fraternité s'attachait particulièrement à l'étude des nombres arithmétiques (1, 2, 3...), et de leurs fractions. Les nombres arithmétiques sont aussi appelés *nombres entiers* et l'on se réfère techniquement aux fractions sous l'appellation de *nombres rationnels,* c'est-à-dire de rapports proportionnels entre les nombres entiers. Dans l'infinité des nombres, la Fraternité recherchait ceux qui présentaient une signification particulière et quelques-uns des plus particuliers étaient appelés nombres « parfaits ».

Selon Pythagore, la perfection numérique dépendait des diviseurs d'un nombre, car certains nombres se divisent parfaitement en un nombre originel. Par exemple, les diviseurs de 12 sont 1, 2, 3, 4 et 6. Quand la somme des diviseurs d'un nombre est plus grande que le nombre lui-même, celui-ci est appelé un nombre « excessif ». 12 est donc un nombre excessif, parce que la somme de ses diviseurs est 16. En revanche, quand la somme des nombres d'un diviseur est moindre que le nombre lui-même, celui-ci est appelé « imparfait ». 10 est nombre imparfait parce que la somme de ses diviseurs, 1, 2 et 5, n'est que de 8.

Les nombres les plus significatifs et les plus rares sont ceux dont la somme des diviseurs correspond à ces nombres et ce sont les *nombres parfaits.* Le nombre 6 a comme diviseurs 1, 2 et 3 et c'est donc un nombre parfait puisque 1 + 2 + 3 = 6. Le nombre parfait suivant est 28, parce que 1 + 2 + 4 + 7 + 14 = 28.

En plus de la signification mathématique qu'elle revêtait pour la fraternité, la perfection des nombres 6 et 28 était reconnue par d'autres cultures, qui observaient que la Lune fait le tour de la Terre en 28 jours et qui avançaient que Dieu avait créé le monde en 6 jours. Dans *La Cité de Dieu,* saint Augustin avançait que Dieu, bien qu'il eût pu créer le monde en un instant, avait décidé de lui consacrer six jours afin de refléter la perfection de l'univers. En outre, saint Augustin avançait que 6 n'était pas un nombre parfait parce que Dieu l'avait choisi, mais plutôt parce que la perfection était inhérente à la nature de l'univers : « 6 est un nombre parfait en lui-même et non pas parce que Dieu a créé toutes choses en six jours ; c'est plutôt le contraire qui est vrai ; Dieu a créé toutes choses en six jours parce que le nombre est parfait. Et il demeurerait parfait même si le travail des six jours n'avait pas eu lieu. »

Tandis que les nombres arithmétiques augmentaient, les nombres parfaits devenaient plus difficiles à trouver. Le troisième nombre parfait est 496, le quatrième est 8 128, le cinquième est 33 550 336 et le sixième est 8 589 869 056. Pythagore observa que, de même que tous les nombres parfaits sont la somme de leurs diviseurs, ils présentent d'autres propriétés élégantes. Par exemple, les nombres parfaits sont toujours la somme d'une série de nombres arithmétiques. Ainsi, nous avons

$$6 = 1 + 2 + 3,$$
$$28 = 1 + 2 + 3 + 4 + 5 + 6 + 7,$$
$$496 = 1 + 2 + 3 + 4 + 5 + 6 + 7 + 8 + 9... + 30 + 31$$

8 128 = 1 + 2 + 3 + 4 + 5 + 6 + 7 + 8 + 9 ... + 126 + 127.

Pythagore était fasciné par les nombres parfaits, mais il ne se contentait pas de les collectionner; il espérait trouver leur signification profonde. L'une de ses intuitions fut que la perfection était étroitement liée à la « binarité ». Les nombres 4 (2 × 2), 8 (2 × 2 × 2), 16 (2 × 2 × 2 × 2), etc. sont connus comme des puissances de 2 et peuvent être écrits comme 2^n, où n représente le nombre de 2 multipliés les uns par les autres. C'est de justesse que toutes ces puissances de 2 ne parviennent pas à la perfection, parce que la somme de leurs diviseurs représente toujours une unité de moins que le nombre lui-même. Ce qui fait qu'ils sont légèrement défectueux.

$2^2 = 2 \times 2$	= 4,	diviseurs, 1, 2	somme = 3
$2^3 = 2 \times 2 \times 2$	= 8,	diviseurs 1, 2, 4	somme = 7
$2^4 = 2 \times 2 \times 2 \times 2$	= 16,	diviseurs 1, 2, 4, 8	somme = 15
$2^5 = 2 \times 2 \times 2 \times 2 \times 2$	= 32,	diviseurs 1, 2, 4, 8, 16	somme = 31

Deux siècles plus tard, Euclide devait affiner le lien de Pythagore entre la binarité et la perfection. Euclide découvrit que les nombres parfaits sont toujours les multiples de deux nombres dont l'un est une puissance de 2 et l'autre, la puissance suivante de 2 moins 1. Ainsi :

$$6 = 2^1 \times (2^2 - 1),$$
$$28 = 2^2 \times (2^3 - 1),$$
$$496 = 2^4 \times (2^5 - 1),$$
$$8\,128 = 2^6 \times (2^7 - 1)$$

Les ordinateurs contemporains ont poursuivi la recherche des nombres parfaits et en ont trouvé d'aussi énormes que $2^{216\,190} \times (2^{216\,091} - 1)$, un nombre qui comprend plus de 130 000 chiffres et qui répond à la règle d'Euclide.

Pythagore était fasciné par la richesse des structures et des propriétés des nombres parfaits et il en admirait la subtilité et l'intelligence. Au premier regard, la perfection est un concept relativement aisé à saisir, et pourtant les Grecs anciens étaient dans l'incapacité d'explorer certains aspects du sujet. Ainsi, bien qu'il y ait abondance de nombres dont la somme des diviseurs est égale à une unité de moins que le nombre lui-même, c'est-à-dire qui sont seulement un peu imparfaits, il semble qu'il n'existe pas de nombres qui soient un peu excessifs. Les Grecs ne purent ainsi trouver de nombres dont la somme des diviseurs était supérieure d'une unité à ces nombres, et ils ne purent l'expliquer non plus. Comble de frustration, non seulement ils ne purent découvrir de nombres légèrement excessifs, mais ils ne purent démontrer non plus que de tels nombres n'existaient pas. Cela ne servait à rien que de savoir pourquoi des nombres légèrement excessifs n'existaient pas, mais c'était un problème qui pouvait éclairer la nature des nombres et qui méritait donc d'être étudié. De telles énigmes occupaient la Fraternité pythagoricienne et deux millénaires et demi plus tard, les mathématiciens restent incapables de prouver qu'il n'existe pas de nombres légèrement excessifs.

Tout est nombre

En plus de l'étude des relations entre les nombres, Pythagore était intrigué par leurs relations avec la nature. Il se rendit compte que les phénomènes naturels sont gouvernés par des lois et que celles-ci peuvent être couchées en termes mathématiques. L'un des premiers rapports qu'il découvrit fut celui des relations fondamentales entre l'harmonie de la musique et celle des nombres.

L'instrument de musique le plus important dans la Grèce archaïque était le tétracorde ou lyre à quatre cordes. Avant Pythagore, les musiciens s'étaient avisés que certaines notes, lorsqu'on les jouait ensemble, créaient un effet plaisant et ils accordaient leurs lyres de telle sorte que lorsqu'on pinçait deux cordes à la fois, on obtenait une telle harmonie. Toutefois, les musiciens archaïques ignoraient pourquoi certaines notes étaient harmonieuses et ne disposaient pas de système objectif pour accorder leurs instruments. Ils accordaient exclusivement leurs lyres à l'oreille jusqu'à ce qu'un état d'harmonie fût obtenu, processus que Platon appelait « la torture des clefs ».

Jamblique, le lettré du IVe siècle qui écrivit neuf livres sur la secte pythagoricienne, rapporte comment Pythagore en vint à découvrir les principes directeurs de l'harmonie musicale :

> Il conçut un jour l'idée de réaliser un instrument mécanique d'appoint à l'ouïe qui serait aussi efficace qu'ingénieux. Cet accessoire serait comparable aux compas, aux règles et aux instruments d'optique conçus pour la vue. Pareillement, le toucher disposait des balances et du concept des poids et des mesures. Par un coup divin du hasard, il passa devant l'atelier d'un forgeron et écouta les marteaux battre le fer et produire à l'unisson une harmonie variée d'échos, à l'exception d'une seule combinaison.

Selon Jamblique, Pythagore s'élança dans l'atelier pour étudier l'harmonie des marteaux. Il remarqua que la plupart de ceux-ci pouvaient, s'ils frappaient simultanément, produire des sons harmonieux, alors que toute combinaison comprenant un seul marteau particulier produisait toujours un son déplaisant. Il examina les marteaux et conclut que ceux qui produisaient une harmonie l'un avec l'autre étaient unis par une relation mathématique simple : leurs masses étaient proportionnellement unies par des rapports simples ou étaient des fractions l'une de l'autre. C'est-à-dire que des marteaux qui pesaient la moitié, les deux tiers ou les trois quarts du poids d'un marteau particulier produisaient tous des sons harmonieux ; en revanche, le marteau qui, lorsqu'il frappait en même temps que les autres produisait un son discordant, avait un poids sans rapport simple avec les autres.

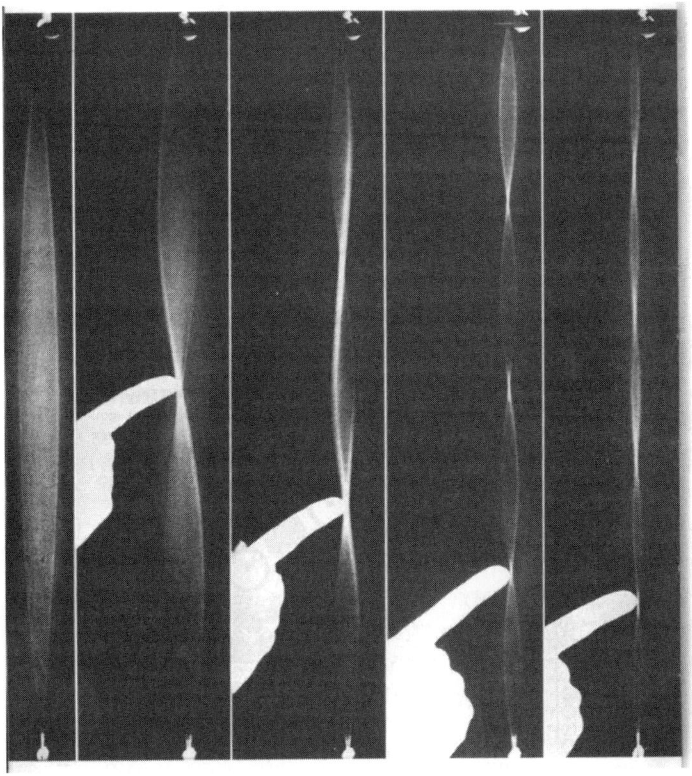

Fig. 1 : Une corde qui vibre librement engendre une note de base. Un pincement situé exactement à mi-chemin de sa longueur produira une note d'une octave plus haute et en harmonie avec la note originelle. D'autres notes harmoniques peuvent être obtenues en déplaçant le pincement à d'autres niveaux, qui sont des fractions simples (un tiers, un quart, un cinquième) de la longueur.

Pythagore avait découvert que les rapports numériques simples sont la cause de l'harmonie musicale. On a douté de récit de Jamblique, mais il reste probable que Pythagore appliqua à la lyre cette nouvelle théorie des rapports harmoniques en examinant les propriétés d'une corde isolée. Le simple pincement de la corde engendre une note étalon qui est produite par toute la longueur de la corde qui vibre. En fixant la corde à des points particuliers répartis sur sa longueur, il est possible de produire d'autres tons et vibrations, comme cela est illustré sur la figure 1. Élément crucial, les tons harmonieux ne se produisent qu'à des points très précis. Ainsi, quand on fixe la corde exactement en son milieu, le pincement engendre un ton qui est d'une octave supérieure et qui reste en harmonie avec le ton original. De même, en fixant la corde à des points qui sont exactement un tiers, un quart ou un cinquième de sa longueur, on obtient d'autres notes harmonieuses. Toutefois, si l'on fixe la corde à un point qui n'est pas une fraction simple de sa longueur, on obtient un ton qui n'est pas en harmonie avec les autres.

Pythagore avait découvert le premier la loi mathématique qui gouverne un phénomène physique et il avait démontré une relation fondamentale entre les mathématiques et la science. Depuis cette découverte, les savants ont cherché les lois mathématiques qui semblent gouverner tous les processus physiques et ils ont trouvé que les nombres apparaissent de diverses manières dans les phénomènes physiques. Par exemple, il est un nombre particulier qui semble dicter la longueur des rivières à méandres. Le professeur Hans-Hendrik Stølum, spécialiste des sciences de la Terre à l'université de Cambridge, a calculé le rapport entre la longueur des rivières de leurs sources à leurs embouchures et leurs longueurs réelles à vol d'oiseau. Bien que le rapport varie d'une rivière à l'autre, la valeur moyenne est légèrement supérieure à 3, c'est-à-dire que la longueur réelle est à peu près triple de la distance directe. En fait, le rapport est à peu près de 3,14, ce qui est proche de la valeur du nombre π, rapport de la circonférence d'un cercle à son diamètre.

Le nombre π vient de l'origine de la géométrie des cercles et il réapparaît dans un certain nombre de contextes scientifiques. Dans le cas du rapport de la rivière, le fait que π apparaisse résulte d'un conflit entre l'ordre et le chaos. Einstein fut le premier à postuler que les rivières tendent à multiplier leurs méandres, parce que la moindre courbe entraînera un courant sur la rive extérieure, ce qui accentuera l'érosion et le méandre. Plus le méandre est accentué et plus le courant sera rapide sur le bord extérieur, et plus celui-ci sera rapide et plus l'érosion sera forte et ainsi de suite. Il existe cependant un phénomène naturel qui freine le chaos : à l'extrême, le creusement des méandres ferait que la rivière tournerait en rond et, pour ainsi dire, se court-circuiterait; la rivière prendrait alors au plus court en évitant le méandre. L'équilibre entre ces situations opposées se situe dans un rapport moyen de π entre la longueur actuelle de la rivière et la distance directe de la source à l'embouchure. Ce rapport de π se retrouve le plus souvent dans les rivières qui coulent lentement à travers des plaines au relief très doux, comme au Brésil ou dans la toundra sibérienne.

S'avisant que les nombres étaient cachés en tout, des harmonies de la musique à l'orbite des planètes, Pythagore proclama : « Tout est Nombre. » En approfondissant le sens des mathématiques, il mettait au point le langage qui lui permettrait, à lui et à d'autres, de décrire l'univers. Dès lors, chaque avancée en mathématiques donnerait aux savants le vocabulaire nécessaire pour mieux expliquer le monde environnant. En fait, le développement des mathématiques entraînerait des révolutions scientifiques.

Découvreur de la gravitation universelle, Isaac Newton fut aussi un puissant mathématicien. Sa plus grande contribution à cette science fut le développement du calcul, qui devait mener les physiciens à s'en servir pour mieux formuler les lois de la gravitation et résoudre les problèmes associés. La théorie classique de Newton traversa les siècles jusqu'à ce qu'elle fût dépassée par la théorie de la relativité générale d'Albert Einstein qui offrait une explication plus détaillée et différente de la gravité. Les idées d'Einstein ne purent fleurir que parce que de nouveaux concepts mathématiques étaient apparus, qui lui fournissaient un langage plus fin pour les exprimer. L'interprétation de la gravitation est, de nos jours, une fois de plus modifiée par des avancées en mathématiques. Les toutes dernières théories quantiques de la gravitation sont liées au développement de la théorie des cordes, selon laquelle les propriétés géométriques et topologiques des tubes semblent le plus aptes à expliquer les forces de la nature.

De tous les liens entre les nombres et la nature étudiés par la Fraternité pythagoricienne, le plus important est celui qui porte le nom du fondateur. Le théorème de Pythagore offre, en effet, une équation qui s'applique à tous les triangles rectangles et qui définit donc l'angle droit lui-même. A son tour, l'angle droit définit la perpendiculaire, c'est-à-dire le rapport de la verticale à l'horizontale et, en fin de parcours, les relations entre les trois dimensions de notre univers familier. Grâce à l'angle droit, les mathématiques définissent la structure même de l'espace dans lequel nous vivons.

C'est une observation profonde, et pourtant il n'est pas besoin d'être un grand mathématicien pour comprendre le théorème de Pythagore. Il faut simplement commencer par mesurer les longueurs des deux côtés courts d'un triangle rectangle (x et y), puis porter chacun au carré (x^2 et y^2). L'on additionne ensuite ces derniers et l'on obtient un nombre. Si l'on se réfère au triangle ci-dessous, ce chiffre est de 25.

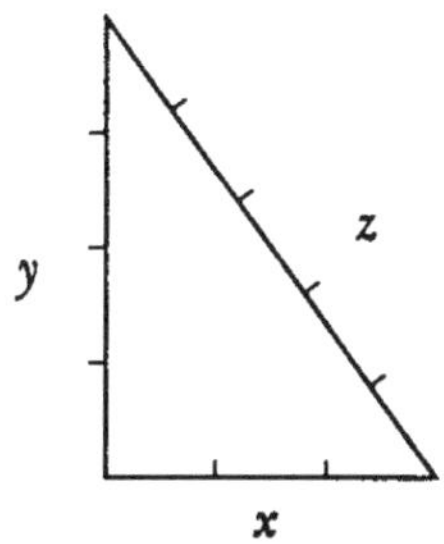

$$x = 3, \quad y = 4, \quad z = 5$$
$$x^2 + y^2 = z^2$$
$$9 + 16 = 25$$

Fig. 2 : Tous les triangles rectangles obéissent au théorème de Pythagore.

On peut mesurer le côté le plus long du triangle en question, z, qu'on appelle hypoténuse, et porter sa valeur au carré. Le résultat le plus remarquable de cette opération est que z^2 sera exactement égal au nombre obtenu plus haut, soit $5^2 = 25$. Ce qui s'énonce :

> Dans un triangle rectangle, le carré de l'hypoténuse est égal à la somme des carrés des deux côtés de l'angle droit.

En d'autres mots (ou plutôt en d'autres symboles) :

$$x^2 + y^2 = z^2$$

C'est certainement vrai pour le triangle de la figure 2, mais ce qui est remarquable, c'est que le théorème de Pythagore est vrai pour tous les triangles rectangles imaginables. C'est une loi universelle mathématique et l'on peut s'y fier en présence de n'importe quel triangle rectangle. Inversement, si un triangle se conforme au théorème de Pythagore, c'est un triangle rectangle.

Il faut relever ici que, bien que ce théorème soit pour toujours associé à Pythagore, il était en fait connu des Chinois et des Babyloniens mille ans auparavant. Cependant, ces cultures ne savaient pas que le théorème valait pour tous les triangles rectangles. Il s'appliquait certes aux triangles qu'ils considéraient, mais ils ne disposaient d'aucune démonstration pour les autres. La raison pour laquelle Pythagore put revendiquer ce théorème est qu'il en avait, lui, démontré la validité universelle.

Mais comment Pythagore savait-il que son théorème était vrai pour tous les triangles rectangles ? Il ne pouvait certes prétendre le prouver à l'infini, et pourtant il pouvait être absolument certain de sa vérité absolue. La raison de sa certitude réside dans le concept de la preuve mathématique. La recherche d'une preuve mathématique est celle d'un savoir plus absolu que celui qui est accumulé par toute autre discipline. Le désir de la vérité ultime par la méthode de la preuve a guidé les mathématiciens pendant les deux mille cinq cents dernières années.

La preuve absolue

L'histoire du Dernier théorème de Fermat tourne autour de la recherche d'une preuve manquante. La preuve mathématique est beaucoup plus puissante et rigoureuse que celle dont nous utilisons le concept dans notre langage quotidien et même que celle que conçoivent les physiciens et les chimistes. La différence entre la preuve mathématique et la preuve physique est à la fois subtile et profonde, et elle est essentielle à la compréhension du travail de tout mathématicien depuis Pythagore.

L'idée de la preuve mathématique classique prend racine dans une série d'axiomes, propositions dont on peut supposer qu'elles sont vraies ou évidentes. Le raisonnement logique permet ensuite de parvenir, pas à pas, à une conclusion. Si les axiomes et la logique sont corrects, la conclusion sera indiscutable. Cette conclusion est le théorème.

Les preuves mathématiques se fondent sur ce processus logique et, une fois qu'elles sont établies, elles restent valides jusqu'à la fin des temps. Pour apprécier la valeur de ces preuves, il faut les comparer avec leur parente pauvre, la preuve scientifique. En science, on avance une hypothèse pour expliquer un phénomène physique. Si le phénomène supporte la comparaison avec l'hypothèse, il devient une preuve en sa faveur. De plus l'hypothèse ne se limite pas à décrire un phénomène connu, mais elle prédit également les effets d'autres phénomènes. Des expériences peuvent être menées pour vérifier la valeur de prédiction de l'hypothèse et si celle-ci s'avère de nouveau, l'hypothèse s'en trouve renforcée. Il peut advenir qu'à la fin le poids de la preuve soit écrasant et l'hypothèse revêtira alors le statut de théorie scientifique.

Une théorie scientifique ne peut jamais être prouvée au même degré d'absolu que le théorème mathématique : elle est seulement considérée comme hautement probable sur la base des preuves disponibles. Les preuves qu'on dit scientifiques sont en fait basées sur l'observation et la perception, qui sont toutes deux faillibles et qui n'offrent que des approximations de la vérité. Comme le souligna le mathématicien Bertrand Russell : « Cela peut sembler un paradoxe, mais toutes les sciences exactes sont dominées par l'idée de l'approximation. » Même les « preuves » scientifiques les plus communément admises comportent un petit élément d'incertitude. L'incertitude peut se réduire, mais ne disparaît jamais complètement, et il advient également qu'une preuve soit infirmée. Cette faiblesse de la preuve scientifique engendre les révolutions dans lesquelles une théorie qu'on avait supposée correcte est remplacée par une autre, qui peut n'être qu'une version affinée de la précédente, mais qui peut également la contredire complètement.

Par exemple, la recherche des particules fondamentales de la matière a induit des générations de physiciens à rejeter ou bien à affiner les théories de leurs prédécesseurs. La quête moderne des éléments de base de l'univers a commencé au XIXe siècle, quand une série d'expériences mena John Dalton à suggérer que tout était composé d'atomes discrets et que les atomes étaient fondamentaux. A la fin du même siècle, J.J. Thomson découvrit l'électron, la première particule subatomique connue, et l'atome cessa donc d'être fondamental.

Durant les premières années du XXe siècle, les physiciens élaborèrent une image « complète » de l'atome, un noyau constitué de protons et de neutrons autour duquel orbitaient les électrons. Les protons, les neutrons et les électrons étaient fièrement désignés comme les ingrédients complets de l'univers. Les observations des rayons cosmiques révélèrent toutefois l'existence d'autres particules fondamentales, les pions et les muons. Une révolution encore plus considérable eut lieu en 1932 avec la découverte de l'antimatière, constituée d'antiprotons, d'antineutrons, d'antiélectrons et ainsi de suite. Dès lors, les physiciens des particules n'étaient plus certains du nombre de particules distinctes qui existaient, mais ils étaient au moins assurés que ces particules étaient fondamentales. Puis, en 1960, naquit le concept du quark dont il découla que le proton lui-même est apparemment constitué de quarks de charges fractionnaires, tout comme le neutron, le pion et le muon. La morale de l'histoire est que les physiciens modifient sans cesse leur représentation de l'univers, quand ils ne la bouleversent pas de fond en comble. Dans la prochaine décennie, l'image de la particule comme un objet pareil à un point pourrait être remplacée par celle de la particule comme corde, la même corde qui explique le mieux la gravité. Cette théorie veut que des cordes d'un milliardième de milliardième de milliardième de milliardième de mètre de longueur, comparables donc à des points, puissent vibrer de manières différentes et que chaque vibration donne naissance à une particule différente. Cette théorie évoque celle de Pythagore selon laquelle une seule corde sur une lyre produit des notes différentes selon la manière dont elle vibre.

L'auteur de science-fiction et futurologue Arthur C. Clarke a écrit que si un éminent savant déclare que quelque chose est indéniablement vrai, il est probable qu'il sera démenti le lendemain. La preuve scientifique est inévitablement fragile et floue, tandis que la preuve mathématique est absolue et indubitable. Pythagore mourut certain que son théorème, qui était vrai en 500 avant notre ère, resterait vrai pour l'éternité.

Le système scientifique ressemble au judiciaire. Une théorie y est présumée vraie s'il existe assez de preuves pour l'asseoir « au-delà de tout doute raisonnable ». Les mathématiques, elles, ne se fondent pas sur les preuves d'expériences aléatoires, mais sur l'infaillible logique. Cela est démontré par le problème de l'« échiquier incomplet », en figure 3.

Fig. 3 : Le problème de l'échiquier tronqué.

Imaginons un échiquier dont deux coins opposés sont manquants ; il n'y reste donc que 62 cases. Prenons donc 31 dominos ainsi conçus que chacun d'eux couvre exactement deux cases. La question qui se pose alors est la suivante : est-il possible de disposer 31 dominos de telle sorte qu'ils couvrent les 62 cases de l'échiquier ?

Il existe deux approches de ce problème :

1) L'approche scientifique.

Un savant essaiera de résoudre le problème par l'expérimentation, et après avoir recouru à quelques douzaines d'arrangements, conclura qu'ils mènent tous à l'échec. Le savant finira par conclure qu'il existe assez de preuves pour démontrer que l'échiquier ne peut pas être couvert. Toutefois, le savant ne pourra jamais en être sûr, parce qu'il se pourrait qu'il existe un arrangement qu'il n'a pas essayé et qui est efficace. Il existe des millions d'arrangements différents et il n'est possible d'en essayer qu'une fraction. La conclusion que la tâche est impossible est basée sur l'expérience, mais le savant devra se résoudre à vivre avec l'idée qu'un jour sa théorie pourrait être infirmée.

2) L'approche mathématique.

Le mathématicien essaie de répondre à la question en développant une démonstration logique aboutissant à une conclusion indéniablement directe et inamovible. En voici un exemple.

• Les angles retranchés de l'échiquier étaient tous les deux des cases blanches. Il reste donc 32 cases noires et 30 blanches.

• Chaque domino couvre deux cases voisines, obligatoirement de couleurs opposées, une noire et une blanche.

• Donc, quelle que soit la manière dont ils sont disposés, les 30 premiers dominos placés sur l'échiquier doivent couvrir 30 carrés blancs et 30 carrés noirs.

• Par conséquent, il restera toujours un seul domino et deux cases noires.

• Étant donné que tous les dominos couvrent deux cases voisines et que ces deux cases sont de couleurs opposées, les deux cases restantes étant de la même couleur, elles ne peuvent donc pas être couvertes.

Selon cette démonstration, il n'existe aucun moyen de couvrir l'échiquier. De la même manière, Pythagore élabora la preuve que tout triangle rectangle s'inscrit dans son théorème. C'est le concept de preuve mathématique, sacré pour Pythagore, qui permit à sa Fraternité de faire tant de découvertes. La plupart des preuves modernes sont extrêmement complexes et il est impossible au profane d'en suivre la logique, mais heureusement, dans le cas du théorème de Pythagore, la démonstration est relativement simple et ne se fonde que sur des mathématiques du niveau du secondaire (la preuve est discutée dans l'appendice 1).

L'irréfutable preuve de Pythagore s'applique à tous les triangles rectangles de l'univers. La découverte en fut tellement sensationnelle que cent bœufs furent sacrifiés en témoignage de gratitude à l'égard des dieux. Ce fut une grande étape dans l'histoire des mathématiques et l'une des plus mémorables percées dans l'histoire de la civilisation. Sa signification était double. D'abord, elle développait le concept de preuve. Un résultat mathématique revêt une vérité plus profonde que n'importe quel autre, parce qu'il procède d'une logique déductive. Bien que le philosophe Thalès eût déjà offert quelques preuves géométriques élémentaires, Pythagore en poussa l'idée beaucoup plus loin et put énoncer des propositions mathématiques beaucoup plus ingénieuses. Ensuite, le théorème de Pythagore rattachait la méthode abstraite mathématique à un objet concret. Pythagore montrait que la vérité mathématique pouvait s'appliquer au monde scientifique et lui fournir un fondement logique. Les mathématiques offrent à la science des prémisses rigoureuses et sur cette base infaillible les savants élaborent des mesures imprécises et des observations imparfaites.

Une infinité de triplets

Dans sa fiévreuse recherche de la vérité par la preuve, la Fraternité pythagoricienne insuffla une nouvelle vigueur aux mathématiques. Les nouvelles de ses succès se répandirent, mais la teneur de ses découvertes demeurait jalousement gardée. Il y avait beaucoup de candidats au saint des saints du savoir, mais on n'y agréait que les esprits les plus brillants. L'un de ceux qui furent recalés se nommait Cylon. Il s'en offensa et se vengea vingt ans plus tard de son humiliation.

Lors de la soixante-septième Olympiade, en 510 avant notre ère, une révolte éclata dans la cité voisine de Sybaris. Telys, le meneur et héros de la révolte, entreprit des persécutions barbares contre les partisans du gouvernement précédent, ce qui poussa plusieurs d'entre eux à se réfugier à Crotone. Telys demanda que les traîtres fussent expulsés vers Sybaris pour y subir leur châtiment, mais Milon et Pythagore convainquirent les citoyens de Crotone de résister au tyran et de protéger les réfugiés. Telys, furieux, rassembla une armée de trois cent mille hommes et marcha sur Crotone, que Milon décida de défendre avec cent mille citoyens armés. Après soixante-dix jours de guerre, le général Milon remporta la victoire et, pour se venger, détourna le cours de la rivière Crathis pour inonder Sybaris.

La guerre avait bien pris fin, mais Crotone se divisait sur le partage du butin. Craignant que les terres fussent données à l'élite pythagoricienne, le peuple de Crotone fronda. Les masses nourrissaient déjà un ressentiment croissant à l'égard de la Fraternité, qui s'obstinait à garder le secret sur ses découvertes, mais les choses s'envenimèrent vraiment lorsque Cylon se présenta comme la voix du peuple. Attisant la peur et l'envie de la foule, il lança la populace à l'assaut et détruisit la plus brillante école de mathématiques que le monde eût jamais vue. La maison de Milon et l'école adjacente furent encerclées, les issues furent barrées afin d'empêcher toute fuite et les bâtiments furent incendiés. Milon parvint à s'échapper de ce brasier, mais Pythagore et plusieurs de ses disciples y périrent.

Les mathématiques avaient perdu leur premier héros, mais l'esprit pythagoricien survécut. Les nombres et leur vérité étaient immortels. Pythagore avait, en effet, démontré que, plus que toute autre discipline, les mathématiques n'étaient pas subjectives. Ses disciples n'avaient pas besoin de leur maître pour décider de la validité d'une théorie ou d'une autre. La vérité d'une théorie était indépendante de l'opinion qu'on s'en faisait. L'édification de la logique mathématique était devenue l'arbitre de la vérité. Ce fut la plus grande contribution de Pythagore à la civilisation, un accès à la vérité qui se situait au-delà des défaillances de l'esprit.

Après la mort de son fondateur et l'agression de Cylon, la Fraternité quitta Crotone pour d'autres cités de la Grande Grèce, mais la persécution continua et plusieurs pythagoriciens durent chercher refuge dans des contrées étrangères. Cet exode contraignit les disciples à essaimer leur évangile mathématique au travers du monde antique. Ils fondèrent de nouvelles écoles et enseignèrent à leurs élèves la méthode de la preuve logique. En plus de leur démonstration du théorème de Pythagore, ils donnèrent également au monde la recette des triplets pythagoriciens.

Ces triplets sont des combinaisons de trois nombres entiers qui correspondent parfaitement à l'équation de Pythagore : $x^2 + y^2 = z^2$. Par exemple, l'équation de Pythagore se vérifie quand $x = 3$, $y = 4$ et $z = 5$.

$$3^2 + 4^2 = 5^2, \text{ soit } 9 + 16 = 25.$$

Une autre façon de se représenter les triplets

pythagoriciens met en jeu l'arrangement de carrés d'une autre échelle. Si l'on dispose d'un carré constitué de 3 × 3 = 9 carreaux, et d'un autre, plus grand, constitué de 4 × 4 = 16 carreaux, l'ensemble de ces carreaux peut être réorganisé pour former un carré de 5 × 5 = 25 carreaux, comme cela est montré en figure 4.

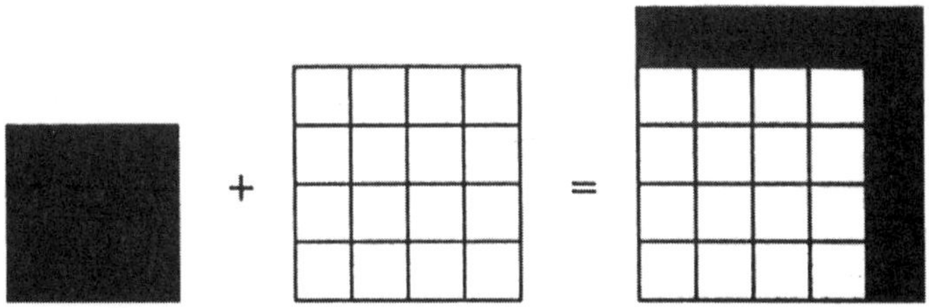

$$3^2 + 4^2 = 5^2$$
$$9 + 16 = 25$$

Fig. 4 : La recherche de solutions en nombres entiers à l'équation de Pythagore peut être comparée à celle de deux carrés qui peuvent s'ajouter pour en former un troisième. Par exemple, un carré constitué de 9 petits carrés peut être ajouté à un autre de 16 petits carrés pour aboutir à un carré de 25 éléments.

Les pythagoriciens recherchèrent d'autres triplets, tels que celui où $x = 5$, $y = 12$ et $z = 13$:

$$5^2 + 12^2 = 13^2, \text{ soit } 25 + 144 = 169.$$

Dans un plus grand triplet pythagoricien, $x = 99$, $y = 4\,900$ et $z = 4\,901$[1].

Les triplets pythagoriciens deviennent plus rares au fur et à mesure que les nombres augmentent et il devient de plus en plus difficile d'en trouver. Pour en découvrir autant que possible, les pythagoriciens inventèrent une méthode et ce faisant, ils démontrèrent que le nombre en est infini.

1. Soit 9 801 + 24 010 000 = 24 019 801 *(N.d.T.)*.

De Pythagore au Dernier théorème de Fermat

Le théorème de Pythagore et l'infinité des triplés était exposé dans *Le Problème ultime* de E.T. Bell, l'ouvrage qui avait retenu l'attention du jeune Andrew Wiles. Bien que la Fraternité eût presque entièrement maîtrisé la compréhension des triplets pythagoriciens, Wiles découvrit que l'équation apparemment innocente $x^2 + y^2 = z^2$ possède un côté ténébreux. De fait, l'ouvrage de Bell parlait d'un monstre mathématique.

Dans l'équation de Pythagore, les trois inconnues x, y et z sont au carré ($x^2 = x \times x$) :

$$x^2 + y^2 = z^2.$$

Toutefois, le même ouvrage décrivait une équation-sœur dans laquelle elles sont au cube ($x^3 + y^3 = z^3$). Or, s'il était relativement facile de trouver des solutions composées de nombres entiers — les triplets pythagoriciens — en partant de l'équation originelle, il semblait impossible d'y parvenir quand on élevait la puissance des exposants du carré au cube. Des générations de mathématiciens n'ont trouvé aucun nombre convenable.

En partant de l'équation originale, au carré, la gageure était de réarranger les petits carrés de manière à en former un troisième, plus grand. La version au cube de cette gageure consiste à réarranger les petits cubes qui composent deux gros cubes de façon à en former un troisième, plus grand. Or, quelle que soit la façon dont on les arrange, les éléments des deux cubes ne permettent que de réaliser un cube qui n'a pas absorbé tous les éléments des deux autres, ou bien qui est incomplet. La solution la moins imparfaite est celle où l'on dispose, soit d'un petit cube de moins, soit d'un petit cube de trop. Par exemple, si l'on commence avec les cubes 6^3 (x^3) et 8^3 (y^3) et que l'on en réarrange les éléments, il n'en manque qu'un pour former un cube complet de 9 × 9 × 9 comme on le voit dans la figure 5.

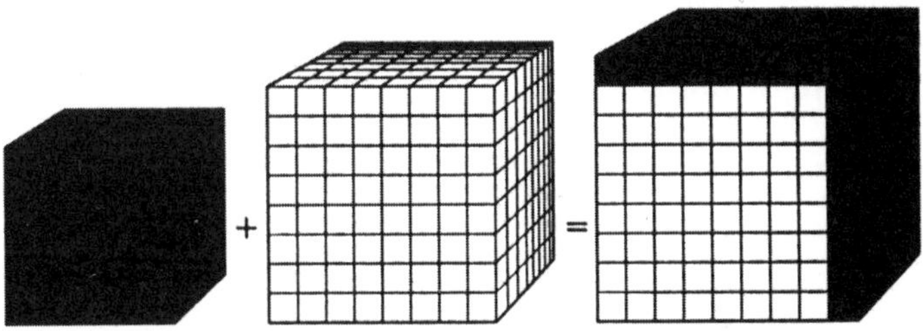

6^3	+	**8^3**	=	**9^3-1**
216	+	**512**	=	**729–1**

Fig. 5 : Est-il possible de retirer de petits cubes du grand cube noir pour les ajouter au grand cube blanc et former un troisième cube encore plus grand ? Dans ce cas-ci, un cube 6 × 6 × 6 ajouté à un cube de 8 × 8 × 8 n'a pas exactement le nombre d'éléments pour former un cube 9 × 9 × 9. Il y a 216 (6^3) dans ce premier cube, et 512 (8^3) dans le second. Le total est de 728 éléments, ce qui fait 1 de moins que 9^3.

Trouver trois nombres qui correspondent à l'équation mise au cube, $x^3 + y^3 = z^3$, paraît donc impossible. Il ne semble pas qu'il y ait de solution constituée de nombres entiers. Qui plus est, si la puissance est élevée au nombre n (4, 5, 6, etc.), la solution reste impossible. Il semble qu'il n'existe pas de solution formulable en nombres entiers à l'équation

$$x^n + y^n = z^n \text{ si } n \text{ est plus grand que 2.}$$

Et de fait, Pierre de Fermat déclara que la raison pour laquelle personne ne trouvait de solution, c'était qu'il n'y en avait pas.

Fermat fut l'un des mathématiciens les plus brillants et les plus étonnants de l'histoire. Il ne pouvait pas avoir vérifié tous les nombres, mais la raison de sa certitude qu'il n'y existait pas de solution à l'équation en question se fondait sur une preuve, tout comme Pythagore n'avait pas vérifié tous les triangles pour démontrer la validité de son théorème. Son Dernier théorème affirmait donc que

$$x^n + y^n = z^n$$

ne possédait pas de solution en nombres entiers pour n plus grand que 2.

Chapitre après chapitre du livre de Bell, Wiles apprit comment Fermat s'était pris de fascination pour l'œuvre de Pythagore et il en était arrivé à étudier la forme pervertie de l'équation de Pythagore. Il avait également médité sur la déclaration de Fermat selon laquelle aucun mathématicien au monde ne trouverait jamais de solution à l'équation. Là, sans doute, au fil des pages, Wiles espéra trouver la démonstration du Dernier théorème de Fermat. Mais cette vérification n'y était pas. Elle n'était nulle part. Bell concluait son livre sur l'idée qu'elle avait été perdue depuis longtemps. Il n'existait aucune indication de ce qu'elle aurait pu être, aucune trace de sa construction ou de sa vérification. Wiles en fut déconcerté et furieux. Il n'était pas le seul.

Pendant plus de trois siècles, en effet, les plus grands mathématiciens s'étaient essayés à retrouver la démonstration perdue de Fermat, mais en vain. En 1742, près d'un siècle après la mort de Fermat, le mathématicien suisse Leonhard Euler demanda à son ami Clérot de fouiller la maison de Fermat à la recherche de quelque gribouillis fondamental. On ne trouva rien. Le Dernier théorème captiva l'imagination du jeune Andrew Wiles comme il avait déjà captivé celle d'autres mathématiciens pendant des siècles.

Assis dans la salle de la Milton Road Library, un garçon de dix ans butait donc sur le pire problème des mathématiques. D'habitude, la moitié de la difficulté consiste à comprendre la question, mais là, elle était simple : prouvez qu'il n'existe pas de solution en nombres entiers à l'équation $x^n + y^n = z^n$ quand n est plus grand que 2. Insensible au fait que des génies s'y étaient heurtés sans succès, Wiles se mit sur-le-champ au travail, utilisant toutes les techniques de ses livres de classe pour tenter de reconstituer la démonstration. Peut-être parviendrait-il à trouver quelque astuce que tout le monde, à l'exception de Fermat, avait négligée. Il rêva d'étonner le monde.

Trente ans plus tard, Wiles était prêt. Dans l'auditorium de l'Isaac Newton Institute, il griffonna sur le tableau noir et, tentant de réprimer une expression de triomphe, il fit face à l'auditoire. La conférence atteignait son apogée et l'auditoire le savait. Une ou deux personnes avaient subrepticement introduit des caméras dans la salle et des flashes ponctuèrent la conclusion de Wiles.

Le bâton de craie en main, il se tourna une dernière fois vers le tableau noir. Quelques lignes de logique conclurent la démonstration. Pour la première fois en plus de trois siècles, la gageure de Fermat avait été relevée. D'autres flashes crépitèrent pour fixer ce moment historique. Wiles écrivit le Dernier théorème de Fermat, se tourna vers l'auditoire et dit modestement : « Je pense que je m'arrêterai ici. »

Deux cents mathématiciens applaudirent et poussèrent des hourras. Même ceux qui s'attendaient au résultat souriaient d'incrédulité. Après trois décennies, Andrew Wiles croyait avoir réalisé son rêve et il s'estimait en mesure de révéler les calculs secrets de sept ans d'isolement. Toutefois, tandis que l'euphorie se répandait dans le Newton Institute, la tragédie se préparait à frapper. Savourant son triomphe, Wiles, comme tous ceux qui se trouvaient avec lui dans la salle, ignorait les affres à venir.

Pierre de Fermat

II.

Le Faiseur d'énigmes

> « Savez-vous, confia le Diable, que même les meilleurs mathématiciens des autres planètes, qui sont tous bien supérieurs aux vôtres, ne l'ont pas résolu ? Tenez, il y a un type sur Saturne, il ressemble à un champignon sur des béquilles, qui peut résoudre mentalement des équations différentielles, et même lui y a renoncé. »
>
> Arthur Poges, *Le Diable et Simon Flagg*

Pierre de Fermat naquit le 20 août 1601 à Beaumont-de-Lomagne, dans le sud-ouest de la France. Son père, Dominique Fermat, était un riche corroyeur qui put assurer à son fils une éducation privilégiée chez les franciscains du monastère de Grandselve, suivie par un passage à l'université de Toulouse. Le jeune Fermat n'a pas laissé de traces d'une disposition particulière pour les mathématiques.

Sa famille le pressa d'entrer dans l'administration et il fut donc, en 1631, nommé au parlement de Toulouse, où il devint conseiller à la Chambre des Requêtes. Pour adresser une pétition au roi, il fallait convaincre Fermat ou ses pairs de l'intérêt de la requête. Les conseillers effectuaient donc la liaison entre la province et Paris. Mais ils s'assuraient aussi que les décrets royaux étaient appliqués dans les provinces. Fermat fut un fonctionnaire efficace, courtois et capable de compassion.

Ses compétences recouvraient aussi la justice, où son ancienneté lui permettait d'assumer les cas les plus épineux. Un reflet de son travail nous a été transmis par le mathématicien anglais Sir Kenelm Digby, qui demanda à rencontrer Fermat, mais qui, dans une lettre à leur collègue John Wallis, rapporta que le Français était trop occupé par des affaires judiciaires pressantes pour trouver le temps d'une rencontre :

> Il est vrai que j'avais précisément choisi la date du déplacement des juges de Castres à Toulouse, où il [Fermat] est le Juge Suprême de la Cour Souveraine du Parlement; et depuis lors il a été occupé par des affaires capitales de grande importance où il finit par imposer une sentence qui a fait grand bruit; elle concernait la condamnation d'un prêtre au bûcher pour abus de pouvoir. Cette affaire vient de se terminer et l'exécution s'en est suivie.

Fermat correspondait régulièrement avec Digby et Wallis. Nous verrons plus loin que leurs lettres n'étaient pas toujours amicales, mais elles offrent des aperçus sur la vie quotidienne de Fermat, y compris son travail savant.

Fermat gravit rapidement les échelons de sa carrière et devint un notable, ce qui lui permit d'ajouter une particule à son nom. Sa promotion ne résultait pas tant de son ambition que de raisons de santé publique. La peste sévissait en Europe et ceux qui y survivaient étaient promus aux places de ceux qui étaient morts. Fermat lui-même contracta la peste en 1652 et son délabrement physique fut tel que son ami Bernard Medon annonça sa mort à plusieurs collègues. Il s'en dédit par la suite dans un message au Hollandais Nicholas Heinsius :

> Je vous ai précédemment informé de la mort de Fermat. Il est toujours en vie et nous n'avons plus de craintes pour sa

santé, bien que nous l'ayons tenu pour mort il n'y a guère. La peste ne sévit plus parmi nous.

En plus des risques sanitaires dans la France du XVIIe siècle, Fermat dut survivre aux dangers politiques. Sa nomination au parlement de Toulouse suivit de trois ans celle du cardinal de Richelieu au poste de Premier ministre. Le temps était aux complots et aux intrigues, et tous ceux qui participaient à la conduite de l'État, même au niveau des gouvernements de provinces, devaient prendre garde de ne pas se mêler des machinations du cardinal. Fermat adopta la stratégie qui consistait à s'acquitter de ses tâches sans se distinguer. Il n'avait pas de grandes ambitions politiques et évitait de son mieux l'agitation du parlement. Quand il n'envoyait pas des prêtres au bûcher, il consacrait tout son temps libre aux mathématiques. C'était un véritable savant amateur, le « Prince des amateurs », comme le décrivit E.T. Bell. Mais ses talents étaient tels que lorsque Julian Coolidge écrivit ses *Mathématiques des grands amateurs,* il en exclut Fermat pour la raison que celui-là était « vraiment si grand qu'il devait être considéré comme un professionnel ».

Au début du XVIIe siècle, les mathématiques se remettaient à peine de la grande nuit du Moyen Age et ne jouissaient pas d'une grande considération. Les mathématiciens non plus : la plupart d'entre eux devaient organiser leurs propres études. Ce fut ainsi que Galilée ne parvint pas à étudier les mathématiques à l'université de Pise et fut contraint de se trouver un professeur. En fait, la seule institution qui encourageait réellement les mathématiciens était l'université d'Oxford, qui avait, en 1619, fondé la chaire « savilienne » de géométrie. Certes, la plupart des mathématiciens du XVIIe siècle étaient des amateurs, mais Fermat constituait une exception. Vivant à l'écart de Paris, il était isolé de la petite communauté de mathématiciens du temps qui comprenait des personnages tels que Pascal, Gassendi, Roberval, Beaugrand et le célèbre abbé Marin Mersenne.

L'abbé Mersenne n'a apporté que des contributions mineures à la théorie des nombres, mais il a sans doute joué un rôle plus grand que n'importe quel autre de ses collègues estimés dans les mathématiques de son temps. Après être entré chez les minimes en 1611, Mersenne étudia les mathématiques et puis les enseigna à d'autres religieux et à des nonnes au couvent des minimes à Nevers. Huit ans plus tard, il vint à Paris chez les minimes de l'Annonciade, près de la place Royale, où se retrouvaient les intellectuels du temps. Mersenne rencontra donc d'autres mathématiciens de Paris, mais il fut attristé par leur réserve à son égard.

Le culte du secret chez les mathématiciens parisiens était une tradition qui remontait aux cossistes du XVIe siècle. Ceux-ci étaient des experts en calculs divers employés par les marchands et les hommes d'argent pour résoudre leurs problèmes de comptabilité. Leur nom dérive de l'italien *cosa*, « chose », parce qu'ils se servaient de symboles pour représenter des quantités inconnues, tout comme les mathématiciens utilisent l'*x*. Ces calculateurs professionnels avaient inventé des astuces de calcul qu'ils s'efforçaient âprement de garder secrètes pour entretenir leur réputation de conseillers prodiges. Un cas célèbre est celui de Niccolo Tartaglia, qui avait trouvé une méthode pour résoudre rapidement les équations cubiques et qui l'avait confiée à Gerolamo Cardano, notre Jérôme Cardan, sous le sceau du secret le plus absolu. Dix ans plus tard, Cardan rompit le secret et publia la méthode de Tartaglia dans son *Ars magna,* ce que ce dernier ne lui pardonna jamais. Tartaglia rompit toutes relations avec Cardan et l'âpre querelle qui s'ensuivit ne fit qu'encourager les autres mathématiciens à garder pour eux leurs secrets. Cette disposition jalouse devait perdurer jusqu'à la fin du XIXe siècle, et l'on verra plus loin que même au XXe siècle, certains génies préférèrent travailler dans l'ombre.

Quand l'abbé Mersenne arriva à Paris, il résolut de combattre la conspiration du silence et tenta de persuader les mathématiciens d'échanger leurs idées et de se servir les uns des idées des autres. Il organisa des rencontres régulières entre eux et son groupe constitua même le noyau de l'Académie des sciences. Si quelqu'un refusait d'assister à ses rencontres, Mersenne communiquait à l'assemblée tous les documents et correspondances de l'absent qu'il avait sous la main, même s'ils lui avaient été adressés en confidence. Comportement impertinent pour un membre du clergé, mais il prétendait le justifier en avançant que c'était pour le bien des mathématiques et de l'humanité. Pareilles indiscrétions suscitèrent évidemment de violentes querelles entre le religieux et les taciturnes vedettes qu'il avait trahies, et elles mirent même fin aux rapports que Mersenne avait pourtant entretenus avec Descartes depuis leurs études communes au collège jésuite de La Flèche. Mersenne avait, en effet, divulgué des écrits philosophiques de Descartes, qui étaient de nature à contrarier l'Église, mais il faut mettre au crédit de Mersenne qu'il défendit Descartes contre les attaques des théologiens, tout comme il avait défendu Galilée. Car dans une ère dominée par la religion et la pensée magique, Mersenne en tenait pour la pensée rationnelle.

Ses voyages à travers la France et ailleurs portèrent Mersenne à diffuser les dernières découvertes. Lors de ces voyages, il se faisait un devoir de rendre visite à Pierre de Fermat et il semble même avoir été le seul intermédiaire régulier entre Fermat et les autres mathématiciens. L'influence de Mersenne sur le Prince des amateurs ne semble l'avoir cédé qu'à celle de l'*Arithmetica,* un traité des mathématiques de la Grèce ancienne qui ne quittait jamais Fermat. Même quand il ne pouvait se déplacer, Mersenne entretenait sa relation avec Fermat et d'autres par le truchement d'une prolifique correspondance. Quand Mersenne mourut, on trouva sa chambre encombrée des lettres que lui avaient adressées au cours des ans soixante-dix-huit correspondants.

Les encouragements de Mersenne ne parvinrent toutefois pas à convaincre Fermat de publier ses preuves. L'homme se moquait des publications et des honneurs et se contentait de créer des théorèmes sans être importuné. Ce génie retiré et discret dissimulait toutefois une veine facétieuse, surtout quand elle était pimentée de son goût du secret. Il adressait ainsi des lettres à d'autres mathématiciens en leur communiquant son plus récent théorème, mais sans l'accompagner de l'utile démonstration. Puis il mettait ses correspondants au défi de trouver ladite démonstration. Cette obstination à ne jamais communiquer ses preuves suscitait évidemment de violents dépits. Descartes traita Fermat de « vantard » et l'Anglais John Wallis l'appelait « ce damné Français ». Pour le malheur des Anglais, Fermat trouvait un plaisir particulier à titiller ses correspondants d'outre-Manche.

Indépendamment du plaisir que Fermat trouvait à contrarier ses collègues, la manie de leur soumettre des problèmes sans en fournir la solution avait des raisons plus pratiques. D'abord, cela le dispensait de décrire ses méthodes par le détail, ce qui lui permettait de passer à un autre sujet. Ensuite, il n'avait pas à subir des commentaires vétilleux. Une fois publiées, en effet, ses preuves auraient été examinées et discutées par tous ceux qui auraient eu des lumières sur le sujet. Quand Blaise Pascal le pressa de publier une partie de son travail, le reclus répondit : « Quelle que soit la part de mon travail qui mérite d'être publiée, je ne veux pas que mon nom y paraisse. » Fermat fut donc le génie secret qui renonça à la renommée pour ne pas être distrait par les chipotages de ses critiques.

L'échange de lettres avec Pascal, le seul où Fermat eût évoqué ses idées avec quelqu'un d'autre que Mersenne, touchait à la création d'une branche entièrement nouvelle des mathématiques : la théorie des probabilités. L'ermite des mathématiques avait été initié à ce sujet par Pascal et en dépit de son désir d'isolement, il se sentit obligé d'entretenir le dialogue. Ce seraient Pascal et Fermat ensemble qui devaient découvrir les premières preuves et les certitudes absolues du calcul des probabilités, domaine qui ne se prête guère à la certitude. L'intérêt de Pascal pour le sujet avait été suscité par un joueur invétéré de Paris, Antoine Gombaud, chevalier de Méré, qui avait posé une question sur un jeu de hasard appelé les points. Ce jeu consiste, comme son nom l'indique, à gagner des points aux dés, et le premier joueur qui a accumulé un certain nombre de points est le gagnant.

Gombaud avait commencé une partie avec un autre joueur quand des obligations pressantes les contraignirent d'abandonner la partie à mi-chemin. Cela posa un problème : que faire de l'enjeu ? La solution la plus simple eût été de l'attribuer au joueur qui avait totalisé le plus de points, mais Gombaud demanda à Pascal s'il y avait une façon plus équitable de diviser l'argent. Pascal fut prié de calculer les chances de gagner de chaque joueur si la partie avait continué et en supposant que chaque joueur eût des chances égales de gagner d'autres points. L'argent de l'enjeu aurait donc été partagé selon ce calcul des probabilités.

Avant le XVIIe siècle, les lois de la probabilité dans ce domaine avaient été définies par l'intuition et l'expérience des joueurs, mais Pascal engagea une correspondance avec Fermat afin d'établir les lois mathématiques qui définissaient le plus exactement les lois du hasard. Trois siècles plus tard, le mathématicien Bertrand Russell laisserait tomber sur ce paradoxe ce commentaire dédaigneux : « Comment osons-nous parler des lois du hasard ? N'est-il pas l'antithèse de toute loi ? »

Les Français analysèrent la question de Gombaud et parvinrent rapidement à la conclusion qu'elle était relativement simple : il suffirait de définir rigoureusement toutes les issues potentielles du jeu et d'assigner à chacune un facteur de probabilité. Pascal et Fermat étaient tous deux capables de résoudre tout seuls la question de Gombaud, mais leur collaboration accéléra la découverte de la solution et les mena à explorer d'autres questions plus subtiles et plus complexes ayant trait à la probabilité.

Les problèmes de probabilité sont déconcertants parce que la solution mathématique, la vraie, est souvent contraire à ce qu'indique l'intuition. L'échec de l'intuition surprend parce que la « survie du plus apte » devrait exercer une forte pression en faveur de cerveaux naturellement capables d'analyser les questions de probabilité. On peut imaginer nos ancêtres traquant un jeune cerf et se demandant s'il faut l'attaquer ou non. Quel est le risque qu'un cerf plus âgé se trouve à proximité et attaque ses assaillants pour défendre sa progéniture ? Une capacité d'analyser la probabilité devrait provenir de notre héritage génétique, et pourtant l'intuition nous induit souvent en erreur.

L'un des problèmes de probabilité les plus contraires à l'intuition porte sur la chance de partager un anniversaire de naissance. Imaginez un terrain de football avec 23 personnes dessus, les joueurs et l'arbitre. Quelle est la probabilité que deux d'entre elles aient la même date de naissance ? Avec 23 personnes et 365 dates possibles, cette probabilité semble faible. Si l'on demandait à des gens de l'estimer, ils la placeraient peut-être à 10 % au plus. Or, le fait est qu'elle est légèrement supérieure à 50 %, c'est-à-dire qu'il y a plus de chances de trouver sur le terrain deux personnes qui ont le même anniversaire que de n'en pas trouver.

La raison de cette forte probabilité est que la façon dont on peut apparier les gens pèse plus lourd que le nombre de gens. Quand on cherche une date de naissance commune, il faut rechercher des paires de gens et non des individus. La première personne peut ainsi être appariée avec les 22 autres, ce qui donne déjà 22 paires. La deuxième peut être appariée avec les 21 personnes restantes (la première ayant déjà été comptée), ce qui donne 21 paires de plus. La troisième peut être appariée avec les 20 restantes et ainsi de suite, ce qui aboutit à 253 paires.

La probabilité que deux anniversaires communs dans un groupe de 23 personnes soit supérieure à 50 % semble intuitivement erronée et pourtant elle est mathématiquement indéniable. D'étranges probabilités telles que celle-là sont celles que les bookmakers et les joueurs recherchent pour piéger le profane. La prochaine fois que vous vous trouverez dans une réunion où figurent plus de 23 personnes, vous pourriez être tenté de parier qu'il s'y trouve deux personnes qui ont le même jour anniversaire. Notez que dans un groupe de 23 personnes, les chances sont légèrement supérieures à 50 %, mais que la probabilité croît rapidement avec la taille du groupe. Le pari vaut donc la chandelle dans une réunion où se trouvent 30 personnes.

Pascal et Fermat ont tracé les règles essentielles qui gouvernent tous les jeux de hasard et qui peuvent être utilisées par les joueurs pour améliorer leurs jeux et paris. De plus, ces lois de la probabilité ont connu des applications dans de multiples situations, allant de la spéculation en bourse à l'estimation de la probabilité d'un accident nucléaire. Pascal était même convaincu qu'il pouvait mettre ses théories au service de la foi. Il releva que « l'émotion que ressent un joueur quand il fait un pari est égale au montant qu'il pourrait gagner multiplié par la probabilité de le gagner ». Il soutint également que le prix possible de la félicité éternelle a une valeur infinie et que la probabilité de gagner le ciel par une vie vertueuse, aussi courte soit-elle, est certainement finie. Selon lui, la religion était donc un jeu d'émotion infinie qu'il valait la peine de jouer, parce que la multiplication d'un prix infini par une probabilité finie résulte en l'infinité.

Fermat partagea la paternité de la théorie de la probabilité, mais il fut aussi étroitement associé à la fondation d'un autre domaine des mathématiques, le calcul différentiel. Celui-ci permet d'établir le taux de changement, ou *dérivée*, d'une quantité par rapport à une autre. Par exemple, le taux de changement de la distance par rapport au temps est connu sous le nom de vitesse. Pour les mathématiciens, les quantités tendent à être abstraites et intangibles, mais les conséquences des travaux de Fermat devaient considérablement enrichir la science. Ils permirent, en effet, de mieux comprendre le concept de vitesse et son rapport à d'autres quantités fondamentales telles que l'accélération, c'est-à-dire le taux de changement de la vitesse par rapport au temps.

L'économie est fortement imprégnée de calcul. Ainsi, l'inflation est le taux de changement du prix, c'est-à-dire la dérivée seconde du prix, et le taux de variation de l'inflation, la seconde dérivée du prix. Ces termes sont fréquents dans la bouche des hommes politiques et le mathématicien Hugo Rossi relevait de la sorte : « A l'automne 1972, le président Nixon annonça que le taux d'accroissement de l'inflation décroissait. Ce fut la première fois qu'un président en exercice se servit d'une dérivée troisième pour soutenir sa réélection. »

On pensa des siècles durant qu'Isaac Newton avait découvert le calcul sans connaître le travail de Fermat, mais en 1934, Louis Trenchard Moore découvrit une note du savant qui rendait à Fermat ce qui lui revenait. Newton avait, en effet, écrit qu'il avait développé le calcul sur la base de « la méthode de M. Fermat de tracer des tangentes ». Depuis le XVIIe siècle, le calcul a été utilisé pour décrire la loi de la gravitation de Newton et ses lois de la mécanique, qui dépendent de la distance, de la vitesse et de l'accélération.

La découverte du calcul différentiel et de la théorie de la probabilité aurait à elle seule suffi à assurer à Fermat une place au Panthéon des mathématiciens, mais sa plus grande réussite se situa dans une autre branche des mathématiques. Alors que l'on s'est servi du calcul différentiel pour expédier des fusées sur la Lune et que la théorie de la probabilité est utilisée par les compagnies d'assurance pour l'évaluation des risques, la passion de Fermat portait sur un sujet presque inutile : la théorie des nombres. Fermat était obsédé par le besoin de comprendre les propriétés des nombres et leurs rapports entre eux. C'est la forme la plus ancienne et la plus pure des mathématiques et il la cultivait sur un tuf de savoir remontant à Pythagore.

L'évolution de la théorie des nombres

Pythagore disparu, le concept de preuve mathématique gagna rapidement le monde civilisé et deux siècles après que son école eut été rasée, le centre des études mathématiques s'était transféré de Crotone à Alexandrie. En 332 avant notre ère, ayant conquis la Grèce, l'Asie Mineure et l'Égypte, Alexandre le Grand décida de construire la plus magnifique capitale du monde. Alexandrie fut, en effet, une admirable métropole, mais elle ne devint pas sur-le-champ un centre du savoir. Ce ne fut qu'après la mort d'Alexandre, quand son général et garde du corps Ptolémée Ier, fils de Lagus, monta sur le trône d'Égypte, qu'Alexandrie devint le siège de la première de toutes les universités du monde. Les mathématiciens et lettrés affluèrent vers la ville, dont le moindre attrait n'était certes pas la fameuse Bibliothèque.

L'idée de cette bibliothèque[1] revenait, croit-on, à Démétrios de Phalère, ancien gouverneur d'Athènes, condamné à mort, puis exilé à Alexandrie. Il aurait persuadé Ptolémée d'amasser les rouleaux manuscrits des grandes œuvres, assurant qu'ils attireraient les grands esprits. Une fois que cela fut fait, des éclaireurs parcoururent l'Asie Mineure et l'Europe à la recherche d'autres manuscrits. La soif d'accumulation du savoir était telle que les voyageurs accostant à Alexandrie se voyaient saisir les manuscrits qu'ils transportaient ; ceux-ci étaient confiés à des scribes qui les recopiaient, l'original finissant sur les rayons de la Bibliothèque et le voyageur se voyant remettre une copie. C'est ce système qui entretient l'espoir de retrouver un jour quelque copie d'un texte illustre et disparu. Ainsi, en 1906, un certain J.L. Heiberg découvrit à Constantinople un manuscrit intitulé *La Méthode*, qui contenait des textes originaux d'Archimède.

Le rêve d'une Maison du savoir survécut à Ptolé-

1. Il y avait, en fait, trois bibliothèques à Alexandrie, celle du Musée, celle du Bruchion et celle du Serapæum *(N.d.T.)*.

mée Ier et, au terme de plusieurs règnes de Ptolémées, la Bibliothèque contenait plus de 600 000 ouvrages[1]. Les mathématiciens pouvaient étudier à Alexandrie tout le savoir du monde, qu'enseignaient les plus fameux savants du temps. Euclide y fonda même une école.

Né vers 330 avant notre ère, Euclide croyait comme Pythagore à la recherche de la vérité mathématique pour elle-même, sans se soucier de ses applications. Une anecdote rapporte qu'un de ses élèves l'interrogea un jour sur l'utilité de la géométrie. Sur quoi Euclide appela un esclave et lui dit : « Donne trois sous à ce garçon, puisqu'il lui faut profiter de son savoir. » Et l'élève fut renvoyé.

Euclide consacra une grande partie de sa vie à écrire les *Éléments*, le livre de cours le plus célèbre au monde. Jusqu'à ce siècle, c'était le livre le plus vendu après la Bible. Les *Éléments* comportent treize livres, dont quelques-uns sont consacrés au travail propre d'Euclide et dont les autres sont une compilation de tout le savoir mathématique du temps, y compris deux volumes sur les travaux de la Fraternité pythagoricienne. Depuis Pythagore, les mathématiciens avaient inventé nombre de techniques logiques applicables à des circonstances diverses, et qu'Euclide utilise toutes avec bonheur dans les *Éléments*. Il y exploite en particulier un outil logique connu sous le nom de *reductio ad absurdum*, ou preuve par l'absurde. Il consiste à essayer de prouver qu'un théorème est vrai en postulant d'abord qu'il est faux. Le mathématicien explore alors les conséquences logiques de la fausseté du théorème. A un point donné de l'enchaînement logique, une contradiction apparaîtra

1. 700 000 dans la Bibliothèque du Musée, selon Aulu-Gelle, au moment où, en 47 avant notre ère, elle brûla.

(par exemple, 2 + 2 = 5). Les mathématiques répugnent à la contradiction, et il faut donc que le théorème n'étant pas faux, il soit vrai.

Le mathématicien anglais G.H. Hardy a résumé l'essence de la preuve par l'absurde dans son livre *Apologie d'un mathématicien* : « La preuve par l'absurde, qu'appréciait tant Euclide, est l'un des plus jolis outils d'un mathématicien. Son exercice est bien plus élégant que n'importe quelle partie d'échecs; un joueur d'échecs peut sacrifier un pion, mais le mathématicien met le jeu en enjeu. »

L'une des plus célèbres preuves par l'absurde d'Euclide établit l'existence de ce qu'on appelle les *nombres irrationnels*. Il est possible que ceux-ci aient été découverts par la Fraternité pythagoricienne plusieurs siècles auparavant, mais le concept en déplaisait tant à Pythagore qu'il en nia l'existence.

Quand Pythagore avançait que l'univers cst gouverné par les nombres, il entendait les nombres entiers et les rapports de nombres entiers ou fractions, qu'on désigne sous le nom de nombres rationnels. Un nombre irrationnel est celui qui n'est ni entier, ni une fraction, et c'est ce qui répugnait tant à Pythagore. En fait, les nombres irrationnels sont tellement étranges qu'ils ne peuvent être couchés en décimales, ni même en décimales répétées. Une décimale répétée, telle que 0,111111... est en fait un nombre ordinaire et il est équivalent à la fraction 1/9. Le fait que le 1 se répète à l'infini signifie que la décimale comporte un schéma très simple et régulier. Cette régularité implique qu'en dépit de l'infinité du nombre, celui-ci peut être transcrit sous forme de fraction. Toutefois, si l'on tente de coucher un nombre irrationnel sous forme de décimale, l'on se retrouve avec un nombre qui continue à l'infini sans schéma régulier ni cohérent.

Le concept d'un nombre irrationnel fut une

remarquable percée. Les mathématiciens cherchaient au-delà des nombres entiers et des fractions et en découvraient, ou peut-être, en inventaient de nouveaux. Le mathématicien du XIXe siècle Leopold Kronecker a dit : « Dieu a fait les intégraux ; tout le reste est le travail de l'homme. »

Le plus fameux nombre irrationnel est π. Dans les écoles, on le définit approximativement par 3 1/7 ou 3,14 ; toutefois la vraie valeur de π est plus près de 3,141 592 653 589 793 238 46, mais ce n'est encore là qu'une approximation. En fait, π ne peut jamais être écrit, parce que les décimales se poursuivent à l'infini sans schéma logique. Un trait élégant de ce schéma irrégulier est qu'il peut être calculé en recourant à une équation suprêmement régulière :

$$\pi = 4\left(\frac{1}{1} - \frac{1}{3} + \frac{1}{5} - \frac{1}{7} + \frac{1}{9} - \frac{1}{11} + \frac{1}{13} - \frac{1}{15} + \ldots\right)$$

En calculant les premiers termes, on peut obtenir une valeur très approximative de π, mais l'on précise la valeur au fur et à mesure des calculs. Bien qu'il suffise de connaître 39 décimales de π pour calculer la circonférence de l'univers à la précision du rayon de l'atome d'hydrogène, cela n'a pas empêché les informaticiens de calculer autant de décimales de π que possible. Le record actuel est détenu par Yasumasa Kanada, de l'université de Tokyo, qui était parvenu en 1996 à 6 milliards de décimales. Des rumeurs récentes avancent que les frères Chudnovsky, de New York, ont calculé π à 8 milliards de décimales et qu'ils veulent atteindre mille milliards de décimales. Si Kanada ou les Chudnovsky continuaient à calculer jusqu'à ce que leurs ordinateurs épuisent toute l'énergie de l'univers, ils ne seraient toujours pas parvenus à la valeur exacte de π. Il est aisé de comprendre pourquoi Pythagore avait tenté de cacher l'existence de ces monstres mathématiques.

La valeur de π jusqu'à 1 500 décimales

Quand Euclide osa affronter le problème de l'irrationalité dans le dixième volume des *Éléments*, il voulait prouver qu'il y avait un nombre qui ne pourrait jamais être couché sous forme de fraction. Au lieu d'essayer de prouver que π est irrationnel, il chercha la racine carrée de 2,√2, le nombre qui multiplié par lui-même donne 2. Pour prouver que √2 ne pouvait pas être couché sous forme de fraction, Euclide recourut à une *reductio ad absurdum* et commença par supposer que c'était possible. Il démontra ensuite que cette hypothétique fraction pouvait être toujours simplifiée. La simplification d'une fraction signifie, par exemple, que 8/12 peut être simplifié en 4/6 en divisant les deux termes par 2. A son tour, 4/6 peut être simplifié en 2/3 ce qui est la limite ultime à laquelle on dit que la fraction a été réduite à sa forme la plus simple. Toutefois, Euclide montra que cette fraction hypothétique, censée représenter √2, pouvait être simplifiée plusieurs fois jusqu'à l'infini sans être jamais réduite à sa forme la plus simple. Or, cette proposition est absurde, parce que toutes les fractions doivent avoir une forme ultime, ce qui signifie que l'hypothétique fraction n'existe pas. Donc √2 ne peut être couché sous forme de fraction et est un nombre irrationnel (une esquisse de la preuve d'Euclide est offerte dans l'appendice 2).

En utilisant la preuve par l'absurde, Euclide put donc prouver l'existence des nombres irrationnels. Pour la première fois, les nombres avaient revêtu une forme nouvelle et encore plus abstraite. Jusqu'à ce point de l'histoire, tous les nombres avaient pu être formulés en nombres entiers ou en fractions, mais les nombres irrationnels d'Euclide défiaient la représentation traditionnelle. Il n'existe pas d'autre manière de décrire le nombre égal à la racine carrée de 2 que de le représenter par $\sqrt{2}$, parce qu'il ne peut pas être écrit sous forme de fraction et que toute tentative de l'écrire sous forme de décimale ne peut jamais être qu'une approximation, 1,414 213 562 373...

Pour Pythagore, la beauté des mathématiques avait résidé dans l'idée que les nombres rationnels, nombres entiers et fractions, pouvaient expliquer tous les phénomènes naturels. Cette ligne philosophique aveugla Pythagore sur l'existence des nombres irrationnels et pourrait même avoir causé l'exécution de l'un de ses disciples. Une légende veut qu'un jeune étudiant nommé Hippase ait distraitement évoqué le nombre $\sqrt{2}$, s'efforçant d'en trouver la fraction équivalente. Il en vint à comprendre que cette fraction n'existait pas, c'est-à-dire que $\sqrt{2}$ était un nombre irrationnel. Hippase aurait été grisé par sa découverte, mais son maître, lui, ne l'aurait pas été. Pythagore avait décrit l'univers en termes de nombres rationnels, et l'existence des nombres irrationnels mettait son idéal en cause. La découverte d'Hippase eût dû mener Pythagore à la discussion et à la réflexion sur cette nouvelle source de nombres. Mais il ne voulait pas admettre qu'il avait tort et ne pouvait pas dominer l'argument d'Hippase par la force de sa logique. Il le fit donc noyer, ce qui ne flatte guère son image.

Le père de la méthode mathématique et logique avait donc recouru à la force plutôt que d'admettre son erreur. Le déni des nombres irrationnels fut à la fois son acte le plus laid et une grande perte pour les mathématiques grecques. Ce ne fut qu'après la mort de Pythagore qu'on put reprendre sans danger les nombres irrationnels.

Euclide s'intéressait certes à la théorie des nombres, mais ce ne fut pas là sa plus grande contribution aux mathématiques. Sa véritable passion était la géométrie et sur les treize volumes des *Éléments*, les livres I à VI portent sur la géométrie plane, à deux dimensions, et les livres XI à XIII sur la géométrie des solides, à trois dimensions. L'ensemble forme une œuvre si complète qu'elle allait pendant deux mille ans former la base de l'enseignement dans les écoles et les universités du monde.

Le mathématicien qui a fait pour les nombres ce qu'Euclide fit pour la géométrie fut Diophante d'Alexandrie, le dernier héros de la tradition mathématique grecque. Ses livres nous renseignent pleinement sur ses travaux, mais on ne sait presque rien d'autre de ce formidable mathématicien. Son lieu de naissance est inconnu et son arrivée à Alexandrie peut se situer dans une marge de temps de cinq siècles. Ses écrits mentionnent Hypsiclès ; il vécut donc après l'an 150 avant notre ère, et par ailleurs il est lui-même cité par Théon d'Alexandrie, ce qui signifie qu'il aurait vécu avant l'an 364 de notre ère. On admet qu'il aurait vécu vers 250. Comme il convient à un homme qui savait résoudre les énigmes, il en est une qui fut gravée sur sa tombe et qui pourrait nous éclairer un peu sur sa vie :

> Dieu lui consentit d'être un garçon pour un sixième de sa vie et pendant un douzième de sa vie, il garnit ses joues de duvet. Il lui alluma la lampe de l'hyménée après un septième de sa vie et, cinq ans après son mariage, lui donna un fils. Hélas, pauvre enfant, n'ayant atteint que la moitié de la vie de son père, il fut saisi par le Destin glacé. Après s'être consolé quatre ans par la science des nombres, il se tua.

La gageure consiste à calculer la durée de la vie de Diophante (la réponse se trouve dans l'appendice 3).

Cette énigme est typique de celles dont se délectait Diophante. Sa spécialité résidait dans les problèmes dont les solutions consistaient en nombres entiers, et qu'on définit de nos jours comme les équations diophantines. Il passa sa carrière à Alexandrie à recueillir des problèmes connus et à en inventer de nouveaux, qu'il rassembla dans un traité intitulé *Arithmetica*. Des treize livres qui composent celui-ci, six seulement survécurent au Moyen Age et inspirèrent les mathématiciens de la Renaissance et Pierre de Fermat. Les sept autres livres furent perdus dans des circonstances dramatiques, ce qui ramena les mathématiques au temps de Babylone.

Durant les siècles qui séparent les époques d'Euclide et de Diophante, Alexandrie conserva son rang de métropole intellectuelle du monde civilisé, bien qu'elle fût constamment exposée aux invasions étrangères. La première grande attaque survint en 47 avant notre ère, lorsque Jules César tenta de renverser Cléopâtre et mit le feu à la flotte alexandrine. La bibliothèque la plus proche du port[1] prit feu et des centaines de milliers d'ouvrages partirent en fumée. Le bonheur voulut que la reine appréciât l'importance du savoir et qu'elle décidât de restaurer cette bibliothèque dans son ancienne splendeur. Marc Antoine comprit que le chemin de son cœur passait par la Bibliothèque et s'en alla à Pergame. Cette cité avait elle aussi entrepris de constituer une bibliothèque, dont elle voulait faire la première au monde. Marc Antoine la pilla et transporta tous ses ouvrages à Alexandrie, ainsi rendue à sa suprématie intellectuelle.

Pendant les quatre siècles suivants, la Bibliothèque continua d'accumuler des livres, mais en 389 le fanatisme religieux lui infligea deux coups fatals. En

1. Celle du Musée, donc.

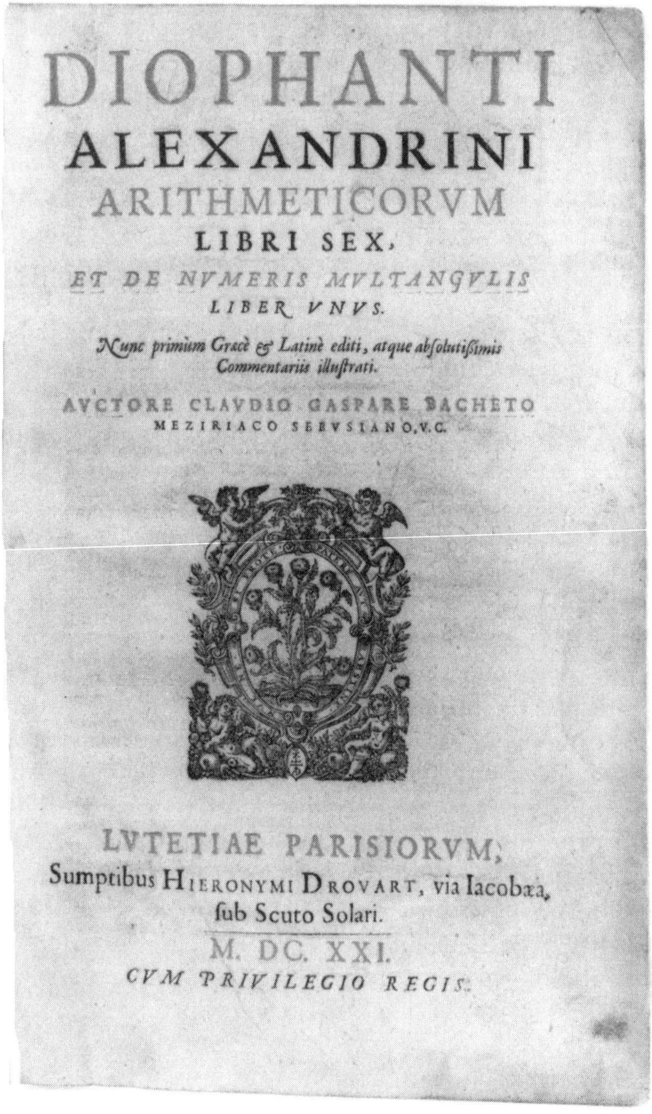

DIOPHANTI
ALEXANDRINI
ARITHMETICORVM
LIBRI SEX,
ET DE NVMERIS MVLTANGVLIS
LIBER VNVS.

Nunc primùm Græcè & Latinè editi, atque absolutissimis Commentariis illustrati.

AVCTORE CLAVDIO GASPARE BACHETO
MEZIRIACO SEBVSIANO, V.C.

LVTETIAE PARISIORVM,
Sumptibus HIERONYMI DROVART, via Iacobæa,
sub Scuto Solari.
M. DC. XXI.
CVM PRIVILEGIO REGIS.

*Frontispice de l'édition de 1621 de l'*Arithmetica *de Diophante, traduite par Claude Gaspar Bachet. Ce livre devint la bible de Fermat et inspira une grande partie de son travail.*

effet, l'empereur chrétien Théodose donna l'ordre à Théophile, évêque d'Alexandrie, de détruire tous les monuments païens. Or, lorsque Cléopâtre avait décidé de restaurer et refournir la Bibliothèque, elle l'avait installée dans le temple de Sérapis ou Serapaeum, qui se trouva pris dans le feu de l'iconoclasme en raison de ses statues et autels. Les érudits « païens » tentèrent de sauver quelque six siècles de savoir, mais ils furent massacrés par la meute des chrétiens.

Quelques rares exemplaires des livres les plus importants survécurent au saccage chrétien et les lettrés, dans leur quête du savoir, continuèrent de se rendre à Alexandrie. Puis en 642, une offensive musulmane réussit ce que les chrétiens n'avaient pu faire. Quand on lui demanda ce qu'il fallait faire de la Bibliothèque, le calife Omar, victorieux, commanda que ceux des livres qui étaient contraires au Coran fussent détruits ; quant à ceux qui étaient conformes au Coran, ils étaient superflus et devaient également être détruits. Les manuscrits furent brûlés dans les fournaises qui chauffaient les bains publics et les mathématiques grecques partirent en fumée. Il n'est pas surprenant que la plupart des ouvrages de Diophante aient disparu ; c'est même un miracle que six volumes de l'*Arithmetica* aient survécu à l'autodafé d'Alexandrie.

Pendant le millénaire qui suivit, les mathématiques en Occident furent en ruines et seule une poignée de lettrés en Inde et en Arabie en préservèrent le flambeau. Ils copièrent les formules des manuscrits grecs rescapés et commencèrent à réinventer pour leur compte plusieurs des théorèmes perdus. Ils ajoutèrent aussi de nouveaux éléments aux mathématiques, dont le zéro.

En mathématiques modernes, le zéro assume deux fonctions. D'abord, il permet de distinguer entre des nombres tels que 52 et 502. Dans un système où la position du chiffre indique sa valeur, il est besoin d'un symbole pour indiquer qu'une position est vide. Par exemple, 52 représente 5 fois dix, plus 2 fois 1, alors que 502 représente 5 fois cent, plus 0 fois dix, plus 2 fois un, et le zéro est indispensable pour éviter toute ambiguïté. Même les Babyloniens du IIIe millénaire avant notre ère utilisaient le zéro pour éviter la confusion et les Grecs en adoptèrent l'idée, utilisant un symbole circulaire comparable au signe que nous utilisons de nos jours. Toutefois, le zéro revêt une signification plus profonde et plus subtile, qui ne fut saisie que plusieurs siècles plus tard par les mathématiciens de l'Inde. Les Indiens considérèrent, en effet, que le zéro possède une existence indépendante en plus du rôle de simple « espaceur » entre les autres chiffres : c'était un chiffre en tant que tel. Il représentait une quantité de rien. Pour la première fois, le concept abstrait du rien se trouvait coiffé d'un symbole perceptible.

Le pas ainsi franchi peut paraître négligeable au lecteur contemporain, mais la signification profonde du zéro avait été méconnue de tous les philosophes grecs anciens, y compris Aristote. Ce dernier avait prétendu que le zéro devait être banni, parce qu'il contrariait la cohérence des autres chiffres, car diviser n'importe quel chiffre ordinaire par zéro menait à des résultats incompréhensibles. Mais au VIe siècle, les mathématiciens indiens avaient cessé d'esquiver le problème et, au VIIe siècle, le lettré Brahmagupta poussa le raffinement jusqu'à présenter la division par le zéro comme une définition de l'infini.

Tandis que l'Europe avait renoncé à la noble recherche de la vérité, l'Inde et l'Arabie affermissaient le savoir réchappé des cendres d'Alexandrie et le réinterprétaient dans un langage neuf et plus éloquent. En plus d'ajouter le zéro au répertoire mathématique, ils remplacèrent les symboles primaires grecs et la lourde numérotation romaine par un système de calçul désormais universel. Une fois de plus, le progrès ainsi accompli peut paraître dérisoire, mais qu'on essaie de multiplier CLV par DCI et l'on appréciera la commodité du changement : il est bien plus simple de multiplier 155 par 601. L'essor de n'importe quelle discipline dépend de la possibilité de communiquer et de développer des idées, et cela dépend à son tour de la précision et de la flexibilité du langage. Les idées de Pythagore et d'Euclide n'étaient pas moins élégantes en dépit de leur expression maladroite, mais transcrites dans les symboles arabes, elles devaient fleurir et porter des fruits à des concepts plus neufs et plus riches.

Au xe siècle, le moine français Gerbert d'Aurillac apprit la nouvelle numération chez les Maures d'Espagne et, grâce aux chaires qu'il occupa dans les établissements religieux d'Europe, il put introduire le nouveau système en Occident. En 999, il fut élu pape sous le nom de Sylvestre II, ce qui lui conféra l'autorité nécessaire pour implanter la numérotation indo-arabe. Certes, une révolution s'ensuivit dans la comptabilité, les marchands ayant rapidement adopté les nouveaux chiffres, mais les mathématiques européennes n'y trouvèrent pas un sang neuf.

Entre autres effets, les mathématiques occidentales bénéficièrent du sac de Constantinople par les Turcs, en 1453. Les érudits byzantins s'enfuirent en emportant ceux des manuscrits qui avaient échappé au saccage d'Alexandrie. Rescapés des méfaits de César, de l'évêque Théophile, du calife Omar et des Turcs, quelques volumes de l'*Arithmetica* parvinrent en Europe et ce fut ainsi que Diophante aboutit sur le bureau de Pierre de Fermat.

Naissance d'une énigme

Les responsabilités juridiques de Fermat lui prenaient une grande partie de son temps, mais ses loisirs, eux, étaient entièrement consacrés aux mathématiques. Il en allait ainsi parce que, au XVIIe siècle, les juges ne frayaient guère, amis et connaissances pouvant un jour comparaître devant eux. Les relations avec les gens du cru risquaient de susciter du favoritisme. Ainsi isolé de la bonne société toulousaine, Fermat pouvait s'adonner à sa marotte.

Fermat n'eut pas d'autre maître en mathématiques qu'un exemplaire de l'*Arithmetica*. Ce livre s'efforçait de décrire la théorie des nombres, telle qu'elle était au temps de Diophante, par une série de problèmes et de solutions. De la sorte, Diophante livrait à Fermat un millier d'années de connaissances mathématiques. Un seul livre offrait donc à ce dernier tout ce que les émules de Pythagore et d'Euclide avaient élaboré sur les nombres. La théorie des nombres avait, en effet, survécu à la dévastation d'Alexandrie et Fermat se trouvait ainsi en mesure de reprendre l'étude des disciplines mathématiques fondamentales.

L'*Arithmetica* qui se trouvait dans les mains de Fermat était une traduction du latin faite par Claude Gaspar Bachet de Méziriac, qu'on tenait pour l'homme le plus érudit de France. Brillant linguiste, poète et versé dans l'étude des classiques, Bachet se délectait des énigmes mathématiques. Son premier ouvrage fut une collection de celles-ci parue sous le titre de *Problèmes plaisans et délectables qui se font par les nombres*, qui comprenait nombre de colles sur les liquides et les divinations de nombres. L'une des questions posées était la suivante :

Quel est le moindre nombre de poids qu'on peut utiliser

sur des balances pour mesurer un nombre entier de kilogrammes allant de 1 à 40 ?

Bachet avait une solution astucieuse montrant qu'il est possible de ne se servir que de quatre poids (la solution est détaillée dans l'appendice 4).

Bien qu'il ne fût qu'un amateur, Bachet en savait assez sur les énigmes pour comprendre que la liste des problèmes de Diophante était d'un niveau supérieur et digne d'une étude approfondie. Il entreprit donc de traduire et de publier Diophante, pour remettre les techniques des Grecs à l'honneur. Rappelons ici que de larges segments des mathématiques anciennes avaient alors été oubliés. Les mathématiques supérieures n'étaient même pas enseignées dans les meilleures universités européennes et ce ne fut que grâce aux efforts de gens tels que Bachet qu'on put en récupérer autant. La parution de la version latine de l'*Arithmetica*, en 1621, fut une contribution décisive au second âge d'or des mathématiques.

L'ouvrage contenait plus de cent problèmes pour chacun desquels Diophante donnait une solution, courtoisie dont Fermat ne suivit pas l'exemple. En effet, le Toulousain se moquait des générations futures : il se contentait d'avoir résolu un problème. L'étude de Diophante le portait à la réflexion et à l'analyse de questions plus subtiles. Fermat griffonnait donc ce qui lui paraissait nécessaire pour se satisfaire d'avoir trouvé la solution, qu'il ne se donnait même pas la peine de compléter. Le plus souvent, d'ailleurs, il jetait ses notes au panier et passait au problème suivant. Pour notre chance, les marges de l'*Arithmetica* étaient assez larges pour que Fermat pût y inscrire logique et commentaires. Pour des générations de mathématiciens, ces griffonnages allaient se révéler d'inestimables indications des calculs les plus brillants de Fermat, en dépit de leur nature laconique et incomplète.

L'une des découvertes de Fermat concerna ces nombres que l'on dit *amicaux*, proches parents des nombres parfaits qui avaient fasciné Pythagore deux mille ans auparavant. Les nombres amicaux sont constitués de paires dont chacun est la somme des diviseurs de l'autre. Les pythagoriciens avaient fait la découverte extraordinaire que 220 et 284 sont des nombres amicaux. Les diviseurs de 220 sont 1, 2, 4, 5, 10, 11, 20, 22, 44, 55 et 110, dont la somme est 284. Par ailleurs, les diviseurs de 284 sont 1, 2, 4, 71 et 142, dont la somme est 220.

La paire 220 et 284 fut considérée comme symbolique de l'amitié. Dans son livre *Le Spectacle magique mathématique*, Martin Gardner évoque les talismans du Moyen Age sur lesquels ces nombres étaient inscrits, et dont le port était censé favoriser l'amour. Un numérologiste arabe atteste de la coutume de graver 220 sur un fruit et 284 sur un autre, de manger l'un et de donner l'autre à l'objet aimé en guise d'aphrodisiaque mathématique. Les premiers théologiens avaient relevé que, dans la Genèse, Jacob donna 220 chèvres à Esaü. Ils supposaient que ce nombre, qui est la moitié d'une paire amicale, exprimait l'amour de Jacob pour Esaü.

On n'identifia pas de nouveaux nombres amicaux jusqu'en 1636, où Fermat en découvrit une paire, 17 296 et 18 416. Bien que la découverte ne fût pas bouleversante, elle reflétait la familiarité de Fermat avec les nombres et le plaisir qu'il trouvait à jouer avec. Toujours est-il qu'il lança une mode : Descartes découvrit une troisième paire (9 363 584 et 9 437 056) et Leonhard Euler inventoria jusqu'à soixante-deux paires de nombres amicaux. Bizarrement, ils avaient tous négligé des nombres bien moindres : en 1866, à l'âge de seize ans, Niccolo Paganini découvrit, en effet, la paire 1 184 et 1 210.

Au XXe siècle, les mathématiciens ont poussé l'idée plus loin et ont cherché les nombres qu'on dit « sociables » ; ce sont ceux qui vont par trois ou davantage et qui forment des ensembles clos. Par exemple, dans l'ensemble suivant de cinq nombres (12 496 ; 14 288 ; 15 472 ; 14 536 ; 14 264) la somme des diviseurs du premier nombre forme le deuxième, la somme des diviseurs du deuxième nombre forme le troisième, la somme des diviseurs du troisième forme le quatrième, celle du quatrième forme le cinquième et la somme des diviseurs du cinquième forme le premier. La plus grande série sociable connue comporte 28 nombres, dont le premier est 14 316.

Bien que la découverte d'une nouvelle paire de nombres amicaux eût fait de Fermat une célébrité, sa réputation fut réellement assise sur une série de gageures mathématiques. Par exemple, il remarqua que 26 se trouve entre deux nombres, 25, qui est un nombre carré ($25 = 5^2 = 5 \times 5$) et 27, qui est un nombre cubique ($27 = 3^3 = 3 \times 3 \times 3$). Il chercha ainsi d'autres nombres sis entre un carré et un cubique, mais n'en trouva pas et se demanda si 26 n'était pas unique. Plusieurs jours d'efforts intenses lui permirent de construire un raisonnement complexe qui montrait que 26 est, en effet, une exception et qu'aucun autre nombre ne lui ressemble.

Fermat annonça cette propriété unique de 26 à la communauté scientifique, puis mit celle-ci au défi de le démontrer. Il admit sans ambage qu'il en avait la preuve, mais la question qui se posait était de savoir si les autres avaient assez d'imagination pour l'égaler. En dépit de la simplicité du postulat, la preuve est d'une difficulté formidable et Fermat prit un plaisir particulier à défier les mathématiciens anglais Wallis et Digby, qui durent s'avouer vaincus. Mais à la fin, le plus grand titre de gloire de Fermat fut un autre défi qu'il lança au monde. Toutefois, c'était le fruit d'un hasard qu'il n'avait jamais envisagé de discuter publiquement.

La note en marge

En étudiant le deuxième livre de l'*Arithmetica*, Fermat trouva une suite d'observations, de problèmes et de solutions qui touchaient au théorème de Pythagore et aux triplets pythagoriciens.

Fermat fut frappé par la variété et la quantité des triplets pythagoriciens. Il savait que, plusieurs siècles auparavant, Euclide avait formulé une preuve (exposée dans l'appendice 5), qui démontre qu'il existe un nombre infini de triplets pythagoriciens. Fermat dut considérer l'exposition détaillée de ces triplets et se demander ce qu'il pouvait ajouter au sujet. Le regard fixé sur la page, il analysa l'équation de Pythagore, essayant de découvrir quelque chose qui aurait échappé aux Grecs. Soudain, dans un éclair de génie qui devait immortaliser le Prince des amateurs, il créa une équation qui, bien que ressemblant de près à celle de Pythagore, ne comportait aucune solution. C'était celle que le jeune Andrew Wiles, âgé de dix ans, allait découvrir à la bibliothèque de Milton Road.

Au lieu de s'arrêter à l'équation de Pythagore

$$x^2 + y^2 = z^2,$$

Fermat en formula cette variante :

$$x^3 + y^3 = z^3.$$

Comme on le verra au dernier chapitre, Fermat n'avait fait qu'élever la puissance du carré au cubique, mais sa nouvelle équation n'avait apparemment pas de solution formulable en nombres entiers. La mise à l'essai montre rapidement la difficulté de trouver deux nombres cubiques dont la somme soit un autre nombre cubique. Était-il possible qu'une aussi petite modification changeât l'équation de Pythagore, aux solutions en nombre infini, en une équation sans solution ?

Fermat éleva encore la puissance des termes au-dessus de 3 et constata qu'il était également difficile de trouver des solutions. Selon Fermat, il ne semblait pas qu'il existât trois nombres correspondant à l'équation

$$x^n + y^n = z^n, \text{ si } n \text{ est } 3, 4, 5 \text{ ou plus.}$$

En marge de son *Arithmetica*, à la suite du problème 8, il nota ainsi son observation :

> *Cubem autem in duos cubos, aut quadratoquadratum in duos quadratoquadratos, et generaliter nullam in infinitum ultra quadratum potestatem in duos eiusdem nominis fas est dividere.*
>
> Il est impossible pour un cube d'être écrit comme la somme de deux cubes ou pour une quatrième puissance d'être écrite comme la somme de deux quatrièmes puissances ou, en général, pour n'importe quel nombre égal à une puissance supérieure à deux d'être écrit comme la somme de deux puissances semblables.

Il ne semblait pas qu'il y eût une raison pour laquelle on ne pût pas trouver au moins une solution parmi tous les nombres possibles, et pourtant Fermat déclara que nulle part dans l'univers infini des nombres il n'y avait un « triplet fermatéen ». C'était un postulat extraordinaire, mais Fermat croyait pouvoir le prouver. Après la première note marginale résumant la théorie, le machiavélique génie écrivit un commentaire qui allait hanter des générations de mathématiciens :

> *Cuius rei demonstrationem mirabilem sane detexi hanc marginis exiguitas non caperet.*

> J'ai une démonstration véritablement merveilleuse de cette proposition, que cette marge est trop étroite pour contenir.

C'était là du pur et exaspérant Fermat. Ses propres mots indiquent qu'il était particulièrement content de sa démonstration « véritablement merveilleuse », mais il n'avait aucune intention de s'embêter à en coucher le détail, sans parler de la publier. Il ne parla jamais à personne de sa preuve et pourtant, en dépit de son mélange d'indolence et de modestie, Fermat allait devenir fameux dans le monde et pendant des siècles à cause de ce qu'on appellerait son Dernier théorème.

Le Dernier théorème est enfin publié

La découverte fameuse de Fermat advint tôt dans sa carrière mathématique, vers 1637. Plus tard, alors qu'il accomplissait ses fonctions judiciaires dans la ville de Castres, Fermat tomba gravement malade. Le 9 janvier 1665, il signa son dernier arrêt et trois jours plus tard, il était mort. Il avait été méconnu de l'école de mathématiques de Paris et il n'avait pas été tenu en grande affection par ses correspondants frustrés, ses découvertes risquaient donc d'être perdues à jamais. Heureusement, son fils aîné, Clément-Samuel, qui avait compris l'importance de la marotte de son père, était décidé à ce que ses découvertes ne fussent pas perdues pour le monde. Ce fut grâce à ses efforts que nous savons quelques choses de la remarquable percée de Fermat dans la théorie des nombres. Sans lui, l'énigme connue sous le nom de Dernier théorème de Fermat aurait disparu avec son auteur.

Clément-Samuel consacra cinq ans à recueillir les notes et les lettres de son père et à examiner les griffonnages en marge de l'*Arithmetica*. La note qui se réfère au Dernier théorème n'en était qu'une parmi

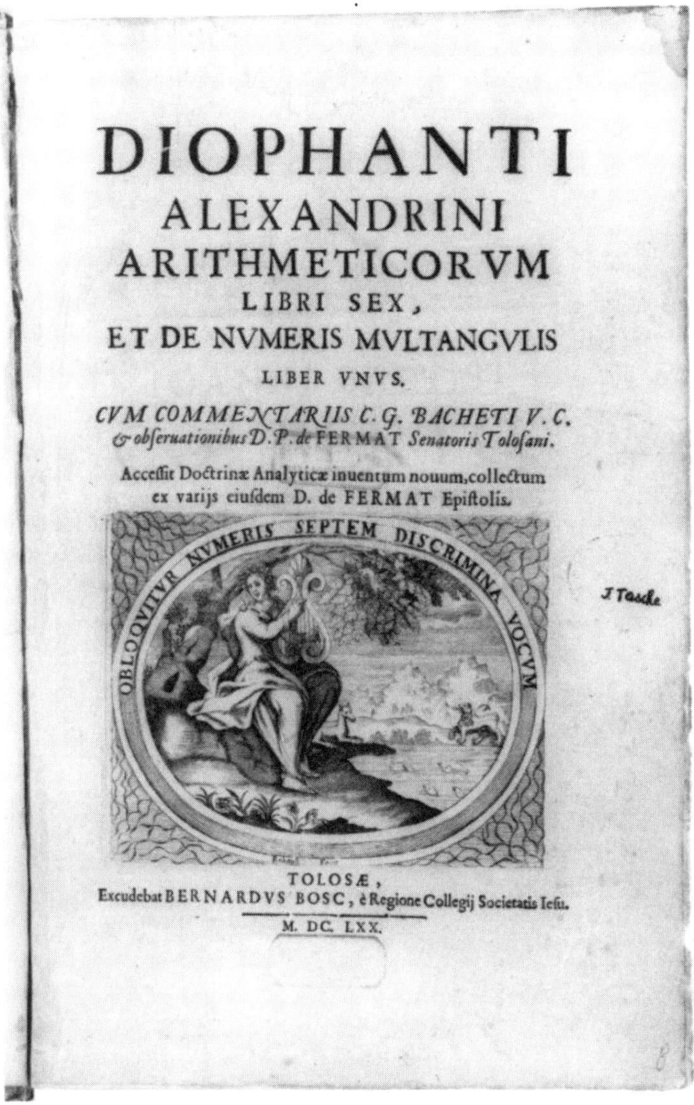

DIOPHANTI
ALEXANDRINI
ARITHMETICORVM
LIBRI SEX,
ET DE NVMERIS MVLTANGVLIS
LIBER VNVS.
CVM COMMENTARIIS C. G. BACHETI V. C.
& obseruationibus D. P. de FERMAT Senatoris Tolosani.
Accessit Doctrinæ Analyticæ inuentum nouum, collectum
ex varijs eiusdem D. de FERMAT Epistolis.

OBLOQVITVR NVMERIS SEPTEM DISCRIMINA VOCVM

TOLOSÆ,
Excudebat BERNARDVS BOSC, è Regione Collegij Societatis Iesu.
M. DC. LXX.

*Frontispice de l'édition de l'*Arithmetica *de Diophante publiée par Clément-Samuel Fermat en 1670. Cette version contenait les notes marginales du père de ce dernier.*

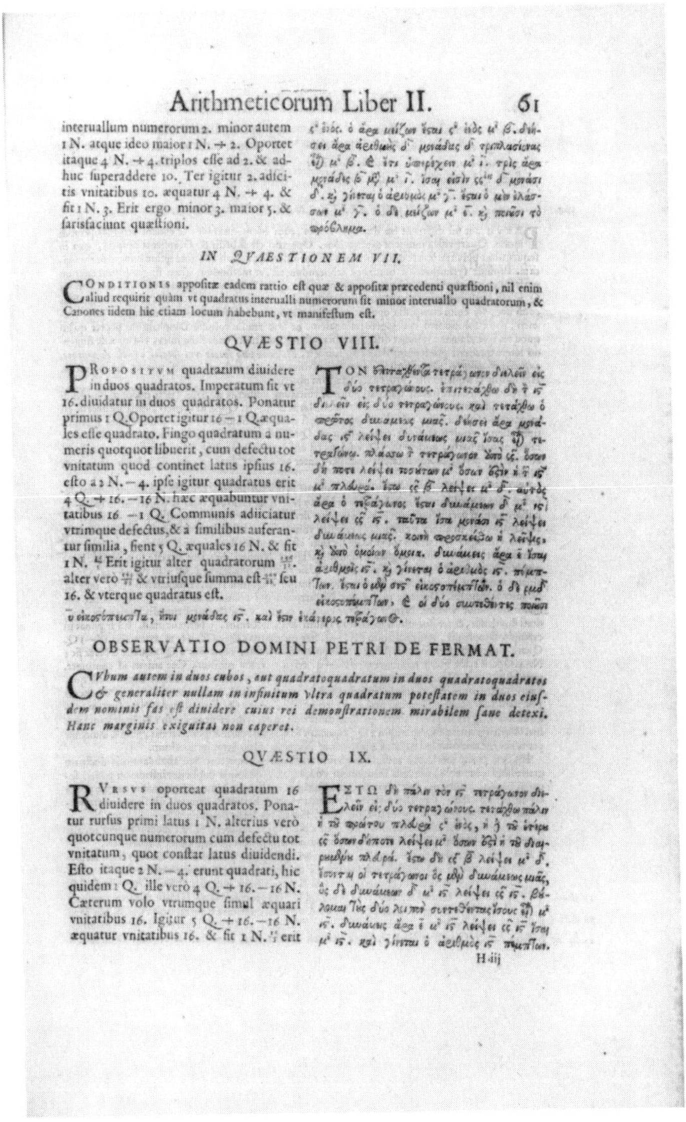

Arithmeticorum Liber II. 61

interuallum numerorum 2. minor autem 1 N. atque ideo maior 1 N. + 2. Oportet itaque 4 N. + 4. triplos esse ad 2. & adhuc superaddere 10. Ter igitur 2. adscitis vnitatibus 10. æquatur 4 N. + 4. & fit 1 N. 3. Erit ergo minor 3. maior 5. & satisfaciunt quæstioni.

IN QVAESTIONEM VII.

CONDITIONIS appositæ eadem ratio est quæ & appositæ præcedenti quæstioni, nil enim aliud requirit quàm vt quadratus interualli numerorum sit minor interuallo quadratorum, & Canones iidem hic etiam locum habebunt, vt manifestum est.

QVÆSTIO VIII.

PROPOSITVM quadratum diuidere in duos quadratos. Imperatum sit vt 16. diuidatur in duos quadratos. Ponatur primus 1 Q. Oportet igitur 16 − 1 Q. æquales esse quadrato. Fingo quadratum a numeris quotquot libuerit, cum defectu tot vnitatum quod continet latus ipsius 16. esto a 2 N. − 4. ipse igitur quadratus erit 4 Q. + 16. − 16 N. hæc æquabuntur vnitatibus 16 − 1 Q. Communis adiiciatur vtrimque defectus, & a similibus auferantur similia, fient 5 Q. æquales 16 N. & fit 1 N. $\frac{16}{5}$ Erit igitur alter quadratorum $\frac{256}{25}$. alter verò $\frac{144}{25}$ & vtriusque summa est $\frac{400}{25}$ seu 16. & vterque quadratus est.

OBSERVATIO DOMINI PETRI DE FERMAT.

Cubum autem in duos cubos, aut quadratoquadratum in duos quadratoquadratos & generaliter nullam in infinitum vltra quadratum potestatem in duos eiusdem nominis fas est diuidere cuius rei demonstrationem mirabilem sane detexi. Hanc marginis exiguitas non caperet.

QVÆSTIO IX.

RVRSVS oporteat quadratum 16 diuidere in duos quadratos. Ponatur rursus primi latus 1 N. alterius verò quotcunque numerorum cum defectu tot vnitatum, quot constat latus diuidendi. Esto itaque 2 N. − 4. erunt quadrati, hic quidem 1 Q. ille verò 4 Q. + 16. − 16 N. Cæterum volo vtrumque simul æquari vnitatibus 16. Igitur 5 Q. + 16. − 16 N. æquatur vnitatibus 16. & fit 1 N. $\frac{16}{5}$ erit

H iij

Fig. 6 : La page sur laquelle Pierre de Fermat avait écrit sa fameuse observation.

bien d'autres, et Clément-Samuel prit l'initiative de publier ces annotations dans une édition spéciale de l'*Arithmetica*. En 1670, à Toulouse, il publia donc l'*Arithmetica de Diophante contenant des observations de P. de Fermat*. Accompagnant les traductions de Bachet en grec et en latin, se trouvaient quarante-huit observations de Fermat. La deuxième, reproduite en figure 6, fut celle qui allait être connue sous le nom de Dernier théorème de Fermat.

Une fois que les *Observations* de Fermat eurent atteint la communauté scientifique, il devint évident que les lettres qu'il avait adressées à des collègues ne représentaient que des miettes en comparaison de ce trésor de découvertes. Ses notes contenaient toute une série de théorèmes. Malheureusement, ceux-ci ne comportaient pas d'explications ou bien n'étaient suivis que d'ébauches d'explications. Il y avait juste assez d'aperçus de logique pour assurer les mathématiciens que Fermat avait bien des preuves, mais c'était à eux qu'il revenait de relever la gageure et de les compléter.

Leonhard Euler, un des plus grands mathématiciens du XVIIIe siècle, tenta l'une des plus élégantes démonstrations de Fermat, un théorème portant sur les nombres premiers. Un nombre premier est un nombre qui n'a pas de diviseur, c'est-à-dire qu'aucun nombre ne le divisera sans un reste, à l'exception de 1 et du nombre lui-même. Par exemple, 13 est un nombre premier, mais 14 ne l'est pas. Aucun nombre ne divisera parfaitement 13, mais 2 et 7 diviseront 14. Tous les nombres premiers peuvent être rangés en deux groupes : ceux qui égalent $4n + 1$ et $4n - 1$, n étant un nombre donné. 13 appartient donc au premier groupe, puisqu'il équivaut à $4 \times 3 + 1$, tandis que 19 appartient au second groupe, puisqu'il équivaut à $4 \times 5 - 1$. Le premier théorème de Fermat postulait que le premier type de nombres premiers était toujours la somme de deux carrés ($13 = 2^2 + 3^2$), tandis que le second ne pouvait jamais être écrit de cette manière ($19 = ?^2 + ?^2$). Cette propriété des nombres premiers est remarquablement simple, mais il est remarquablement difficile de le prouver pour tous les nombres premiers. Pour Fermat, la preuve faisait partie de ses nombreux secrets. La gageure pour Euler fut de redécouvrir la preuve de Fermat. Mais au bout de sept années de travail et près d'un siècle après la mort de Fermat, Euler réussit à prouver ce théorème des nombres premiers.

La panoplie des théorèmes de Fermat allait de l'amusette au fondamental. Les mathématiciens classent les théorèmes selon l'impact qu'ils ont sur le reste des mathématiques. D'abord, un théorème est considéré comme important s'il a une vérité universelle, c'est-à-dire s'il s'applique à un groupe entier de nombres. Dans le cas du théorème des nombres premiers, il n'est pas seulement vrai pour quelques nombres premiers, mais pour tous. Ensuite, les théorèmes devraient révéler quelque vérité sous-jacente des rapports entre les nombres. Un théorème peut servir de base à la formulation d'une collection d'autres théorèmes et même, il peut présider à la naissance d'une nouvelle branche des mathématiques. Enfin, un théorème est important si des territoires entiers de la recherche sont fermés faute d'un lien logique. De nombreux mathématiciens ont passé des nuits blanches parce qu'ils savaient qu'ils ne pourraient atteindre à un résultat majeur que s'ils pouvaient établir un lien qui leur faisait défaut dans l'enchaînement logique.

Les mathématiciens se servent des théorèmes comme de jalons sur la route de nouveaux résultats ; il était donc essentiel que chacun des théorèmes de Fermat fût démontré. Ce n'était pas parce que Fermat disait qu'il avait la démonstration d'un théorème qu'on pouvait le croire sur parole. Avant qu'on pût l'utiliser, chaque théorème devait être démontré avec une imparable rigueur, sans quoi les conséquences risquaient d'être désastreuses. Admettons que les mathématiciens eussent accepté sur sa bonne mine l'un des théorèmes de Fermat. Il aurait alors été incorporé comme élément isolé dans une chaîne de démonstrations de plus grande ampleur. Puis celles-ci auraient été incorporées dans des chaînes d'encore plus vaste ampleur et ainsi de suite. En fin de compte, des centaines de théorèmes auraient dépendu de la vérité d'un seul théorème qu'on n'avait pas vérifié. Et si Fermat avait fait une erreur, et si le théorème non vérifié avait été erroné ? Tous les théorèmes successifs dans lesquels il avait été incorporé auraient également été erronés et tout un territoire des mathématiques se serait ainsi trouvé miné. Les théorèmes sont les fondations des mathématiques, parce qu'une fois qu'ils ont été démontrés, il est possible d'ériger dessus d'autres théorèmes. Les idées qui n'ont pas été vérifiées ont beaucoup moins de valeur et sont désignées sous le nom de conjectures. Toute logique qui se fonde sur des conjectures est elle-même une conjecture.

Fermat avait dit qu'il avait une preuve pour chacune de ses observations, et pour lui, c'étaient donc des théorèmes. Toutefois, jusqu'à ce que la communauté scientifique pût redécouvrir les preuves individuelles, ce n'étaient encore que des conjectures. En réalité, au cours des trois cent cinquante dernières années, le Dernier théorème de Fermat aurait dû être défini comme la Dernière conjecture de Fermat.

Toutes les observations de Fermat avaient été démontrées une par une au cours des siècles, à l'exception du Dernier théorème, qui tenait bon. On l'appela en fait le « dernier » parce que c'était le dernier qui restait à prouver. Trois siècles d'efforts avaient été vains et cela forgea la réputation du théorème comme l'énigme la plus ardue des mathématiques. La difficulté reconnue ne présumait toutefois pas de son importance : jusqu'il y a peu, il semblait ne pas répondre à plusieurs critères et il semblait aussi que sa solution ne mènerait à rien de profond, n'offrirait rien de particulièrement pénétrant sur les nombres et ne servirait pas à ouvrir d'autres conjectures.

Bref, la renommée du Dernier théorème de Fermat procédait simplement de la difficulté de le démontrer. Un élément piquant s'ajoutait à l'affaire : le Prince des amateurs avait avancé qu'il pouvait le démontrer, alors que des générations de mathématiciens s'y étaient cassé les dents. Le commentaire désinvolte de Fermat en marge de l'*Arithmetica* semblait un défi lancé au monde. Il avait prouvé le Dernier théorème. Restait à savoir si un autre mathématicien pouvait y parvenir.

Le Dernier théorème de Fermat est incroyablement difficile à résoudre, et pourtant il peut être couché sous une forme qu'un écolier comprendra. Il n'existe pas de problème en physique, en chimie ou en biologie qui puisse être énoncé de manière aussi simple et aussi claire et qui soit demeuré sans solution pendant si longtemps. Dans son livre *Le Problème ultime*, E.T. Bell écrivait que la civilisation atteindrait probablement sa fin avant que le Dernier théorème eût été résolu. La démonstration du Dernier théorème de Fermat est devenue l'objectif le plus convoité dans la théorie des nombres et l'on ne s'étonnera donc pas qu'elle ait suscité quelques-uns des épisodes les plus excitants de l'histoire des mathématiques.

L'énigme a même dépassé le monde des mathématiques et, en 1958, elle a servi de sujet à un conte faustien. Une anthologie intitulée *Pactes avec le Diable* contient une nouvelle d'Arthur Poges, *Le Diable et Simon Flagg*. On y voit le Diable demander à ce dernier de lui poser une question. Si le Diable réussit à y répondre dans les vingt-quatre heures, il obtiendra l'âme de Simon Flagg, mais s'il échoue, il devra lui donner cent mille dollars. Simon Flagg demande alors au Malin : « Le Dernier théorème de Fermat est-il correct ? » Le Diable fait le tour du monde pour assimiler la moindre bribe de mathématiques jamais conçue et il revient le lendemain pour concéder qu'il a perdu :

> « Vous gagnez, Simon, dit-il presque dans un souffle, le regard empreint de respect véritable. Même moi, je ne puis pas apprendre assez de mathématiques dans un délai aussi court pour résoudre un problème aussi difficile. Plus je m'y suis intéressé, plus il a empiré. Des facteurs non uniques, des idéaux... Bah ! Savez-vous, poursuivit le Diable, même les meilleurs mathématiciens des autres planètes, qui sont tous plus avancés que les vôtres, ne l'ont pas résolu. Tenez, il y a un type sur Saturne, il ressemble à un champignon sur des béquilles, qui peut résoudre mentalement des équations différentielles, et même lui, il y a renoncé. »

Leonhard Euler

III

Une disgrâce mathématique

> Les mathématiques ne sont pas une marche prudente sur une route bien tracée, mais un voyage dans un territoire étrange et sauvage, où les explorateurs se perdent souvent. Il faudrait indiquer à l'historien que les cartes ont été tracées, mais que les vrais explorateurs sont allés ailleurs.
>
> W.S. Anglin

« Depuis que j'ai découvert le Dernier théorème de Fermat, dans mon enfance, se rappelle Andrew Wiles d'une voix hésitante qui trahit son émotion, cela a été ma plus grande passion. J'avais trouvé ce problème non résolu depuis trois cents ans. Je ne crois pas que beaucoup de mes camarades d'école aient été des mordus des maths et je n'en discutai donc pas avec eux. Mais j'avais un professeur qui avait fait des recherches et il m'avait donné un livre sur la théorie des nombres. J'y avais trouvé quelques indications sur la manière de l'attaquer. Je partis du point de vue que Fermat ne connaissait pas beaucoup plus de maths que moi. J'ai essayé de trouver sa solution perdue en recourant au genre de méthodes qu'il aurait pu utiliser. »

Wiles était un enfant innocent et ambitieux, qui vit une chance de réussir là où des générations de mathématiciens avaient échoué. D'autres auraient jugé que c'était un rêve extravagant, mais le jeune Andrew avait raison de penser que lui, un jeune écolier du XXe siècle, savait autant de mathématiques que Pierre de Fermat, un génie du XVIIe siècle. Peut-être son innocence lui permettrait-elle de trouver une preuve que des esprits plus expérimentés avaient manquée ?

Mais en dépit de son enthousiasme, tous ses efforts échouèrent. Ayant épuisé les ressources de son cerveau et de ses livres de classe, il n'était arrivé à rien. Une année d'échecs l'incita à changer de stratégie ; peut-être apprendrait-il quelque chose des erreurs de mathématiciens plus éminents. « Telle est la légende romanesque qui s'attache au Dernier théorème de Fermat, dit Wiles. Il a obsédé bien des gens et plus les mathématiciens s'y sont attachés et plus la gageure s'est alourdie et plus le mystère s'est épaissi. De nombreux mathématiciens s'y sont attaqués de maintes façons différentes aux XVIIIe et XIXe siècles, et, adolescent, je décidai d'étudier leurs approches afin de comprendre ce qu'ils avaient fait. »

Le jeune Wiles étudia donc les méthodes de tous ceux qui s'étaient efforcés de démontrer le Dernier théorème de Fermat. Il commença par étudier l'œuvre du mathématicien le plus prolifique de l'histoire et le premier qui eût réussi à écorner l'énigme.

Le cyclope mathématique

La création des mathématiques est une expérience difficile et mystérieuse. L'objet de la preuve est souvent clair, mais le chemin qui y mène est brumeux et le mathématicien patauge dans ses calculs, terrifié à l'idée que chaque pas dirige la démonstration dans une direction totalement erronée. De plus, il est hanté par la possibilité qu'il n'y ait pas d'accès du tout. Un postulat lui semblera vrai, et il passera donc des années à essayer de le démontrer, alors qu'il fait erreur. Il aura donc essayé de prouver l'impossible.

Dans toute l'histoire des mathématiques, il en est peu qui aient échappé à ce doute qui taraude leurs collègues. L'un de ceux-là est un génie du XVIIIe siècle, Leonhard Euler, et ce fut lui qui fit le premier pas vers la démonstration du Dernier théorème de Fermat. Euler jouissait d'une intuition tellement aiguë et d'une mémoire si vaste qu'il passait pour capable d'effectuer de vastes calculs sans même le besoin de les coucher sur le papier. On l'appelait en Europe « l'analyse incarnée » et François Arago disait : « Euler calcule sans effort apparent, comme l'on respire ou comme l'aigle plane. »

Euler était né à Bâle en 1707, fils du pasteur calviniste Paul Euler. Dès l'enfance, ses dons pour les mathématiques furent prodigieux, mais son père s'obstina à ce que l'enfant étudiât la théologie et fît carrière dans les ordres. Obéissant, Leonhard étudia donc l'hébreu à l'université de Bâle.

Heureusement pour lui, Bâle était la ville de l'éminent clan des Bernoulli. Le titre de famille mathématicienne par excellence leur fût accordé sans peine, car en trois générations, ils avaient donné au monde huit esprits de première grandeur et l'on a souvent dit qu'ils étaient aux mathématiques ce que les Bach étaient à la musique. Leur renommée dépassait la communauté des mathématiciens et une légende la résumera. Au cours d'un de ses voyages en Europe, Daniel Bernoulli engagea une conversation avec un inconnu. Après un moment, la modestie l'engagea à se présenter. « Ah ! dit l'interlocuteur incrédule, et moi je suis Isaac Newton. » Daniel racontait volontiers l'anecdote, qu'il considérait comme le compliment le plus sincère qui lui eût jamais été fait.

Daniel et Nikolaus Bernoulli étaient amis intimes de Leonhard et s'avisèrent que le plus brillant mathématicien était en train de faire le plus médiocre des théologiens. Ils plaidèrent sa cause auprès de Paul Euler. Le père Euler avait jadis été l'élève du vieux Bernoulli, Jakob, et il était imprégné de respect pour cette famille. Bien à regret, il accepta l'évidence : son fils était né pour calculer et non pour prêcher.

Leonhard Euler quitta donc Bâle pour les palais de Berlin et de Saint-Pétersbourg, où il devait passer l'essentiel de ses années les plus créatives. Du temps de Fermat, les mathématiciens avaient été considérés comme des jongleurs de nombres, mais au XVIIIe siècle, ils étaient traités comme des professionnels de la résolution de problèmes. La culture des nombres avait considérablement changé, partiellement en raison des échos éveillés par les calculs scientifiques de Newton.

Newton avait estimé que les mathématiciens perdaient leur temps à se défier mutuellement avec des énigmes sans objet. Il entendait au contraire appliquer les mathématiques au monde physique et tout calculer, depuis l'orbite des planètes jusqu'aux trajectoires des boulets de canon. Quand il mourut en 1727, l'Europe avait subi une révolution scientifique, et ce fut cette année-là qu'Euler publia son premier article. Il contenait certes des calculs élégants et novateurs, mais il était surtout destiné à offrir une solution à un problème technique concernant la mâture des bateaux.

Les grandes puissances européennes n'avaient cure des mathématiques comme instrument d'investigations ésotériques et abstraites ; elles voulaient les appliquer à la solution de problèmes pratiques et ce fut à cette fin qu'elles enrôlèrent les meilleurs esprits. Euler commença sa carrière sous les tsars avant d'être invité à l'Académie de Berlin par Frédéric le Grand, roi de Prusse. Puis, il retourna finir ses jours en Russie, où régnait la Grande Catherine. Au cours de sa carrière, il aborda une infinité de problèmes allant de la navigation aux finances et de l'acoustique à l'irrigation. Ces activités pratiques n'émoussèrent pas les capacités d'Euler. Bien au contraire, chaque tâche nouvelle lui inspirait des méthodes novatrices et ingénieuses. La passion l'incitait parfois à écrire plusieurs articles par jour et l'on rapporte qu'entre le premier et le deuxième service d'un dîner, il ébauchait une démonstration complète digne d'être publiée sur-le-champ. Pas un moment n'était perdu et quand il berçait un enfant d'une main, il pouvait rédiger de l'autre une démonstration.

L'une des plus grandes réussites d'Euler fut le développement de la méthode des algorithmes. L'objet de celle-ci était de résoudre des problèmes en apparence insolubles. L'un de ceux-ci consistait à prédire les phases de la Lune dans le futur avec une haute précision, informations qui pouvaient servir à dresser des tables de navigation, vitales à l'époque. Newton avait déjà démontré qu'il est relativement facile de prédire l'orbite d'un corps céleste autour d'un autre, mais dans le cas de la Lune, ce n'était pas si simple. Car si la Lune tourne bien autour de la Terre, il existe un troisième corps céleste, le Soleil, qui complique beaucoup la tâche. Alors que la Terre et la Lune s'attirent mutuellement, le Soleil modifie la position de la Terre, ce qui modifie à son tour la position de la Lune. On pouvait établir des équations pour définir les effets réciproques de deux corps, mais au XVIIIe siècle, on ne savait pas y incorporer ceux d'un troisième corps. Et même aujourd'hui, il est impossible de déterminer avec précision une solution à ce qu'on appelle le « problème des trois corps ».

Euler s'avisa que les navigateurs n'avaient pas besoin de connaître les phases de la Lune avec une précision absolue, mais qu'il leur suffisait de les connaître juste assez bien pour établir leur position à quelques milles près. En conséquence, il mit au point une recette, connue sous le nom d'algorithme. On l'établissait en prenant les données approximatives courantes, puis en les injectant dans l'algorithme, qui les affinait. Le résultat affiné était réinjecté dans l'algorithme qui produisait un résultat encore plus affiné et ainsi de suite. Au bout d'une centaine de ces opérations, on obtenait une position de la Lune qui suffisait bien à la marine. Euler donna donc son algorithme à la British Admiralty, qui l'en récompensa par un prix de trois cents livres sterling.

Euler s'acquit ainsi la réputation de pouvoir résoudre n'importe quel problème, un talent qui paraissait dépasser même les frontières de la science. Durant son séjour à la cour de la Grande Catherine, il fit la connaissance du philosophe Denis Diderot. Celui-ci était un athée convaincu et s'était appliqué à faire partager son point de vue avec les Russes. Ce prosélytisme exaspérait Catherine, qui pria Euler de dissuader le Français de s'obstiner.

Euler y réfléchit quelque temps et proclama qu'il disposait d'une preuve algébrique de l'existence de Dieu. Catherine invita donc Euler et Diderot ensemble et convia la cour au débat théologique. Euler se présenta devant l'assistance et déclara :

« Monsieur, $(a + b^n)/n = x$, donc Dieu existe. Répondez ! »

Peu versé en algèbre, Diderot fut incapable de repartie contre le plus grand mathématicien d'Europe et resta interdit. Humilié, il quitta Saint-Pétersbourg

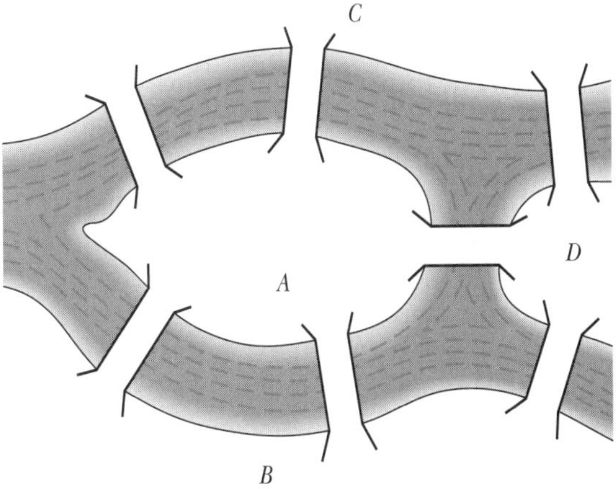

Fig. 7 : La rivière Pregel divise la ville de Königsberg en quatre quartiers, A, B, C *et* D. *Sept ponts unissent ces quartiers et une énigme folklorique était la suivante : est-il possible de faire le tour de la ville en ne traversant chaque pont qu'une seule fois ?*

et rentra à Paris. Euler trouva grand plaisir à ce retour à la théologie et publia bien d'autres preuves tout aussi fantaisistes de l'existence de Dieu et de l'âme humaine.

Un problème plus sérieux qui retint l'esprit d'Euler touchait à la ville prussienne de Königsberg, plus tard connue sous le nom russe de Kaliningrad. Construite sur les rives de la rivière Pregel, la ville comporte quatre quartiers reliés par sept ponts. La figure 7 montre le plan général de la ville. Quelques-uns des esprits les plus curieux de Königsberg se demandaient s'il était possible de franchir les sept ponts sans en traverser deux fois aucun. Ils avaient mis divers itinéraires à l'essai, mais en vain. Euler non plus ne trouva pas de solution, mais il réussit à expliquer pourquoi.

Il commença par établir un plan de la ville et le simplifia jusqu'à l'état de schéma, où les sections de terre étaient réduites à des points, et les ponts remplacés par des lignes, ainsi qu'il est montré en figure 8. Il soutint ensuite que pour traverser tous les ponts une seule fois, il faudrait que les points fussent traversés par un nombre égal de lignes. La raison en est que lorsque le voyageur à mi-chemin traverse une terre, il lui faut y entrer par un pont et le quitter par un autre. Il n'existe que deux exceptions à ce cas de figure, lorsque le voyageur commence ou bien achève un itinéraire. Au commencement de cet itinéraire, le voyageur quitte la terre et doit traverser un seul pont pour sortir et à la fin de l'itinéraire, il doit également arriver à la terre en traversant un seul pont. Si l'itinéraire commence et finit en deux points de terre différents, les deux terres peuvent avoir un nombre impair de ponts. Mais si le voyage commence et finit au même endroit, il faut disposer d'un nombre pair de ponts.

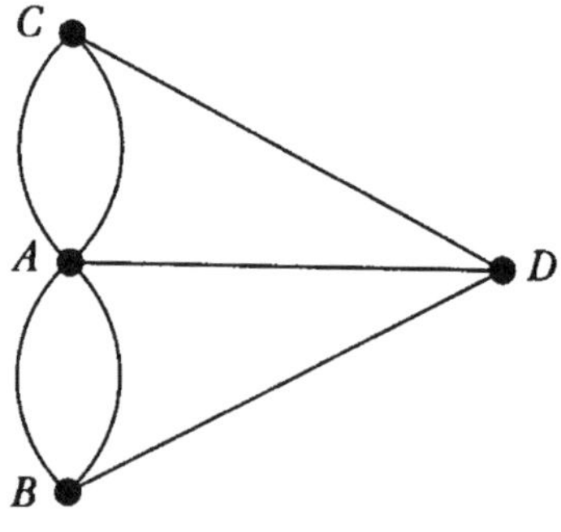

Fig. 8 : Shéma simplifié des ponts de Königsberg.

Euler conclut donc que, pour n'importe quel réseau de ponts, il n'est possible de ne franchir les ponts qu'une seule fois que si toutes les terres ont un nombre pair de ponts ou bien que deux masses de terre aient un nombre impair de ponts. Comme dans le cas de Königsberg, il y a quatre quartiers et qu'ils sont reliés par un nombre impair de ponts, il se trouve que trois points ont trois ponts et qu'un autre a cinq ponts. Il était donc impossible de ne traverser les ponts de Königsberg qu'une seule fois. De plus, Euler avait formulé une loi valable pour tous les réseaux de ponts du monde. La démonstration était esthétique et simple et peut-être était-ce l'une de celles qu'Euler concevait avant le dîner.

Il est possible que le Dernier théorème de Fermat ait paru à Euler aussi simple à résoudre que celui des ponts de Königsberg, et qu'il ait espéré qu'une stratégie similaire le conduirait au but. Rappelons ici que Fermat avait dit qu'il n'y a pas de solution en nombres entiers pour l'équation $x^n + y^n = z^n$, quand n est supérieur à 2.

Cette équation représente un système infini d'équations :

$$x^3 + y^3 = z^3$$
$$x^4 + y^4 = z^4$$
$$x^5 + y^5 = z^5$$
$$x^6 + y^6 = z^6$$
$$x^7 + y^7 = z^7$$

Euler se demanda s'il pouvait prouver que l'une des équations n'a pas de solution et ensuite extrapoler le résultat à toutes les équations restantes.

Son entreprise démarra bien quand il découvrit un indice dans les griffonnages de Fermat. Bien que Fermat n'eût jamais couché sur le papier de démonstration de son Dernier théorème, il en avait esquissé une solution pour le cas où $n = 4$ dans son exemplaire de l'*Arithmetica* et il l'avait incorporée dans la démonstration d'un problème complètement différent. Bien que ce soit là le calcul le plus achevé qu'il ait jamais confié au papier, les éléments en sont vagues et Fermat les conclut en alléguant que le manque de papier et de temps l'empêchait de les offrir en entier. Mais, si incomplets que soient les griffonnages de Fermat, ils illustrent clairement une forme de preuve par l'absurde connue sous le nom de *méthode de la décroissance infinie.*

Pour prouver qu'il n'existe pas de solution à l'équation $x^4 + y^4 = z^4$, Fermat commence par supposer qu'il en existe une solution hypothétique :

$$x = X_1, y = Y_1, z = Z_1$$

En analysant les propriétés de (X_1, Y_1, Z_1) Fermat pouvait démontrer que, si cette solution hypothétique existait, il faudrait qu'elle comportât une version plus petite $(x = X_2, y = Y_2, z = Z_2)$. En analysant alors cette nouvelle solution, Fermat pourrait démontrer qu'il y en avait une encore plus petite $(x = X_3, y = Y_3, z = Z_3)$, et ainsi de suite.

Fermat avait découvert une spirale de solutions qui pouvait théoriquement descendre à l'infini, engendrant des solutions de plus en plus petites. Toutefois, x, y et z doivent être des nombres entiers et l'escalier en question est impossible, parce qu'il faut bien qu'il y ait une solution minimale. Cette contradiction prouve que l'hypothèse initiale qu'il existe une solution (X_1, Y_1, Z_1) doit être fausse. La méthode de la spirale avait permis à Fermat de démontrer que l'équation avec $n = 4$ n'a aucune solution, parce que les conséquences en seraient absurdes.

Euler tenta de se servir de ce raisonnement comme point de départ d'une preuve générale pour toutes les autres équations. Il étendait n à l'infini, mais par ailleurs, il descendait jusqu'à $n = 3$, et ce fut par cette dernière hypothèse qu'il commença. Le 4 août 1753, il écrivit au mathématicien prussien Christian Goldbach qu'il avait repris la méthode de la spirale de Fermat et qu'il avait abouti à une démonstration pour $n = 3$. C'était la première fois depuis cent ans que quelqu'un avait fait un pas pour relever le défi de Fermat.

Afin d'étendre la démonstration de $n = 4$ à $n = 3$, Euler dut recourir au concept étrange des *nombres imaginaires*, une entité inventée par les mathématiciens européens au XVIe siècle. Il peut paraître déconcertant qu'on « découvre » de nouveaux nombres, mais le désarroi tient au fait que nous nous sommes tellement habitués aux nombres que nous utilisons couramment que nous négligeons le fait que, jadis, certains de ces nombres étaient inconnus. Les nombres négatifs, les fractions et les nombres irrationnels ont tous été découverts, pour la bonne raison qu'il fallait dans chaque cas répondre à des questions qui seraient sans cela demeurées sans réponse.

L'histoire des nombres commence avec le simple calcul numérique, 1, 2, 3..., c'est-à-dire avec les nombres naturels. Ces derniers suffisent largement à assurer des additions de quantités simples — des moutons ou des pièces d'or — et pour arriver à un total qui est également une quantité entière. La multiplication produira également des nombres entiers, mais la division, elle, pose des problèmes épineux. S'il est vrai que 8 divisé par 2 égale 4, il est également vrai que 2 divisé par 8 égale 1/4. Ce dernier résultat n'est pas un nombre entier, mais une fraction.

La division est une opération simple effectuée avec des nombres naturels, mais qui impose de porter le regard au-delà de ces derniers pour obtenir une réponse. Il est impensable, du moins théoriquement, pour les mathématiciens de ne pas pouvoir répondre à toutes les questions et cette exigence s'appelle la *complétude*. Certaines questions sur les nombres naturels demeureraient sans réponse si l'on ne recourait aux fractions. Les mathématiciens disent ainsi que les fractions sont nécessaires à la complétude.

Ce fut le besoin de complétude qui mena les Indiens à la découverte des nombres négatifs. Ils avaient, en effet, relevé que si 3 retranché de 5 donnait 2, il était beaucoup moins simple de soustraire 5 de 3. La réponse exigeait qu'on dépassât le calcul des nombres naturels et qu'on introduisît le concept de nombres négatifs. Quelques mathématiciens rejetèrent cette extension dans l'abstraction et se référèrent dès lors aux nombres négatifs sous l'appellation de nombres « absurdes » ou encore « fictifs ». Si un comptable peut manier une pièce d'or ou la moitié d'une pièce d'or, il lui est impossible d'en faire autant avec une pièce négative.

Les Grecs, qui ressentaient également le besoin de complétude, avaient ainsi découvert les nombres irrationnels. Nous avons vu la question au deuxième chapitre de ce livre : quel nombre est la racine carrée de deux, $\sqrt{2}$? Les Grecs prouvèrent que ce nombre est approximativement égal à 7/5, mais quand ils essayèrent d'établir la fraction de manière précise, ils constatèrent qu'il n'en existait pas. Ils se trouvaient donc en présence d'un nombre qui ne pouvait pas être représenté sous forme de fraction, mais qui était néanmoins nécessaire pour répondre à la question simple : quelle est la racine carrée de deux ? La recherche de complétude fit donc qu'une nouvelle colonie fut ajoutée à l'empire des nombres.

A la Renaissance, les mathématiciens croyaient avoir découvert tous les nombres de l'univers. Ces nombres pouvaient être représentés de manière linéaire, avec le zéro au centre, comme dans la figure 9. Les nombres entiers étaient également espacés sur cette ligne, avec les nombres positifs à la droite du zéro, s'étendant vers l'infini positif, et les nombres négatifs à gauche, s'étendant vers l'infini négatif. Les fractions occupaient les espaces entre les nombres entiers, et les nombres irrationnels étaient répartis entre les fractions.

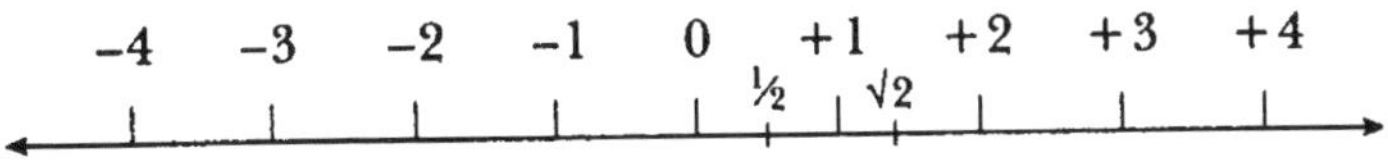

Fig. 9 : Tous les nombres peuvent être placés sur un axe qui s'étend dans les deux directions jusqu'à l'infini.

L'axe des nombres donnait à penser que la complétude avait été atteinte. Tous les nombres semblaient en place, prêts à répondre à toutes les questions mathématiques, et de toute façon, aucune place n'était prévue pour une nouvelle variété. Au XVIe siècle, toutefois, des grondements d'orage retentirent. Le mathématicien italien Raffaele Bombelli étudiait les racines carrées de divers nombres quand il tomba sur une question insoluble.

Le problème commençait par la question : quelle est la racine carrée de un, $\sqrt{1}$? La réponse évidente est 1, parce que $1 \times 1 = 1$. Une réponse moins évidente est – 1. Un nombre négatif multiplié par un autre nombre négatif produit, en effet, un nombre positif. Cela signifie que $-1 \times -1 = +1$. La racine carrée de + 1 est à la fois + 1 et – 1. Cette redondance suscite la question suivante : quelle est la racine carrée du un négatif, $\sqrt{-1}$? Le problème semble intraitable. La solution, en effet, ne peut être ni + 1, ni – 1, parce que le carré de ces deux nombres est + 1. Toutefois, il n'existe pas d'autres candidats évidents à la réponse.

Et pourtant la complétude exige qu'on puisse répondre à la question.

La solution pour Bombelli consista à créer un nouveau nombre, *i*, dit *nombre imaginaire*, qui était simplement défini comme réponse à la question : *quelle est la racine carrée de un négatif*? Une telle réponse peut ressembler à une esquive, mais elle ne différait guère de la manière dont les nombres négatifs avaient été inventés. Affrontant une question sans réponse : *à quoi égale zéro moins un?* les Indiens avaient simplement désigné –1 comme la réponse. Il est plus facile d'admettre le concept de –1 parce que nous avons le concept familier de la dette, alors que nous ne disposons dans le monde réel d'aucun élément pour y accrocher le concept de nombre imaginaire. Le mathématicien allemand du XVIIe siècle Gottfried Leibniz décrivit avec élégance ce concept : « Le nombre imaginaire est une belle et admirable intervention de l'esprit divin, presque un amphibie entre l'Être et le Non-être. »

Une fois que l'on a défini *i* comme la racine carrée de –1, il faut que 2*i* puisse exister, parce que serait la somme *i* + *i* (de même que ce serait la racine carrée de –4). Pareillement, i/2 doit exister, parce que c'est le résultat de la division de *i* par 2. En effectuant des opérations simples, il est donc possible de créer des équivalents imaginaires de presque tous les *nombres réels*. Il existe des nombres arithmétiques imaginaires, des nombres négatifs imaginaires, des fractions imaginaires et des irrationnels imaginaires.

Le problème qui surgit alors est que ces nombres imaginaires n'occupent aucune place naturelle sur la ligne des nombres. Les mathématiciens le résolvent par la création d'une ligne également imaginaire, perpendiculaire à l'autre et qu'elle coupe au zéro, comme on le voit dans la figure 10. Les nombres ne sont donc

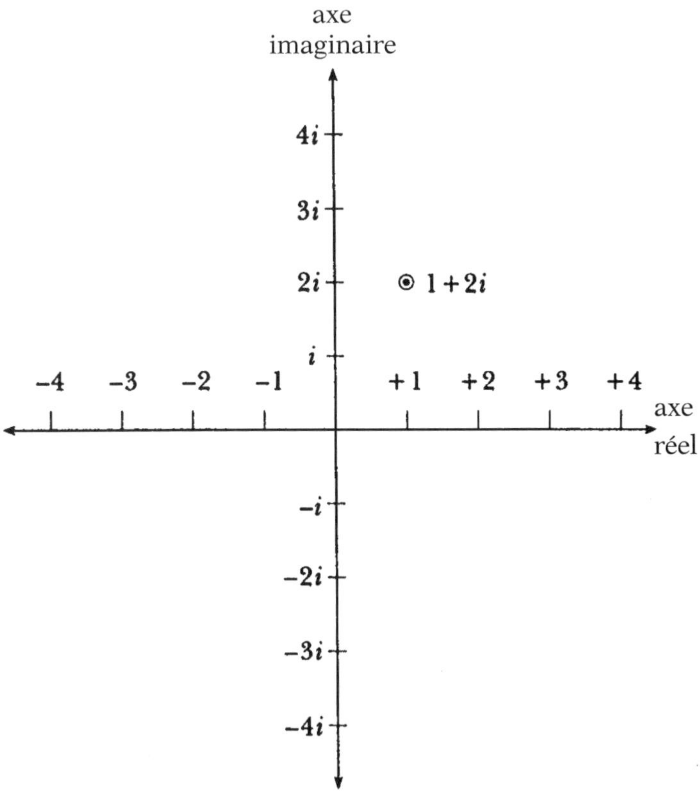

Fig. 10 : L'introduction d'un axe pour les nombres imaginaires transforme l'axe des nombres en un plan numérique. Toute combinaison de nombres réels et de nombres imaginaires se situe dans ce plan.

plus cantonnés à une ligne unidimensionnelle, mais ils occupent un plan à deux dimensions. Alors que les nombres purement imaginaires et les nombres purement réels sont assignés à leurs lignes respectives, des combinaisons des uns et des autres (par exemple, $1 + 2i$), appelées *nombres complexes*, occupent le plan virtuel des nombres.

Ce qui est tout à fait remarquable, c'est que les nombres complexes peuvent être utilisés pour résoudre n'importe quelle équation imaginable. Par exemple, pour calculer $\sqrt{(3 + 4i)}$, les mathématiciens n'ont pas besoin d'inventer un nouveau type de nombre ; la solution du problème est $2 + i$, un autre nombre complexe. En d'autres termes, les nombres imaginaires semblent être l'élément final requis pour compléter les mathématiques.

Bien que les racines carrées de nombres négatifs aient été définies comme des nombres imaginaires, les mathématiciens considèrent que i n'est pas plus abstrait qu'un nombre négatif, voire que n'importe quel nombre. De plus, les physiciens ont constaté que les nombres imaginaires fournissent le meilleur langage pour décrire quelques-uns des phénomènes du monde réel. Moyennant des manipulations secondaires, les nombres imaginaires se présentent comme l'instrument idéal pour analyser le balancement naturel d'objets tels que le pendule. Ce mouvement, qu'on appelle une oscillation sinusoïdale, se retrouve dans toute la nature et les nombres imaginaires font donc partie intégrante de nombreux calculs de physique. Les ingénieurs électriciens recourent à i pour analyser les courants alternatifs, et les théoriciens de la physique calculent les effets des fonctions d'ondes en mécanique quantique avec le secours des nombres imaginaires.

On a aussi exploité les nombres imaginaires en

mathématiques pures, pour résoudre des problèmes précédemment rebelles. Les nombres imaginaires ont ajouté une nouvelle dimension aux mathématiques et Euler comptait bien se servir de ce nouvel outil de liberté pour attaquer le Dernier théorème de Fermat.

Dans le passé, les mathématiciens avaient tenté d'adapter la méthode de la spirale infinie de Fermat à la solution d'autres cas que $n = 4$, mais chaque fois, les tentatives d'extension de la démonstration n'avaient mené qu'à des failles de logique. Euler, toutefois, avait démontré qu'en incorporant dans sa démonstration le nombre imaginaire i, il pouvait combler ces failles et contraindre la méthode de la spirale infinie à s'appliquer au cas $n = 3$.

C'était là une réussite prodigieuse, mais elle ne s'appliquait pas à d'autres cas du Dernier théorème de Fermat. Les efforts d'Euler pour résoudre tous les cas jusqu'à l'infini échouèrent tous. L'homme qui avait plus enrichi les mathématiques que n'importe quel autre dans l'histoire était impuissant à relever la gageure de Fermat. Sa seule consolation fut qu'il avait réalisé la seule percée dans le problème le plus difficile du monde.

Nonobstant, Euler continua de faire de brillantes mathématiques jusqu'au jour de sa mort, prouesse d'autant plus extraordinaire que pendant les dernières années de sa carrière, il était devenu tout à fait aveugle. Sa vue avait commencé à baisser en 1735, quand l'Académie de Paris avait offert un prix pour la solution d'un problème astronomique. Le problème était tellement ardu que la communauté des mathématiciens avait demandé à l'Académie de lui accorder plusieurs mois de délai, mais pour Euler, ce ne fut pas nécessaire. Obsédé par la tâche, il travailla sans relâche pendant trois jours et remporta le prix. Néanmoins, des conditions de travail déplorables, aggravées par l'effort intense, coûtèrent à Euler, qui était encore dans sa vingtaine, la vue d'un œil — infirmité évidente dans de nombreux portraits d'Euler, dont celui qui ouvre ce chapitre.

Sur l'avis de Jean le Rond d'Alembert, Euler fut remplacé par Joseph Louis de Lagrange comme mathématicien à la cour de Frédéric le Grand, qui adressa ensuite au philosophe le billet suivant : « Je dois à vos soins et à votre recommandation d'avoir remplacé un mathématicien à moitié aveugle par un autre qui a ses deux yeux, ce qui plaira particulièrement aux membres anatomiques de mon Académie. » Euler retourna en Russie, où Catherine II accueillit avec enthousiasme le retour de son « Cyclope mathématique. »

La perte d'un œil n'était qu'un handicap mineur pour Euler, qui la commenta ainsi. « Je serai désormais moins distrait. » Mais quarante ans plus tard, alors qu'il avait atteint la soixantaine, sa situation empira considérablement quand une cataracte dans le bon œil annonça une cécité complète. Sans se décourager, Euler commença à s'entraîner à écrire avec son œil déclinant fermé, afin de maîtriser sa technique avant la tombée des ténèbres. Quelques semaines plus tard, il était aveugle. L'entraînement préalable lui fut certes utile un certain temps, mais quelques mois plus tard son écriture devint illisible et son fils Albert dut lui servir de secrétaire.

Euler continua à s'illustrer en mathématiques pendant les dix-sept années qui suivirent, et même il redoubla d'activité. Son immense intelligence lui permettait de manier des concepts sans avoir à les coucher sur le papier et sa mémoire phénoménale lui permettait de se servir de son cerveau comme d'une gigantesque bibliothèque. Certains de ses collègues avancèrent même que la cécité semblait avoir reculé les limites de son imagination. Et il est remarquable que les calculs d'Euler sur les positions de la Lune furent effectués durant sa période de cécité. Pour les monarques européens, c'était là le plus précieux des accomplissements mathématiques, car le problème avait confondu les plus grands mathématiciens, y compris Newton[1].

En 1776, une intervention chirurgicale sur sa cataracte sembla lui avoir rendu la vue, mais une infection s'installa et les ténèbres avec. Euler continua à travailler jusqu'au 18 septembre 1783, où il succomba à une attaque. Pour reprendre les mots du marquis de Condorcet, mathématicien et philosophe, Euler avait cessé de vivre et de calculer.

A pas comptés

Un siècle après la mort d'Euler, il n'y avait de démonstrations que pour deux aspects spécifiques du Dernier théorème de Fermat. Celui-ci avait donné un élan aux mathématiciens en leur fournissant la preuve qu'il n'y avait pas de solution à l'équation

$$x^4 + y^4 = z^4.$$

Euler avait adapté le raisonnement pour démontrer qu'il n'y avait pas de solution à

$$x^3 + y^3 = z^3.$$

Après Euler, il restait nécessaire de démontrer qu'il n'existait pas de solutions en nombres entiers à une infinité d'autres équations :

1. La prédiction des quartiers de la Lune était alors essentielle à la navigation, donc à la marine marchande et au commerce tout entier *(N.d.T.)*.

$$x^5 + y^5 = z^6,$$
$$x^6 + y^6 = z^6,$$
$$x^7 + y^7 = z^7,$$
$$x^8 + y^8 = z^8,$$
$$x^9 + y^9 = z^9...$$

Bien que les mathématiciens ne fissent que des progrès lents, la situation n'était pas aussi mauvaise qu'il eût semblé de prime abord. La preuve pour le cas où $n = 4$ est également bonne pour ceux où $n = 8, 12, 16, 20$... La raison en est que n'importe quel nombre qui peut être écrit comme la puissance de 8 (ou 12, ou 16, ou 20) d'un entier peut être également écrit comme la puissance 4 d'un autre. Par exemple, le nombre 256 est égal à 2^8, mais il est aussi égal à 4^4. Donc, toute preuve qui vaut pour la 4e puissance vaut aussi pour la 8e et toute autre puissance qui est un multiple de 4. Sur la base du même principe, la démonstration d'Euler pour le cas où $n = 3$ vaut automatiquement pour ceux où $n = 6, 9, 12, 15$...

Soudain les nombres basculent et Fermat semble vulnérable. La preuve pour le cas $n = 3$ est particulièrement significative, parce que 3 est un exemple de nombre premier. Comme on l'a vu plus haut, un tel nombre est celui qui présente la caractéristique de n'être le multiple d'aucun autre, sinon de 1 et de lui-même. Les autres nombres premiers sont 5, 7, 11, 13... Tous les autres nombres sont des multiples de nombres premiers et ils sont désignés sous le nom de non-premiers ou composites.

Les théoriciens des nombres considèrent que les nombres premiers sont les plus importants de tous, parce qu'ils sont les atomes des mathématiques. Ce sont les éléments numériques de base, tous les autres peuvent être créés par combinaisons des nombres premiers. Cela semble ouvrir une brèche remarquable : pour démontrer le Dernier théorème de Fermat pour toutes les valeurs de n, il n'y a qu'à le prouver pour les nombres premiers de n. Tous les autres cas ne sont que des multiples des cas premiers et seraient donc démontrés implicitement.

Cela simplifie considérablement le problème, parce qu'il est possible d'ignorer les variantes de l'équation où la valeur de n n'est pas un nombre premier. Par exemple, pour les valeurs possibles de n jusqu'à 20, il n'y en a que six qui méritent d'être prouvées.

$$x^5 + y^5 = z^5,$$
$$x^7 + y^7 = z^7,$$
$$x^{11} + y^{11} = z^{11},$$
$$x^{13} + y^{13} = z^{13},$$
$$x^{17} + y^{17} = z^{17},$$
$$x^{19} + y^{19} = z^{19}...$$

Si quelqu'un peut démontrer le Dernier théorème de Fermat seulement pour les nombres premiers, le théorème est démontré pour toutes les valeurs de n. Si l'on considère par ailleurs les nombres entiers, il est évident qu'il y en a une infinité. Mais si l'on s'en tient aux nombres premiers, qui ne sont qu'une petite fraction des nombres entiers, le problème devrait donc être beaucoup plus simple.

L'intuition suggère que si l'on commence avec une quantité infinie et qu'on en retire le plus gros, on se retrouve avec une quantité finie. Malheureusement, en mathématiques, ce n'est pas l'intuition qui est l'arbitre de la vérité, c'est plutôt la logique. En fait il est aisé de montrer que la liste des nombres premiers est interminable. Donc, même si l'on rejette la vaste majorité des équations qui comprennent des valeurs non premières de n, celles qui demeurent et qui comprennent des valeurs premières de n restent en nombre infini.

La preuve qu'il y a une infinité de nombres premiers remonte à Euclide, c'est l'un des thèmes classiques des mathématiques. A l'origine, Euclide avait postulé qu'il existe une liste finie de nombres premiers connus et puis il avait démontré qu'il doit exister un nombre infini d'ajouts à cette liste. Il y a N nombres premiers dans la liste finie d'Euclide, appelés P_1, P_2, P_3... P_N. Euclide pouvait ensuite produire un nouveau nombre Q_A tel que :

$$Q_A = (P_1 \times P_2 \times P_3 \times ... P_N) + 1$$

Ce nouveau nombre Q_A est soit premier, soit non premier. S'il est premier, on aura donc réussi à créer un nouveau et plus grand nombre premier et cela signifiera que la liste originelle des nombres premiers n'était pas complète. Par ailleurs, si Q_A n'est pas premier, il doit donc être parfaitement divisible par un nombre premier. Ce dernier ne peut pas être un de ceux que nous connaissons, parce que si l'on divise Q_A par n'importe lequel des nombres premiers connus, on obtiendra un reste de 1. Ce doit donc être un nouveau nombre premier, qu'on appellera P_{N+1}.

On est là arrivé à l'alternative suivante : ou bien Q_A est un nouveau nombre premier, ou bien on en aura créé un, P_{N+1}. De toute manière, on aura enrichi la liste originelle des nombres premiers. On peut alors répéter le processus, incluant le nouveau nombre premier (P_{N+1} ou Q_A) dans la liste, et l'on produira un nouveau nombre premier Q_B. Ou bien ce sera bien une fois de plus un nombre premier ou bien il y aura un autre nombre premier P_{N+2}, qui n'est pas sur la liste connue. Au bout du compte, aussi longue que soit la liste des nombres premiers, il est toujours possible d'en trouver de nouveaux. Donc, la liste est infinie.

Mais comment quelque chose qui est plus petit que l'infini peut-il être aussi de l'infini ? Le mathématicien allemand David Hilbert s'écria un jour :

« L'infini ! Aucune autre question n'a jamais remué si profondément l'esprit humain ; aucune autre idée n'a stimulé son intelligence de manière plus fertile ; et pourtant aucune autre n'a autant besoin d'être clarifiée. »

Hilbert imagina un exemple d'infini, connu sous le nom d'*Hôtel Hilbert*, qui illustre les propriétés étranges de l'infini. Cet hôtel hypothétique présente l'agréable caractéristique de posséder un nombre infini de chambres. Un jour, un client nouveau arrive et est déçu d'apprendre qu'en dépit de la dimension infinie de l'hôtel, toutes les chambres sont occupées. Hilbert, à la réception, réfléchit un moment, et puis assure à l'arrivant qu'il lui trouvera une chambre libre. Il demande, en effet, à tous ses clients de déménager chacun dans la chambre contiguë à la sienne, de telle sorte que le client de la chambre n° 1 passe dans la chambre n° 2, celui de la chambre n° 2 dans la chambre n° 3 et ainsi de suite. Tous les occupants de l'hôtel retrouvent donc une chambre, ce qui permet à l'arrivant de s'installer dans la chambre n° 1. Ce qui démontre que l'infini plus un égale l'infini.

Le lendemain soir, Hilbert doit régler un problème bien plus important. L'hôtel est donc plein quand un car infiniment grand arrive avec un nombre infini de nouveaux arrivants. Hilbert se frotte les mains à la perspective d'autant de bénéfices supplémentaires. Il demande alors à tous les occupants de bien vouloir déménager dans la chambre qui porte un numéro double du leur. C'est ainsi que le client de la chambre n° 1 passe dans la chambre n° 2, celui de la chambre n° 2 dans la chambre n° 4, et ainsi de suite. Tous les gens qui se trouvaient déjà dans l'hôtel retrouvent donc une chambre et cependant, un nombre infini de chambres — celles qui portent les numéros impairs — ont été libérées pour les nouveaux arrivants. Ce qui démontre que la moitié ou le double de l'infini sont encore l'infini.

L'Hôtel Hilbert semble indiquer que tous les infinis sont aussi grands les uns que les autres, parce que des infinis divers peuvent tous trouver place dans le même hôtel infini : l'infini des nombres pairs a son équivalent et peut être comparé avec l'infini de tous les nombres arithmétiques. Toutefois, certains infinis sont plus grands que d'autres. Par exemple, toute tentative d'apparier chaque nombre rationnel avec chaque nombre irrationnel est vouée à l'échec, et en fait il peut être prouvé que l'ensemble infini des nombres irrationnels est plus grand que l'ensemble infini des nombres rationnels. Les mathématiciens ont donc dû élaborer toute une nomenclature pour aborder les divers niveaux d'infini et le traitement de ces concepts est l'un des sujets les plus pointus d'aujourd'hui.

Bien que l'infinité des nombres premiers ait anéanti tout espoir d'établir une preuve du Dernier théorème de Fermat, un approvisionnement infini de nombres premiers présente cependant des implications plus positives dans des domaines tels que l'espionnage et l'évolution des insectes. Avant de retourner à la recherche d'une solution au Dernier théorème de Fermat, il est utile d'examiner les us et abus des nombres premiers.

La théorie des nombres premiers est l'un des rares domaines des mathématiques pures qui aient trouvé une application dans le monde réel, notamment en cryptographie. Celle-ci est l'art de coder des messages de telle sorte qu'ils puissent être décodés par le destinataire, à l'aide d'une clef ou grille. Celle-ci est le point le plus vulnérable, car si un ennemi l'intercepte, c'en est évidemment fait du secret. De plus, la clef doit être fréquemment changée, pour des raisons de sécurité, et à chaque fois les risques d'interception réapparaissent.

Le problème de toute clef tourne autour du fait que son application au message brouille celui-ci de façon à le rendre incompréhensible de celui qui n'a pas la clef pour le débrouiller. Or, l'expérience montre que le « débrouillage » ou décodage ne va pas toujours de soi.

Dans les années soixante-dix, Whitfield Diffie et Martin Hellman proposèrent de chercher un procédé mathématique qui serait aisé à accomplir dans un sens, mais extrêmement ardu à démonter dans l'autre ; ce serait là une clef idéale. A supposer qu'il possédât la clef à la fois codante et décodante, son possesseur pourrait la publier dans le journal et n'importe qui pourrait lui adresser des messages codés, mais lui seul serait capable de les lire. La partie codante n'aurait, en effet, aucun rapport avec la partie décodante.

En 1977, Ronald Rivest, Adi Shamir et Leonard Adleman, une équipe de mathématiciens et d'informaticiens du Massachusetts Institute of Technology, s'avisèrent que les nombres premiers constituaient une base idéale pour une clef à codage simple et décodage difficile. Pour fabriquer une clef personnelle, on prendrait deux grands nombres premiers comportant jusqu'à quatre-vingts chiffres, que l'on multiplierait ensuite l'un par l'autre pour obtenir un nombre non-premier encore plus grand. Pour coder des messages, il suffirait de connaître le grand nombre non-premier, tandis que, pour le décoder, il faudrait connaître les deux nombres premiers originels multipliés l'un par l'autre, désignés sous le nom de facteurs premiers. Le possesseur de la clef pourrait publier le grand nombre non-premier, qui serait la partie codante de la clef, et garder pour lui les deux nombres premiers, partie décodante. La connaissance du grand nombre non-premier ne suffirait pas à connaître le code, étant donné l'immense difficulté de retrouver les deux nombres premiers originels.

Dans un exemple plus simple, prenons le nombre non-premier 589 ; il peut servir à n'importe qui pour coder des messages, on peut le rendre public, mais on se réservera les deux facteurs premiers dont il est le résultat et qui servent, eux, au décodage. Si des gens pouvaient les retrouver, ils pourraient décoder les messages secrets. Toutefois, un petit ordinateur de bureau permettra de les retrouver en quelques minutes : 31 et 19 (31 × 19 = 589).

Le nombre non-premier qu'on peut rendre public sans risque devrait en réalité comporter plus de cent chiffres ; il devient alors impossible d'en retrouver les facteurs. Les plus puissants ordinateurs du monde mettraient plusieurs années à trouver la réponse. Et pour éliminer ce risque, il n'y a qu'à changer de nombre non-premier codant une fois par an : ceux qui s'efforcent de percer le code devraient tout recommencer.

Les nombres premiers apparaissent aussi dans le monde naturel. Les cigales périodiques, *Magicicada septendecim* en particulier, ont le cycle de vie le plus long de tous les insectes. Il commence sous terre, où les nymphes sucent patiemment les racines des arbres. Au bout de dix-sept ans, elles sortent enfin en grand nombre et envahissent le paysage. En quelques semaines, elles s'accouplent, pondent des œufs et meurent.

La longueur de ce cycle de vie intriguait les naturalistes. Et le fait qu'il était gouverné par un nombre premier avait-il une signification ? Or, le cycle d'une autre espèce de cigales, *Magicicada tredecim*, est lui aussi gouverné par un nombre premier : 13. Ce qui donne à penser que les cycles de vie qui obéissent à des nombres premiers bénéficieraient de quelque avantage.

Une théorie avance que la cigale est infestée par un parasite qui suit, lui aussi, un long cycle de vie et que la cigale essaie de déjouer. Si le parasite a un cycle de vie de, mettons, 2 ans, la cigale essaiera d'éviter un cycle de vie divisible par 2, sans quoi son cycle et celui du parasite coïncideraient. Pareillement, si le parasite a un cycle de vie de 3 ans, la cigale essaiera d'éviter un cycle de vie divisible par 3, sans quoi, là aussi, son cycle et celui du parasite coïncideraient. A la fin, pour éviter que les deux cycles ne coïncident, la meilleure stratégie consiste à avoir un cycle de vie assez long gouverné par un nombre premier. Étant donné que 17 n'a pas de diviseur, *Magicicada septendecim* ne rencontrera qu'exceptionnellement son parasite. En effet, si le parasite a un cycle de vie de 2 ans, ce risque ne se reproduira que tous les 34 ans, et s'il a un cycle de vie plus long, par exemple 16 ans, ils ne se rencontreront que tous les 272 ans (16 × 17).

Pour contre-attaquer, le parasite ne dispose que de deux cycles de vie qui augmenteront la fréquence des rencontres : le cycle annuel et le même cycle de 17 ans que la cigale. Toutefois, le parasite a peu de chances de survivre s'il doit attendre 17 ans année après année pour avoir sa proie, car il n'aura pas de cigales à parasiter. Par ailleurs, pour arriver à ce cycle de 17 ans, les générations de parasites devront d'abord arriver à un cycle de 16 ans. Cela impliquerait qu'à un stade donné de son évolution, le parasite ne rencontrerait pas la cigale pendant 272 ans ! Dans tous les cas, le nombre premier du cycle de vie de la cigale la protège.

Cela expliquerait pourquoi le parasite supposé n'a jamais été trouvé ! Dans la course de son cycle de vie après celui de la cigale, le parasite aurait dû allonger son cycle de vie jusqu'à ce qu'il atteigne celui de la cigale. N'étant pas arrivé à établir une rencontre pendant 272 ans, le parasite se serait alors éteint. Le résultat en est une cigale au cycle de vie de 17 ans dont elle n'a pas besoin, parce que le parasite a disparu.

Monsieur Le Blanc

Au début du XIXe siècle, le Dernier théorème de Fermat s'était déjà imposé comme le plus célèbre problème de la théorie des nombres. On n'avait fait aucun progrès depuis la percée d'Euler, mais la déclaration retentissante d'une jeune Française devait relancer la recherche de la preuve perdue. Sophie Germain, dans une époque où régnaient la suprématie masculine et les préjugés, avait été contrainte de revêtir une fausse identité afin de poursuivre ses travaux. Elle avait dû subir des conditions de travail déplorables et l'isolement.

Les femmes ont été depuis des siècles dissuadées d'étudier les mathématiques, mais en dépit de l'ostracisme masculin, plusieurs d'entre elles ont défié les usages et réussi à graver leurs noms dans les annales des mathématiques. La première qui ait laissé son empreinte fut, au VIe siècle avant notre ère, Theano, qui avait commencé par suivre les leçons de Pythagore, était devenue l'une de ses disciples les plus éminentes et avait fini par épouser son maître. On appelle d'ailleurs Pythagore « le philosophe féministe », parce qu'il encourageait vivement les femmes à l'étude. Theano était l'une des vingt-huit sœurs de la Fraternité pythagoricienne.

Dans les siècles ultérieurs, les émules de Socrate et de Platon continuèrent à inviter les femmes à leurs assemblées, mais ce ne fut qu'au IVe siècle de notre ère qu'une mathématicienne fonda une école de quelque renom. Hypatie était la fille d'un professeur de mathématiques de l'université d'Alexandrie et elle était aussi célèbre pour ses cours populaires que pour son aptitude à résoudre des problèmes. Des mathématiciens qui butaient depuis des mois sur tel ou tel problème s'adressaient à elle pour une solution, et Hypatie décevait rarement ses admirateurs. Elle était habitée par les mathématiques et le processus de la démonstration logique, et quand on lui demandait pourquoi elle ne s'était pas mariée, elle répondait qu'elle avait épousé la vérité. Sa dévotion à la raison causa d'ailleurs sa perte. C'était à l'époque de Cyrille, patriarche d'Alexandrie et persécuteur des philosophes, des savants et des mathématiciens qu'il considérait comme des hérétiques. L'historien Edward Gibbon a tracé un récit saisissant de ce qui advint après que Cyrille eut ourdi un complot contre Hypatie et soulevé les masses contre elle.

> Un jour fatal de période du Carême, Hypatie fut arrachée à son char, déshabillée, traînée à l'église et exécutée de manière atroce par Pierre le Lecteur et une bande de fanatiques sauvages et enragés. Sa chair fut arrachée de ses os avec des tranchants d'huîtres et son cadavre fut jeté aux flammes.

Après la mort d'Hypatie, les mathématiques entrèrent dans une période de stagnation et ce ne fut qu'après la Renaissance qu'une autre femme se forgea un nom comme mathématicienne. Maria Agnesi était née à Milan en 1718, et comme Hypatie, c'était la fille d'un mathématicien. Elle fut reconnue comme une lumière de sa discipline en Europe, notamment pour ses traités sur les tangentes. En italien, courbe se dit *versiera*, mot dérivé du latin *vertere*, « tourner », mais c'était également une abréviation pour *avversaria*, féminin d'*avversario*, le Diable. Une courbe étudiée par Agnesi fut ainsi traduite en anglais comme « sorcière d'Agnesi » et, avec le temps, la bévue devint le surnom de la mathématicienne.

Bien que les mathématiciens européens eussent reconnu les capacités d'Agnesi, nombre d'institutions académiques, et en particulier, l'Académie française, lui refusèrent un poste de recherches. L'ostracisme anti-féminin perdura jusqu'au XXe siècle, où Emmy Noether, pourtant définie par Einstein comme « le génie créatif mathématique le plus marquant produit depuis que les femmes ont eu accès à l'éducation supérieure », se vit refuser une chaire à l'université de Göttingen. La majorité des archontes de la faculté s'indignèrent : « Comment pourrait-on autoriser qu'une femme devienne *Privatdozent* ? Une fois qu'elle aurait ce titre, elle pourrait devenir professeur et puis membre du sénat de l'université... Que penseront donc nos soldats quand ils reviendront à l'université et verront qu'on les prie de recueillir le savoir aux pieds d'une femme ? » A quoi son ami et mentor David Hilbert rétorqua : « *Meine Herren*, je ne vois pas que le sexe d'un candidat soit un argument contre son admission au titre de *Privatdozent*. Après tout, le sénat n'est pas un établissement de bains. »

Quand on demanda plus tard à son collègue Edmund Landau si Noether était vraiment une grande mathématicienne, il répondit : « Je puis témoigner que c'est un grand mathématicien, mais je ne peux jurer que ce soit une mathématicienne. »

Noether elle aussi était fille de mathématicien. Beaucoup de mathématiciens des deux sexes sont nés dans des familles mathématiciennes, ce qui inspire des hypothèses un peu hâtives sur un gène des maths, mais dans le cas des femmes, le pourcentage est élevé. L'explication la plus plausible est que beaucoup de femmes qui en avaient les capacités n'avaient jamais été initiées aux maths, alors que celles dont les pères enseignaient ces sujets pouvaient difficilement éviter de l'être. Comme Hypatie, Agnesi et la plupart des mathématiciennes, Noether ne se maria pas, parce que des carrières comme la sienne n'étaient pas compatibles avec les convenances sociales, et peu d'hommes étaient disposés à épouser des femmes avec pareil handicap. Si la grande mathématicienne russe Sofia Kovalevskaïa y fit exception, ce fut un mariage de convenance, Vladimir Kovalevsky[1] étant enclin à préférer une relation platonique. Le mariage fut pour les deux époux une occasion d'échapper à la tutelle familiale et de se consacrer à leurs recherches ; pour Sofia, il était en outre plus facile de voyager en Europe avec le statut de femme mariée.

De tous les pays européens, ce fut la France qui témoigna le plus d'ostracisme à l'égard des femmes instruites, décrétant que les mathématiques ne leur convenaient pas et dépassaient leurs capacités mentales. Si les salons parisiens, tenus par des femmes, dominaient le monde des mathématiques aux XVIIIe et XIXe siècles, une seule femme parvint à se dégager des entraves de la société française et à s'imposer comme une grande théoricienne des nombres. Sophie Germain bouleversa l'étude du Dernier théorème de Fermat et l'enrichit plus que quiconque avant elle.

Née le 1er avril 1776, Sophie Germain était la fille d'un marchand, Ambroise-François Germain, riche mais roturier. Sa vie fut dominée par son travail et la Révolution française : l'année où elle se découvrit l'amour des nombres fut celle de la prise de la Bastille, et ce fut sous les nuages de la Terreur qu'elle poursuivit son étude du calcul.

Une femme n'était guère encouragée à l'étude des mathématiques dans le milieu des Germain, mais elle devait en savoir suffisamment pour pouvoir en parler dans le cadre d'une conversation mondaine. Des manuels étaient censés tenir les jeunes femmes au courant des nouvelles de la science et des mathéma-

1. Vladimir Kovalevsky était paléontologiste. Sophie était par ailleurs romancière, auteur de romans à succès tels *Les Sœurs Rajevski* et *Vera Vorontzoff (N.d.T.)*.

Sophie Germain

tiques. Un certain Francesco Algarotti avait ainsi publié *La Philosophie de Sir Isaac Newton expliquée à l'usage des Dames*. L'auteur, présumant que les femmes ne s'intéressaient qu'aux sujets romanesques, s'attachait à exposer les découvertes de Newton à travers un dialogue galant entre une marquise et son interlocuteur. Celui-ci résume pour celle-là la loi du carré inverse de l'attraction gravitationnelle et la marquise offre alors son interprétation de cette loi fondamentale de la physique : « Je ne peux m'empêcher de penser (...) que cette proportion du carré des distances (...) s'observe même en amour. Ainsi, après huit jours d'absence, l'amour devient soixante-quatre fois moindre que le premier jour. »

Ce ne fut certes pas ce genre de littérature galante qui inspira à Sophie Germain l'amour des mathématiques. L'événement qui changea sa vie se produisit un jour qu'elle trouva dans la bibliothèque de son père l'*Histoire des mathématiques* de Jean-Étienne Montucla et lut le chapitre sur la vie d'Archimède. Le récit des découvertes du savant grec était certes captivant, mais ce qui retint l'attention de la jeune lectrice fut celui de sa mort. Archimède avait passé sa vie à Syracuse, étudiant les mathématiques dans une tranquillité relative, mais alors qu'il avait atteint soixante-dix ans, la paix fut troublée par l'invasion romaine. La légende veut qu'Archimède ait été alors tellement absorbé par l'étude d'un dessin géométrique dans le sable qu'il n'entendit pas la question que lui posait un soldat romain. Cette distraction lui valut un fatal coup de lance.

Sophie Germain en conclut que si quelqu'un pouvait être à ce point absorbé dans un problème de géométrie qu'il pouvait y perdre la vie, les mathématiques devaient être le plus passionnant sujet du monde. Elle s'attela d'emblée aux rudiments de la théorie des nombres et du calcul et bientôt y travailla la nuit, étudiant les travaux d'Euler et de Newton. Cet intérêt soudain pour une matière si peu féminine contraria ses parents. Un ami de la famille, le comte Guglielmo Libri-Carrucci dalla Sommaja, a rapporté comment le père de Sophie lui confisqua chandelles et vêtements et la priva de chauffage, afin de la détourner de l'étude. Quelques années plus tard, en Angleterre, la jeune mathématicienne Mary Somerville se vit également confisquer les chandelles par un père qui affirmait : « Il faut mettre fin à cette manie, sans quoi Mary finira dans une camisole de force. »

Sophie Germain, elle, réagit en se constituant une provision secrète de chandelles et en s'emmitouflant dans sa literie. Libri-Carrucci rapporte que les nuits d'hiver étaient si froides que l'encre gelait dans l'encrier, mais Sophie n'en avait cure. Certains l'ont décrite comme timide et maladroite, mais elle était certainement déterminée et ses parents finirent par lui donner gain de cause. Sophie Germain ne se maria pas et ce fut son père qui pourvut à ses besoins pendant qu'elle poursuivait ses recherches. Elle dut étudier seule pendant des années, car sa famille ne comptait pas de mathématiciens pour l'informer des idées nouvelles, et ses tuteurs ne la prenaient pas au sérieux.

En 1794, fut fondée l'École polytechnique, destinée à fournir des mathématiciens et des savants à la nation. Ç'aurait été un lieu idéal de développement des talents mathématiques de Sophie Germain, mais l'École était réservée aux hommes. Sa timidité innée l'empêchait de se présenter devant les gouverneurs de l'académie; elle résolut donc d'étudier clandestinement à l'École en empruntant l'identité d'un ancien élève, Antoine-Auguste Le Blanc. L'administration de l'académie ignorait que le vrai Le Blanc avait quitté

Paris, et elle continuait de lui adresser des notes de lecture et des problèmes. Sophie Germain se débrouilla pour obtenir ce qui était destiné à Le Blanc et, chaque semaine, soumettait les solutions aux problèmes sous son nom d'emprunt. Tout alla sans accroc jusqu'au jour où le professeur, Joseph Louis de Lagrange[1], remarqua les brillantes réponses du dénommé Le Blanc. Non seulement elles étaient merveilleusement ingénieuses, mais elles témoignaient d'un changement remarquable chez un étudiant jusque-là ignare. Lagrange, l'une des sommités de son temps en la matière, convoqua l'étudiant miraculé et Sophie se trouva contrainte d'avouer son imposture. Surpris, mais ravi, Lagrange devint finalement l'ami et le mentor de la jeune femme. Elle avait trouvé un maître qui l'inspirait et auquel elle pouvait révéler ses talents et ses ambitions.

Sophie y gagna de l'assurance et passa des problèmes de cours à l'exploration de domaines vierges des mathématiques. Elle s'intéressa surtout à la théorie des nombres et découvrit inévitablement l'existence du Dernier théorème de Fermat. Elle y travailla plusieurs années, jusqu'au point où elle estima avoir effectué une importante percée. Il lui fallait alors en discuter avec un collègue également versé dans la théorie des nombres et elle décida de viser le sommet, en la personne du plus grand théoricien des nombres, le mathématicien allemand Carl-Friedrich Gauss.

Gauss est unanimement reconnu comme l'un des plus brillants mathématiciens qui aient jamais existé. E.T. Bell désigne Fermat comme le « Prince des amateurs », mais Gauss comme le « Prince des mathémati-

1. Italo-français et créateur, à vingt-deux ans, de l'Académie des sciences de Turin, Lagrange, « la haute pyramide des sciences mathématiques » selon Napoléon, avait créé le cours de mathématiques à l'École polytechnique *(N.d.T.)*.

ciens ». Germain avait pris connaissance de son œuvre à travers son chef-d'œuvre, les *Disquisitiones arithmeticae*, l'ouvrage le plus important et le plus vaste depuis les *Éléments* d'Euclide. Gauss a marqué tous les domaines des mathématiques, mais curieusement il n'a jamais rien publié sur le Dernier théorème de Fermat. Son ami l'astronome autrichien Heinrich Olbers avait, par lettre, encouragé Gauss à se présenter au concours organisé par l'Académie française pour la solution du Dernier théorème de Fermat et doté d'un prix. « Il me semble, cher Gauss, que vous devriez vous en occuper. » Deux semaines plus tard, Gauss répondait : « Je vous suis très obligé de vos nouvelles sur le prix de Paris. Mais j'avoue que le Dernier théorème de Fermat en tant qu'objet isolé présente très peu d'intérêt pour moi, car je pourrais aisément énoncer une multitude de pareilles propositions, qu'on ne pourrait ni prouver, ni infirmer. » Gauss avait certes droit à sa propre opinion, mais Fermat avait explicitement écrit qu'une preuve existait, et même les échecs dans sa recherche avaient engendré des techniques novatrices, comme la preuve par la « spirale infinie » et l'utilisation des nombres imaginaires. Peut-être Gauss s'était-il précédemment fait les dents sur le problème sans arriver à rien, et sa réponse à Olbers n'était-elle qu'une paraphrase de la boutade du renard sur les raisins verts. Toujours est-il que, lorsqu'il reçut les lettres de Sophie Germain, il fut suffisamment ébranlé par les percées qu'elle avait faites pour en oublier ses réserves sur le Dernier théorème de Fermat.

Soixante-quinze ans auparavant, Euler avait publié sa démonstration pour le cas $n = 3$ et depuis lors, mais toujours en vain, des mathématiciens s'étaient essayés à démontrer des cas spécifiques. Sophie Germain, elle, avait adopté une autre stratégie et elle décrivit à Gauss une autre approche du problème, qualifiée de générale. Son but n'était pas de prouver un cas particulier, mais d'énoncer une constatation sur plusieurs cas ensemble. Dans sa lettre à Gauss, elle avança un calcul qui se fondait sur un type particulier de nombres premiers p tels que $(2p + 1)$ est également un nombre premier. La liste des nombres premiers qu'elle donnait comprenait 5, parce que 11 $(2 \times 5 + 1)$ est aussi un nombre premier, mais elle ne comprenait pas 13, parce que 27 $(2 \times 13 + 1)$ n'est pas un nombre premier.

Pour les valeurs de n égales à ces nombres premiers-là, Sophie Germain usa d'un argument élégant pour démontrer qu'il n'existe probablement pas de solution à l'équation $x^n + y^n = z^n$. Quand elle écrivait « probablement », elle voulait dire qu'il était douteux qu'une solution existât, parce que, dans ce cas, x, y ou z seraient des multiples de n, ce qui restreindrait considérablement la solution. Ses collègues examinèrent sa liste de nombres premiers un par un pour prouver que x, y ou z ne pouvaient pas être des multiples de n, montrant de la sorte que, pour cette valeur particulière de n, il ne pouvait pas y avoir de solution.

En 1825, la solution de Sophie Germain connut son premier franc succès grâce à Gustav Lejeune-Dirichlet et Adrien Marie Legendre, deux mathématiciens que séparait une génération. Legendre était un septuagénaire qui avait survécu de justesse aux turbulences de la Révolution : son refus de soutenir le candidat du gouvernement à l'Institut lui avait valu le retrait de sa pension, et quand il apporta sa contribution au Dernier théorème de Fermat, il était fort pauvre. Dirichlet, lui, était un jeune et ambitieux théoricien des nombres qui venait tout juste d'avoir vingt ans. L'un et l'autre avaient prouvé indépendamment que le cas où $n = 5$ n'a pas de solution, mais c'était sur les travaux de Sophie Germain qu'ils se fondaient pour cela.

Quatorze ans plus tard, en France encore, une autre percée fut accomplie. Gabriel Lamé enrichit ingénieusement la méthode et prouva le cas où $n = 7$. Sophie Germain avait tracé la voie aux théoriciens des nombres en montrant comment on pouvait éliminer des sections entières de nombres premiers, et il revint à ses collègues et successeurs de s'allier pour continuer à prouver le Dernier théorème de Fermat au cas par cas.

Sa contribution au problème fut son plus grand apport aux mathématiques, mais la reconnaissance de ses mérites ne vint que tardivement. Quand elle avait écrit à Gauss, elle avait à peine plus de vingt ans, et bien qu'elle se fût forgé une réputation à Paris, elle craignait que le grand homme ne la prît pas au sérieux parce qu'elle était une femme. Elle recourut donc une fois de plus à son identité d'emprunt, Le Blanc.

Le respect teinté de crainte qu'elle éprouvait pour Gauss transpire dans une de ses lettres : « Malheureusement, la profondeur de mon esprit n'est pas égale à sa voracité et je me trouve téméraire de déranger un homme de génie quand je n'ai d'autre titre à son attention que l'admiration que partagent nécessairement tous ses lecteurs. » Gauss, qui ne savait pas vraiment qui lui écrivait, s'efforça de mettre Germain à l'aise et répondit : « Je suis enchanté que l'arithmétique ait trouvé en vous un ami si capable. »

La contribution de Sophie serait peut-être restée pour toujours au crédit du mystérieux M. Le Blanc sans Napoléon. En 1806, en effet, l'empereur envahit la Prusse et les armées françaises occupèrent une ville allemande après l'autre. Craignant que son grand héros Gauss ne subît le sort d'Archimède, elle adressa un message à son ami le général Joseph-Marie Pernety, qui commandait les troupes. Elle lui demanda de garantir la sécurité de Gauss et Pernety prit en effet un soin particulier du mathématicien allemand, auquel il expliqua qu'il devait la vie à Mlle Sophie Germain. Gauss en fut reconnaissant, mais surpris ; il n'avait jamais entendu parler de cette demoiselle.

Les masques tombaient. Dans sa lettre suivante à Gauss, la mathématicienne révéla son identité à contre-cœur. Loin d'en être contrarié, Gauss répondit pour exprimer son enchantement :

> Comment vous décrire mon admiration et mon étonnement quand j'ai vu mon estimé correspondant M. Le Blanc se métamorphoser en un personnage illustre qui donne un si brillant exemple de ce qui est difficile à croire. Le goût pour les sciences abstraites en général, et par-dessus tout les mystères des nombres, est excessivement rare. On n'en sera pas étonné, car les charmes enchanteurs de cette sublime science ne se révèlent qu'à ceux qui ont le courage de s'y absorber. Mais quand une personne du sexe, qui selon nos coutumes et nos préjugés doit affronter beaucoup plus de difficultés que les hommes pour se familiariser avec ces recherches épineuses, réussit néanmoins à surmonter ces obstacles et à pénétrer les secrets les plus obscurs, alors elle doit avoir sans doute aucun le courage le plus noble, des talents assez extraordinaires et un génie supérieur. En fait, rien ne pourrait me prouver de manière aussi flatteuse et aussi peu équivoque que les séductions de cette science, qui a orné ma vie de tant de joies, ne sont pas chimériques, sinon la prédilection dont vous l'avez honorée.

Sophie Germain trouva une grande source d'inspiration dans sa correspondance avec Carl Gauss, mais en 1808, les rapports épistolaires s'interrompirent de façon abrupte. Gauss avait été nommé professeur d'astronomie à l'université de Göttingen et ses intérêts se transférèrent de la théorie des nombres à des mathématiques plus appliquées ; il ne reprit donc pas ses échanges avec Sophie Germain. Privée de son mentor, celle-ci perdit confiance en elle-même et l'année suivante, elle abandonna les mathématiques pures.

Elle n'approfondit plus la solution du Dernier théorème de Fermat, mais elle s'engagea dans une carrière mouvementée de physicienne, discipline dans laquelle elle devait exceller de nouveau, mais où elle devait affronter une fois de plus les préjugés des institutions. Sa plus importante contribution à sa nouvelle science fut son *Mémoire sur les vibrations des plaques élastiques*, où sa pénétrante intuition esquissait les bases de la théorie moderne de l'élasticité. Comme résultat de ses travaux aussi bien que de ses recherches sur le Dernier théorème de Fermat, elle reçut une médaille de l'Institut et devint la première femme qui n'était pas l'épouse d'un académicien à assister à des cours à l'Académie des sciences. Vers la fin de sa vie, elle renoua avec Carl Gauss, qui persuada l'université de Göttingen de lui décerner un diplôme d'honneur. Mais avant qu'elle eût pu le recevoir, Sophie Germain mourut d'un cancer du sein.

> Tout bien considéré, elle fut probablement la femme la plus profondément intellectuelle que la France ait jamais produite. Et pourtant, aussi étrange que cela soit, quand le fonctionnaire d'État vint signer le certificat de décès de cette associée et collaboratrice éminente des membres les plus illustres de l'Académie des sciences, il la désigna comme *rentière annuitant*, c'est-à-dire comme femme seule sans profession, et non comme *mathématicienne*. Et ce n'est pas tout. Quand fut érigée la tour Eiffel, où les ingénieurs avaient dû prêter une attention particulière à l'élasticité des matériaux utilisés, ils inscrivirent sur cette structure prestigieuse les noms de soixante-douze savants. Mais on ne trouvera pas le nom de cette fille de génie, dont les recherches ont tant contribué à fonder la théorie de l'élasticité des métaux, Sophie Germain. Fut-elle exclue de cette liste pour la même raison qu'Agnesi était inéligible à l'Académie des sciences, parce qu'elle était une femme ? Il le semblerait. Si tel est le cas, vraiment, la honte n'en est que plus grande pour ceux qui sont responsables d'une telle ingratitude à l'égard de celle qui a si bien mérité de la science et dont les accomplissements lui ont gagné une place enviable au panthéon de la gloire.
>
> H.J. Mozans, 1913.

Gabriel Lamé

Augustin Cauchy

Les enveloppes scellées

Après la percée réalisée par Sophie Germain, l'Académie des sciences créa une série de prix, y compris une médaille d'or et 3 000 francs, au mathématicien qui viendrait à bout du Dernier théorème de Fermat. Le prestige de la démonstration se doublerait donc d'une récompense matérielle appréciable. Les salons de Paris bruirent de rumeurs sur les stratégies qu'adopterait tel ou tel et sur l'imminence d'un succès. Puis, le 1er mars 1847, l'Académie tint la séance la plus dramatique qu'elle eût jamais connue.

Gabriel Lamé, qui avait démontré plus tôt le cas $n = 7$, monta sur l'estrade en présence des plus éminents académiciens du temps et proclama qu'il était sur le point de résoudre le Dernier théorème de Fermat. Il admit que sa preuve était incomplète, mais il décrivit sa méthode et prédit avec jubilation qu'il publierait une démonstration complète quelques semaines plus tard dans les comptes rendus de l'Académie.

L'audience fut stupéfaite, mais Lamé n'avait pas plutôt quitté l'estrade qu'Augustin Louis Cauchy[1], un autre mathématicien de renom, demanda la parole pour annoncer qu'il avait également travaillé selon une politique parallèle à celle de Lamé et qu'il publierait bientôt, lui aussi, une preuve complète.

Cauchy et Lamé étaient l'un et l'autre conscients de la nécessité de faire vite : celui qui publierait le premier une preuve complète recevrait le prix le plus prestigieux et le plus élevé des mathématiques. Bien que ni l'un ni l'autre des deux rivaux n'eût de preuve complète, ils tenaient tous deux à proclamer leurs

1. Cauchy (1789-1857) fut l'un des plus éminents mathématiciens de son temps, le fondateur de l'analyse combinatoire et l'un des tenants de la théorie des groupes de substitution *(N.d.T.)*.

ambitions et, trois semaines après leur annonce, ils déposèrent à l'Académie des enveloppes scellées. C'était une coutume de l'époque, qui permettait aux mathématiciens d'enregistrer leurs travaux sans avoir à en révéler le détail. Si jamais s'élevait une contestation, concernant l'originalité des idées, l'enveloppe scellée établirait l'antériorité.

L'impatience alla croissant au cours du mois d'avril, quand Cauchy et Lamé publièrent des bribes alléchantes, mais vagues, de leurs travaux dans les comptes rendus de l'Académie des sciences. La communauté des mathématiciens rongeait son frein, mais plusieurs d'entre eux espéraient secrètement que ce serait Lamé et non Cauchy qui emporterait le pompon. Cauchy passait pour un pédant puritain et bigot, et ses collègues ne l'appréciaient guère. Il n'était toléré à l'Académie qu'à cause de son talent.

Le 24 mai, une annonce mit fin aux spéculations. Or, ce n'était ni Lamé, ni Cauchy qui s'adressaient à l'Académie, mais Joseph Liouville[1], qui frappa l'audience de stupeur en lisant une lettre du mathématicien allemand Ernst Kummer.

Kummer était un théoricien des nombres de la plus haute volée, mais pendant le plus clair de sa carrière un patriotisme ardent embrasé par l'aversion pour Napoléon l'avait détourné de sa vocation. En effet, alors que Kummer était enfant, l'armée française avait envahi sa ville natale de Sorau et elle y avait répandu une épidémie de typhus. Le père de Kummer était le médecin de la ville et en quelques semaines, il fut emporté par la maladie. Blessé par cette expérience, Kummer avait juré de faire de son mieux pour défendre son pays contre toute autre

1. Mathématicien de renom, Liouville (1809-1882) démontra l'existence des nombres transcendants *(N.d.T.)*.

Ernst Kummer

attaque et dès qu'il quitta l'université, il appliqua ses talents au calcul des trajectoires de boulets de canon. Il devait à la fin enseigner la balistique au Collège militaire de Berlin.

Parallèlement à sa carrière militaire Kummer poursuivait activement des recherches en mathématiques et était parfaitement informé des péripéties qui se déroulaient à l'Académie des sciences de Paris. Il avait lu les comptes rendus et analysé les quelques morceaux que Cauchy et Lamé avaient consenti à publier. Pour Kummer, il était évident que les deux Français allaient vers le même cul-de-sac logique et il en énonça les raisons dans la lettre qu'il adressa à Liouville.

Le problème fondamental, selon Kummer, était que les preuves de Cauchy et de Lamé se fondaient sur une propriété des nombres connue sous le nom de factorisation unique. Celle-ci stipule qu'il existe une seule combinaison possible de nombres premiers qui, multipliés l'un par l'autre, donneront un nombre particulier. Par exemple, la seule combinaison possible de nombres premiers qui, multipliés, donneront 18, est celle-ci :

$$18 = 2 \times 3 \times 3.$$

De même, les nombres suivants sont factorisés comme suit :

$$35 = 5 \times 7$$
$$180 = 2 \times 2 \times 3 \times 3 \times 5$$
$$106\,260 = 2 \times 2 \times 3 \times 5 \times 7 \times 11 \times 23$$

La factorisation unique a été découverte au IVe siècle avant notre ère par Euclide, qui a prouvé qu'elle est valide pour tous les nombres arithmétiques et qui en a donné la preuve dans le Livre IX de ses *Éléments*.

Le fait que la factorisation unique est valide pour tous les nombres arithmétiques est un élément vital de nombreuses autres démonstrations et s'appelle de nos jours le *théorème fondamental de l'arithmétique*.

Au premier regard, il ne semblait pas qu'il y eût de raison pour laquelle Cauchy et Lamé n'eussent pas dû se fonder sur la factorisation unique comme l'avaient précédemment fait des centaines de mathématiciens. L'ennui est que leurs deux démonstrations mettaient en œuvre des nombres imaginaires. Or, la factorisation unique est bien vraie pour les nombres réels, mais, comme l'observait Kummer, elle pouvait ne pas l'être pour les nombres imaginaires et c'était là une faille grave.

Par exemple, si l'on se restreint aux nombres réels, le nombre 12 peut être factorisé en $2 \times 2 \times 3$. Mais si nous introduisons les nombres imaginaires dans ce cas-ci, 12 pourrait être également factorisé comme suit :

$$12 = (1 + \sqrt{-11}) \times (1 - \sqrt{-11}).$$

Or, ici, $(1 + \sqrt{-11})$ est un nombre complexe, c'est-à-dire une combinaison d'un nombre réel et d'un nombre imaginaire. Si la multiplication en est plus compliquée que pour les nombres ordinaires, l'existence des nombres complexes augmente quand même les manières de factoriser 12. Une autre, en effet, est $(2 + \sqrt{-8}) \times (2 - \sqrt{-8})$. Il n'y a donc plus là une manière unique, mais plutôt un choix de factorisations.

Cette perte de la factorisation unique compromettait donc gravement les démonstrations de Cauchy et de Lamé, mais elle ne les infirmait pas nécessairement. Ces démonstrations étaient censées montrer qu'il n'y avait pas de solution à l'équation $x^n + y^n = z^n$ quand n représente n'importe quel nombre plus grand que 2. Kummer montra qu'en recourant à d'autres méthodes, il était possible de réintroduire la factorisation unique pour valeurs variées de n. Par exemple, le problème de la factorisation unique peut être contourné pour tous les nombres premiers jusqu'à 31 inclus. Toutefois, le nombre premier $n = 37$ posait des difficultés. Parmi les autres nombres premiers inférieurs à 100, deux autres, $n = 59$ et 67, étaient également épineux. Ces nombres, dits premiers irréguliers, qui parsèment les nombres premiers, constituaient désormais la pierre d'achoppement à une démonstration complète.

Kummer releva qu'il n'y avait pas de mathématiques connues qui pussent traiter tous ces nombres premiers irréguliers d'un seul coup. Toutefois, il estimait que des techniques soigneusement adaptées à chaque nombre premier irrégulier pouvaient les traiter au coup par coup. La mise au point de ces techniques individuelles serait cependant un exercice lent et difficile et le pis était que la quantité de nombres premiers irréguliers était infinie. Tous les mathématiciens du monde devraient travailler jusqu'à la fin des temps pour les traiter.

La lettre de Kummer eut un effet dévastateur sur Lamé. Rétrospectivement, l'hypothèse de la factorisation unique apparaissait au mieux comme optimiste et au pis comme imprudente, et Lamé s'avisa que s'il avait été moins secret sur ses recherches, il eût pu déceler l'erreur plus tôt. Il écrivit à son collègue Dirichlet à Berlin : « Si seulement vous aviez été à Paris ou moi à Berlin, tout cela ne serait pas advenu. »

Lamé se trouvait humilié, mais Cauchy refusait la défaite. Il lui parut que sa démarche se fondait moins sur la factorisation unique que celle de Lamé, et tant que la réfutation de Kummer ne serait pas pleinement démontrée, il restait la possibilité qu'elle fût entachée d'erreur. Pendant plusieurs semaines, il continua de publier des articles sur le sujet, mais à la fin de l'été, il se résolut lui aussi au silence.

Kummer avait démontré que la preuve complète du Dernier théorème de Fermat échappait aux méthodes mathématiques disponibles. Ce fut un beau morceau de logique mathématique, mais il porta un coup à toute une génération de mathématiciens qui avaient espéré pouvoir résoudre le plus grand problème mathématique du monde.

La situation fut résumée par Cauchy dans le rapport final de l'Académie, qu'il rédigea en 1857, sur le prix offert pour le Dernier théorème de Fermat :

Rapport sur le concours du Grand prix de sciences mathématiques.
Établi pour le concours de 1853 et prorogé jusqu'en 1856.

Onze mémoires ont été présentés au secrétaire. Mais aucun n'a résolu la question proposée. Ainsi, après avoir été soumise plusieurs fois pour un prix, la question demeure au point où M. Kummer l'a laissée. Cependant les sciences mathématiques devraient se féliciter des travaux entrepris par les géomètres, et notamment ceux de M. Kummer, dans leur désir de résoudre la question, et les commissaires pensent que l'Académie prendrait une décision honorable et utile si, en retirant la question de la compétition, elle adjugeait la médaille à M. Kummer pour ses belles recherches sur les nombres complexes composés de racines d'unités et de nombres entiers.

Pendant plus de deux siècles, tous les efforts pour redécouvrir la preuve du Dernier théorème de Fermat avaient échoué. Tout au long de ses jeunes années, Andrew Wiles avait étudié les travaux d'Euler, de Germain, de Cauchy, de Lamé et finalement de Kummer. Il espérait s'instruire de leurs erreurs, mais à l'époque où il faisait ses études à l'université d'Oxford, il se heurtait au même mur que Kummer.

Quelques-uns des contemporains de Wiles commençaient à penser que le problème était insoluble. Peut-être Fermat s'était-il trompé et la raison pour laquelle personne n'avait retrouvé sa preuve était qu'il n'en existait pas. Mais en dépit de son scepticisme, Wiles poursuivit sa recherche. Il était conforté par le fait qu'il y avait déjà eu dans le passé plusieurs cas de démonstrations qui n'avaient été établies qu'après des siècles d'efforts. Et dans certains de ces cas, l'éclair d'intuition qui avait permis de résoudre le problème ne devait rien aux mathématiques, c'était une solution qu'on eût pu trouver bien auparavant.

Il était donc possible que les techniques nécessaires pour démontrer le Dernier théorème de Fermat fussent disponibles et que le seul élément manquant fût un peu d'astuce. Wiles n'était pas disposé à renoncer : la recherche de la preuve du Dernier théorème était passée du rang de marotte de jeunesse à celui d'une obsession à part entière. Ayant appris tout ce qu'il y avait à apprendre des mathématiques du XIXe siècle, Wiles décida de s'armer de celles du XXe.

Paul Wolfskehl

IV.

Vers l'abstraction

La preuve est une idole devant laquelle le mathématicien se torture.

Sir Arthur Eddington

Si l'on en croyait Ernst Kummer, les espoirs d'une preuve du Dernier théorème paraissaient plus fugaces que jamais. De plus, les mathématiques commençaient à s'orienter vers des domaines différents et la nouvelle génération de mathématiciens risquait bientôt d'abandonner un problème apparemment insoluble. Au début du XXe siècle, ce problème conservait sans doute une place dans le cœur des théoriciens des nombres, mais ils le considéraient du même œil que les chimistes jugent l'alchimie : des lubies d'un temps révolu.

Puis, en 1908, Paul Wolfskehl, un industriel allemand de Darmstadt, lui donna un sursis. Les Wolfskehl étaient célèbres pour leur fortune et leur mécénat des arts et des sciences, et Paul n'y faisait pas exception. Il avait étudié les mathématiques à l'université et bien qu'il consacrât l'essentiel de son temps à l'empire commercial de la famille, il gardait des liens avec des mathématiciens professionnels et continuait à bricoler dans la théorie des nombres. Il refusait en particulier de renoncer au Dernier théorème de Fermat.

Wolfskehl n'était certes ni un mathématicien doué, ni un candidat à la démonstration du fameux théorème. Néanmoins, par un curieux enchaînement de circonstances, il se trouva associé à jamais au Dernier théorème de Fermat et il allait inspirer des milliers de gens à relever la gageure.

L'histoire commence par la fascination de Wolfskehl pour une fort belle femme, dont l'identité n'a jamais été établie. Pour l'infortune du jeune homme, la mystérieuse beauté rejeta ses avances, ce qui le mena au bord du suicide. Passionné, mais non impétueux, il avait organisé sa mort avec un soin méticuleux. Il se fixa une date et décida qu'il se tirerait une balle dans la tête au premier coup de minuit. Les jours qui l'en séparaient furent consacrés à mettre ses affaires en ordre et, la date venue, il rédigea son testament et des lettres pour sa famille et ses amis.

Wolfskehl avait tellement bien organisé les choses qu'il avait terminé ses préparatifs avant l'heure ; pour passer le temps, il se rendit à sa bibliothèque et commença à feuilleter les publications de mathématiques. Il trouva bientôt le papier classique de Kummer expliquant l'échec de Lamé et de Cauchy. C'était l'une des grandes spéculations du temps et elle convenait parfaitement aux derniers moments d'un mathématicien suicidaire. Wolfskehl suivit donc les calculs de Kummer ligne par ligne. Soudain, il fut frappé par ce qui lui parut être une faille logique : Kummer avait fait une hypothèse et omis de la démontrer. Wolfskehl se demanda s'il avait vraiment découvert une erreur grave ou bien si Kummer avait raison. S'il s'agissait d'une erreur, il y avait alors de bonnes chances que la solution du Dernier théorème de Fermat fût beaucoup plus aisée à établir que bien des gens l'avaient supposé.

Il s'assit, analysa le segment défaillant de la

démonstration et se trouva absorbé dans le développement d'une preuve résumée qui, ou bien confirmerait le travail de Kummer, ou bien démontrerait son erreur; dans ce dernier cas ce serait tout le travail de Kummer qui serait invalidé. A l'aube, l'analyse était achevée. La mauvaise nouvelle fut que le raisonnement de Kummer avait été rectifié, mais que le Dernier théorème appartenait toujours à l'utopie. La bonne nouvelle fut que l'heure du suicide était passée et que Wolfskehl se trouva si fier d'avoir découvert et corrigé une lacune dans le travail du grand Ernst Kummer que son chagrin et son désespoir s'évanouirent. Les mathématiques lui avaient rendu le goût de vivre.

Wolfskehl déchira ses lettres d'adieux et récrivit son testament à la lumière des événements de la nuit. A sa mort en 1908, on ouvrit le nouveau testament et la famille Wolfskehl fut scandalisée d'apprendre que Paul léguait une grande partie de sa fortune à celui qui démontrerait le Dernier théorème de Fermat. La récompense de 100 000 marks, à peu près l'équivalent de 10 MF actuels, était sa façon de payer sa dette à l'énigme qui lui avait sauvé la vie.

La donation fut confiée aux soins de la Königliche Gesellschaft der Wissenschaften de Göttingen, qui publia cette année le concours pour le prix Wolfskehl.

> En vertu des pouvoirs qui nous sont conférés par le Dr Paul Wolfskehl, décédé à Darmstadt, nous fondons par la présente un prix de cent mille marks, qui sera décerné à la première personne qui démontrera le grand théorème de Fermat.
>
> Les règles seront les suivantes :
>
> 1) La Königliche Gesellschaft der Wissenschaften à Göttingen aura l'absolue liberté de décider à qui le prix devra être attribué. Elle refusera tout manuscrit rédigé dans le seul but d'entrer dans la compétition pour obtenir le prix. Elle ne prendra en considération que les mémoires mathématiques

publiés sous forme d'une monographie dans les revues périodiques ou qui sont en vente dans les librairies. La Société demande aux auteurs de ces mémoires de lui en adresser au moins cinq exemplaires imprimés.

2) Les travaux publiés dans des langues qui ne sont pas celles accessibles aux spécialistes académiques choisis pour constituer le jury seront exclus de la compétition. Les auteurs de ces travaux auront licence de les remplacer par des traductions certifiées.

3) La Société décline toute responsabilité dans l'examen de travaux qui ne lui auront pas été signalés, aussi bien que des erreurs qui résulteraient du fait que l'auteur d'un travail ou d'une partie d'un travail ne serait pas connu de la Société.

4) La Société se réserve le droit de décision dans le cas où plusieurs personnes auraient traité de la solution du problème ou pour celui où la solution serait le résultat des efforts combinés de plusieurs chercheurs, en particulier en ce qui concerne le partage du prix.

5) Le prix ne sera pas décerné par la Société moins de deux ans après la publication du mémoire couronné. Ce délai est destiné à permettre aux mathématiciens allemands et étrangers de faire connaître leur opinion sur la validité de la solution présentée.

6) Dès que le prix sera décerné par la Société, le lauréat sera informé par le Secrétaire au nom de la Société, le résultat sera publié là où le prix sera annoncé dans l'année suivante. L'attribution du prix par la Société ne saurait prêter à contestation.

7) Le paiement du prix au lauréat sera fait dans les trois mois suivant son attribution, par le Trésorier royal de l'université de Göttingen ou, aux risques et périls du lauréat, en tout autre lieu qu'il aurait choisi.

8) Le capital pourra être remis contre reçu, au gré de la Société, soit au comptant, soit par transfert de valeurs financières. Le paiement du prix sera considéré comme accompli par la transmission de ces valeurs financières, même si leur valeur totale à ce jour-là ne représente pas la totalité de 100 000 marks.

9) Si le prix n'est pas décerné d'ici le 13 septembre 2007, aucune réclamation ne sera acceptée.

Le concours pour le Prix Wolfskehl est ouvert dès ce jour sous les conditions qui précèdent.

Göttingen, le 27 juin 1908
Die Königliche Gesellschaft der Wissenschaften

Il faut relever que si le comité décernait 100 000 marks au premier mathématicien qui démontrerait la véracité du Dernier théorème de Fermat, il n'accordait pas un seul pfennig à celui qui aurait démontré qu'il était faux.

Le Prix Wolfskehl fut annoncé dans tous les journaux de mathématiques et la nouvelle s'en répandit rapidement en Europe. Mais en dépit de la publicité qui lui fut faite et de l'avantage matériel considérable qu'il représentait, les mathématiciens professionnels s'en émurent peu. La majorité d'entre eux considérait le Dernier théorème de Fermat comme une cause perdue et n'entendait certes pas consacrer une carrière à cette coquecigrue. Toutefois, le prix eut le mérite de familiariser un public nouveau avec le problème et un bataillon d'esprits ardents décida de se consacrer à cette énigme suprême et s'y engagea avec candeur.

L'ère des jeux, rébus et énigmes

Les mathématiciens ont, depuis les Grecs, agrémenté leurs manuels de paraphrases de démonstrations et de théorèmes sous forme de solutions à des énigmes numériques. Dans la seconde moitié du XIXe siècle, cette approche ludique du sujet a gagné la presse à grand public et les jeux mathématiques prirent leur place auprès des mots-croisés, rébus et anagrammes. Le goût s'en répandit et les amateurs s'entichèrent aussi bien de petites énigmes que de grands problèmes, y compris le Dernier théorème de Fermat.

Le producteur le plus prolifique d'énigmes de ce genre fut sans doute Henry Dudeney, qui collaborait à des douzaines de quotidiens et périodiques tels que le *Strand, Cassell's, The Queen, Tit-Bits, The Weekly Dispatch* et *Blighty*. L'un de ses émules de l'époque victorienne fut le révérend Charles Dodgson, professeur de mathématiques à Christ Church, Oxford, plus connu sous son nom de plume de Lewis Carroll[1]. Dodgson consacra plusieurs années à la compilation d'un gigantesque recueil de jeux intitulé *Curiosa Mathematica,* dont il publia plusieurs volumes, y compris *Pillow Problems*.

Mais le plus grand faiseur d'énigmes fut le prodige américain Sam Loyd (1841-1911), qui faisait déjà dans son adolescence un fructueux commerce d'énigmes anciennes mises au goût du jour et de nouvelles. Il rapporte dans *Sam Loyd and his Puzzles : An Autobiographical Review,* que certaines de ses premières énigmes furent produites pour le propriétaire de cirque P.T. Barnum :

> Il y a plusieurs années, quand le Cirque Barnum était en vérité « le plus grand spectacle du monde », le fameux entrepreneur me fit préparer pour son compte une série d'énigmes à des fins publicitaires. Celles-ci furent largement connues par la suite sous le nom de « Questions du Sphinx », en raison des prix substantiels décernés à ceux qui pouvaient y répondre.

Bizarrement, cette « autobiographie » fut écrite en 1928, dix-sept ans après la mort de Loyd. C'est que Loyd avait légué ses talents à son fils, également prénommé Sam, qui était le véritable auteur du livre et qui savait bien que l'acheteur serait dupé par le titre et croirait que c'était son père qui l'avait écrit.

La plus fameuse création de Loyd fut l'équivalent pour l'époque du Rubik's Cube, le jeu de 14-15, qu'on trouve encore dans les magasins de jeux contemporains. Quinze touches mobiles numérotées de 1 à 15 y sont disposées en rangées de quatre et le jeu consiste à les mettre dans l'ordre correct. Le jeu de Loyd était vendu dans l'arrangement illustré ci-dessus et un prix substantiel était décerné à celui qui pouvait mettre le

1. L'auteur de *Alice au pays des merveilles (N.d.T.).*

Fig. 11 : Une caricature du temps illustrant les tourments causés par le puzzle 14-15 de Sam Loyd.

14 et le 15 à leurs places respectives par des glissements successifs des touches. Le fils de Loyd rapporte l'agitation causée par ce jeu bien matériel, mais essentiellement mathématique :

> Un prix de mille dollars, offert pour la première solution correcte au problème, n'a jamais été attribué, bien qu'il y ait des milliers de personnes qui prétendent avoir réussi la prouesse demandée. Les gens se sont entichés du jeu et l'on a raconté des fables sur des marchands de jeux qui avaient renoncé à ouvrir leurs boutiques ou sur un religieux respectable qui passa toute une nuit d'hiver sous un réverbère, essayant de se rappeler comment il avait réussi le tour. Le point mystérieux du jeu est que personne ne semble capable de se rappeler la succession des mouvements qu'il est certain d'avoir effectués pour réussir. On raconte aussi que des pilotes ont fait échouer leurs navires et que des conducteurs de trains ont oublié de s'arrêter dans les gares. Un célèbre rédacteur en chef de Baltimore rapporte qu'étant parti déjeuner, il fut retrouvé par son équipe, bien après minuit, arrangeant de petits morceaux de tarte sur son assiette.

Loyd avait toujours pensé qu'il n'aurait jamais à payer les mille dollars, parce qu'il savait qu'il est impossible de déplacer deux touches seulement sans déranger le reste. De la même façon qu'un mathématicien peut prouver qu'une équation n'a pas de solution, Loyd pouvait prouver que son jeu de 14-15 est sans solution.

La démonstration de Loyd commença par la définition d'une grandeur qui mesure le désordre du jeu, le paramètre de désordre D_p. Ce paramètre est donné par le nombre de touches qui ne sont pas à leur place ; il est donc $D_p = 0$ quand toutes les touches sont à leur place, comme dans la figure 12 (a).

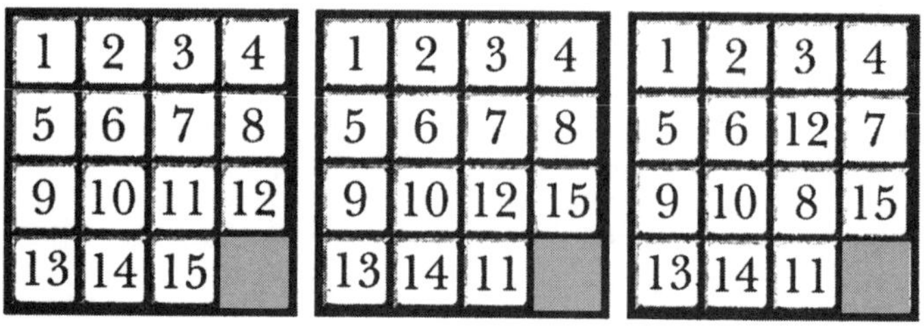

(a) $D_p = 0$ **(b)** $D_p = 6$ **(c)** $D_p = 12$

Fig. 12 : En déplaçant les touches mobiles, il est possible de créer divers arrangements en désordre. Pour chaque arrangement, il est également possible de mesurer le taux de désordre par le paramètre de désordre D_p.

En commençant par le cas où les touches sont dans l'ordre et en déplaçant les touches, il est relativement facile d'obtenir l'arrangement illustré dans la figure 12 (b). Visiblement, le 11 devrait figurer avant le 12 et cette paire de touches est donc en désordre. La liste complète des touches en désordre est : (12-11), (15-13), (15-14), (15-11), (13-11) et (14-11). Avec six touches en désordre de cette façon, $D_p = 6$. Notez que les touches 10 et 12 sont contiguës, ce qui est également incorrect, mais leur succession n'est pas incorrecte ; cette paire de touches ne modifie donc pas le paramètre de désordre.

Par d'autres déplacements de touches, nous arrivons à l'arrangement représenté en figure 12 (c). La liste des paires de touches en désordre indique là que $D_p = 12$. Ce qui est important est que, dans tous ces cas, la valeur du paramètre de désordre est toujours un nombre pair (0, 6, 12). Tant que le carré vide reste au coin inférieur droit, n'importe quel nombre de déplacements de touches donnera un nombre pair pour D_p. Ce nombre pair du paramètre de désordre est une propriété intrinsèque de n'importe quel arrangement dérivé de l'ordre correct originel. En mathématiques, une propriété qui demeure constante en toutes circonstances s'appelle un *invariant.*

Cependant, si l'on analyse l'arrangement offert par Loyd, dans lequel il y a interversion du 14 et du 15, on relève que le paramètre de désordre est 1, c'est-à-dire $D_p = 1$, puisque la seule paire de touches en désordre est celle du 14 et du 15. L'arrangement de Loyd a donc un paramètre de désordre impair ! Et pourtant, nous savons que n'importe quel arrangement qui s'écarte de l'arrangement originel correct attribue un nombre pair au paramètre de désordre. La conclusion est que l'arrangement de Loyd ne peut pas être dérivé de l'arrangement correct et inversement, qu'il est impossible de passer de l'arrangement de Loyd à l'arrangement correct. Les mille dollars du prix qu'il offrait ne risquaient donc pas d'être réclamés.

Le jeu de Loyd et le paramètre du désordre démontrent la portée d'un invariant. Les invariants offrent aux mathématiciens une stratégie importante, dont l'effet est de démontrer qu'on ne peut pas transformer un objet en un autre. Par exemple, un domaine qui suscite actuellement un grand intérêt est celui des nœuds, et les théoriciens des nœuds s'intéressent naturellement à la question suivante : est-il possible de transformer un nœud en un autre par torsion et bouclages sans section ? Ils essaient donc de trouver une propriété d'un nœud donné qui ne peut pas être annulée, quel que soit le nombre de torsions et de bouclages infligés à ce nœud ; c'est donc un invariant des nœuds. Ils calculent ensuite la même propriété pour un autre nœud. Si les valeurs sont différentes, la conclusion est qu'il est donc impossible de passer du premier nœud au second.

Cette méthode a été inventée dans les années vingt par Kurt Reidemeister, et jusqu'alors, il était impossible de prouver qu'un nœud ne pouvait pas être transformé en un autre nœud. En d'autres termes, il était impossible, avant que les invariants de nœuds fussent découverts, de prouver qu'un nœud de sage-femme est fondamentalement différent d'un nœud marin, d'un nœud simple, voire d'une simple boucle. Le concept d'invariance est essentiel à de nombreuses démonstrations mathématiques et, comme nous le verrons au chapitre 5, il devait jouer un rôle crucial dans le rapatriement du Dernier théorème de Fermat dans le giron des mathématiques.

Au début du siècle, grâce à Sam Loyd et à ses émules, des millions d'amateurs de jeux en Europe et aux États-Unis avaient donc développé un appétit croissant pour les jeux mathématiques. Quand les nouvelles du legs Wolfskehl parvinrent à ces mathématiciens en herbe, le Dernier théorème de Fermat redevint le problème le plus fameux du monde. Il était infiniment plus complexe que la pire des énigmes de Loyd, mais la récompense était infiniment plus grande. Les amateurs rêvaient d'un simple truc qui aurait échappé aux grands maîtres du passé. Or, l'amateur éclairé du XXe siècle était largement sur le même pied que Pierre de Fermat en matière de techniques mathématiques. La gageure consistait à se hisser au niveau de créativité que Fermat avait appliqué à ses méthodes.

Peu de semaines après que l'on eut appris l'existence du Prix Wolfskehl, une avalanche de candidatures s'abattit sur l'université de Göttingen. Comme on peut s'en douter, elles étaient toutes frivoles. Bien évidemment, tous les candidats étaient persuadés d'avoir résolu cette énigme séculaire, mais ils avaient tous commis des fautes subtiles, et parfois grossières, de logique. La théorie des nombres est d'une nature tellement abstraite qu'il y est dangereusement facile de s'écarter des chemins de la logique sans s'apercevoir qu'on a versé dans l'absurdité. L'appendice 6 montrera le type d'erreur classique qu'un amateur enthousiaste sera prompt à commettre.

Chaque participation devait néanmoins être scrupuleusement vérifiée, au cas où quelque amateur inconnu serait tombé sur la preuve la plus convoitée des mathématiques. Le chef du Département des mathématiques à l'université de Göttingen était le professeur Edmund Landau, et ce fut à lui qu'incomba la responsabilité d'examiner les textes des candidats au Prix Wolfskehl. Landau s'avisa que ses propres recherches étaient sans cesse interrompues par les douzaines de démonstrations confuses qui atterrissaient chaque mois sur son bureau. Il eut donc recours à une méthode expéditive. Il fit imprimer par centaines des cartons ainsi libellés :

Cher... ...,

Je vous remercie pour votre manuscrit sur la démonstration du Dernier théorème de Fermat.

La première erreur se trouve :

Page... Ligne...

Cela infirme la démonstration.

Professeur E.M. Landau

Landau confiait ensuite chaque nouveau texte à l'un de ses élèves et le priait de remplir les blancs.

Les envois se poursuivirent néanmoins pendant des années, même après la spectaculaire dévaluation du Prix Wolfskehl, à la suite de l'inflation monstrueuse qui se produisit après la Première Guerre mondiale. On avance que quelqu'un qui remporterait le prix de nos jours ne pourrait même pas se payer une tasse de café, mais c'est un peu exagéré. Le Dr D.F. Schlichting, qui était chargé des textes dans les années soixante-dix, a précisé dans une lettre que le Prix valait encore plus de 10 000 marks ; la lettre adressée à Paulo Ribenboim et publiée dans livre de Schlichting intitulé *13 conférences sur le Dernier théorème de Fermat* offre des aperçus uniques sur le travail du comité Wolfskehl :

> Cher Monsieur,
>
> On ne compte plus le nombre de « solutions » qui nous ont été adressées jusqu'à ce jour. La première année (1907-1908), 621 solutions ont été enregistrées dans les cahiers de l'Académie, et à ce jour la correspondance concernant le problème de Fermat a atteint trois mètres de haut. Dans les récentes décennies, ces envois étaient traités de la manière suivante : le secrétaire de l'Académie divisait les manuscrits reçus en :
>
> a) pures sottises qui étaient réexpédiées sur-le-champ, et
> b) travaux qui ressemblaient à des mathématiques.
>
> Ces derniers sont confiés au Département des mathématiques et là, la tâche de lire, de relever les erreurs et de répondre est déléguée à l'un des assistants scientifiques (dans les universités allemandes, ce sont des diplômés qui travaillent à leurs doctorats), et pour le moment, je suis la victime. Il y a trois à quatre lettres auxquelles il faut répondre chaque mois, et celles-ci comprennent une bonne part de matériau grotesque et singulier, telle celle de ce scripteur qui envoie la première moitié de sa démonstration et annonce qu'il nous adressera la seconde si nous lui envoyons 1 000 DM d'avance ; ou celle de cet autre scripteur qui me promet 1 % de ses bénéfices de publication et d'interviews radiophoniques et télévisées si je lui accorde mon soutien ; sinon, il menace d'adresser sa démonstration à une institution russe de mathé-

matiques, pour nous priver de la gloire de l'avoir découvert. De temps à autre, il y a quelqu'un qui vient à Göttingen même et demande une discussion privée.

Presque toutes les « solutions » sont d'un niveau très élémentaire (utilisant des notions de collège et éventuellement quelques autres mal digérées et tirées d'articles sur la théorie des nombres), mais elles peuvent être néanmoins très compliquées. Socialement, les expéditeurs sont souvent des gens qui ont reçu une éducation technique, mais qui n'ont pas pu faire carrière et qui essaient de se tailler un succès en trouvant la solution du problème de Fermat. J'ai confié quelques manuscrits à des médecins, qui ont diagnostiqué une schizophrénie aiguë.

L'une des conditions du testament de Wolfskehl était que l'Académie publiât les états du concours chaque année dans les principaux périodiques mathématiques. Mais au bout de quelques années, les périodiques s'y sont refusés, parce qu'ils étaient inondés de lettres et de manuscrits délirants.

J'espère que ces informations vous seront utiles.

Sincèrement vôtre,
F. Schlichting

Comme le rapporte Schlichting, les candidats ne se limitaient pas à adresser leurs « solutions » à l'Académie. Tous les départements de mathématiques du monde ont probablement des placards pleins de prétendues démonstrations d'amateurs. Si la plupart des institutions ignorent ces efforts, d'autres les utilisent de manière plus originale. L'écrivain mathématicien Martin Gardner évoque ainsi un ami qui renvoyait à l'expéditeur une note disant qu'il n'avait pas la compétence pour analyser la démonstration, mais qu'il connaissait un expert qui pouvait l'aider et dont il lui donnait alors le nom et l'adresse; cet « expert » était en fait le dernier expéditeur d'une démonstration. Un autre ami de Gardner répondait ainsi à ses correspondants : « J'ai une réfutation remarquable de votre démonstration, mais malheureusement, cette page n'est pas assez grande pour la contenir. »

Bien que les mathématiciens amateurs du monde

entier se soient vainement efforcés de démontrer le Dernier théorème de Fermat et de remporter le Prix Wolfskehl, la grande majorité des professionnels a continué d'ignorer le problème. Au lieu de reprendre le travail de Kummer et d'autres théoriciens des nombres du XIXe siècle, les mathématiciens ont entrepris de reconsidérer les fondements de leur sujet afin de résoudre les questions premières posées par les nombres. Quelques-uns des esprits les plus éminents du XXe siècle, tels que Bertrand Russell, David Hilbert et Kurt Gödel, ont essayé de comprendre les propriétés essentielles des nombres afin de comprendre leur sens véritable et d'établir les questions auxquelles la théorie des nombres peut ou ne peut pas répondre. Leurs travaux allaient secouer les assises des mathématiques et, en fin de compte, entraîner des répercussions sur le Dernier théorème de Fermat.

Les fondements du savoir

Pendant des siècles les mathématiciens se sont attachés à utiliser la démonstration logique pour aller de l'inconnu au connu. Les progrès ont été phénoménaux, chaque génération de mathématiciens enrichissant la vaste structure de son savoir et y ajoutant de nouveaux concepts en matière de nombres et de géométrie. Toutefois, vers la fin du XIXe siècle, au lieu de porter leur regard vers l'avant, les logiciens commencèrent à examiner les fondements sur lesquels toutes les mathématiques étaient construites. Ils entendaient les vérifier et rebâtir tout avec rigueur, à partir des principes de base pour s'assurer que ceux-ci étaient valides.

Les mathématiciens sont notoirement vétilleux dans leur exigence de preuves absolues. Leur réputation a été justement décrite dans l'anecdote suivante, rapportée par Ian Stewart dans *Concepts of Modern Mathematics* :

> Un astronome, un physicien et un mathématicien, dit-on, passaient leurs vacances en Écosse. Jetant un regard par la fenêtre du train, ils aperçurent un mouton noir dans un pré. « Comme c'est intéressant, s'écria l'astronome, tous les moutons écossais sont noirs ! » A quoi le physicien objecta : « Non, non ! *Quelques* moutons écossais sont noirs ! » Le mathématicien leva les yeux au ciel et déclara : « En Écosse, il existe au moins un pré dans lequel il y a un mouton *dont au moins un côté est noir.* »

Plus rigoureux encore que le mathématicien ordinaire est celui qui s'est spécialisé dans la logique mathématique. Les logiciens des mathématiques se sont mis à contester des idées que les autres mathématiciens avaient tenues pour acquises pendant des siècles. Par exemple, la loi de trichotomie postule que chaque nombre est négatif, positif ou nul. Cela semble évident et les mathématiciens avaient tacitement supposé que c'était vrai, mais personne ne s'était jamais soucié de le démontrer. Les logiciens s'avisèrent que tant que la loi de trichotomie n'aurait pas été vérifiée, elle pourrait être fausse et que, dans ce cas, le gigantesque édifice du savoir qui se fondait dessus s'écroulerait. Heureusement pour les mathématiques, à la fin du siècle dernier la loi de trichotomie fut avérée.

Depuis les Grecs anciens, les mathématiques ont accumulé des théorèmes et des vérités et, bien que la plupart de ceux-ci aient été vérifiés avec rigueur, les mathématiciens s'interrogeaient sur certains d'entre eux, tels que la loi de trichotomie, qui pouvaient n'avoir pas suffisamment été vérifiés. Certaines idées avaient fini par faire partie du folklore, et pourtant personne ne savait comment elles avaient été vérifiées à l'origine, ni même si elles l'avaient été. Les logiciens décidèrent donc de passer en revue tous les théorèmes depuis le début. Chaque vérité découlant d'autres vérités, encore faut-il que les toutes premières soient bonnes. A la fin, les logiciens se trouvèrent en face de quelques postulats essentiels, tellement fondamentaux qu'ils défiaient la vérification. Ces hypothèses fondamentales sont les axiomes.

Un exemple d'axiome est la *loi de commutation de l'addition*, qui établit que, pour n'importe quels nombres m et n,

$$m + n = n + m.$$

Cet axiome et une poignée d'autres sont considérés comme évidents et ils peuvent être aisément vérifiés sur des nombres particuliers. Jusqu'ici, les axiomes ont passé toutes les épreuves et ont été considérés comme la pierre de base des mathématiques. La gageure pour les logiciens était de rebâtir toutes les mathématiques à partir de ces axiomes (l'appendice 7 énumère les axiomes arithmétiques et explique ce qu'a été le travail des logiciens).

Ce fut une légion de logiciens qui entreprit le travail lent et difficile de reconstruction de l'immense et complexe corpus du savoir mathématique à partir d'un nombre minimal d'axiomes. Leur idée était de consolider ce que les mathématiciens croyaient déjà savoir en le mettant à l'épreuve d'une logique rigoureuse. Le mathématicien allemand Hermann Weyl a défini l'état d'esprit de l'époque : « La logique est l'hygiène que le mathématicien pratique pour entretenir la santé et la force de ses idées. » En plus du dépoussiérage de ce qu'on savait déjà, cette approche fondamentaliste visait à éclairer des problèmes toujours sans solution, y compris le Dernier théorème de Fermat.

Le programme fut dirigé par le plus éminent

David Hilbert

mathématicien de son temps, David Hilbert. Celui-ci estimait qu'en mathématiques tout pouvait et devait être prouvé par les axiomes de base. Le résultat en serait de démontrer sans ambiguïté deux éléments importants du système mathématique. D'abord, les mathématiques devaient, au moins en théorie, répondre à toutes les questions, ce qui reflète l'éthique de complétude qui, dans le passé, avait inspiré l'invention de nombres nouveaux, tels que les négatifs et les imaginaires. Ensuite, les mathématiques devaient être débarrassées de leurs incohérences; en d'autres termes, il ne devait pas être possible de démontrer par une méthode que quelque chose était vrai et de démontrer par une autre que c'était faux. Hilbert était convaincu qu'il serait possible, à l'aide de quelques axiomes, de répondre à n'importe quelle question mathématique sans craindre d'être contredit.

Le 8 août 1900, Hilbert donna une conférence mémorable au Congrès international des mathématiciens, à Paris. Il énuméra vingt-trois problèmes non résolus qu'il estimait de la plus immédiate importance. Quelques-uns se rapportaient aux domaines généraux des mathématiques, mais la plupart d'entre eux portaient sur les fondements logiques du sujet. Ces problèmes étaient censés dominer l'attention du monde mathématique et offrir un programme de recherches. Hilbert voulait galvaniser la communauté et l'aider à réaliser sa vision d'un système mathématique débarrassé de ses doutes et de ses incohérences, une ambition qui allait s'inscrire à la fin sur sa pierre tombale :

Wir müssen wissen,
Wir werden wissen.

(Nous devons savoir,
Nous saurons.)

Kurt Gödel

Pendant les deux décennies suivantes les mathématiciens tentèrent de bâtir un édifice rigoureux, et quand Hilbert se retira en 1930, il estimait que les mathématiques étaient sur la voie du rétablissement. Son rêve d'une logique cohérente et assez puissante pour répondre à toutes les questions semblait devenir réalité.

Puis en 1931, un mathématicien inconnu de vingt-cinq ans publia un article qui réduisit en cendres les espérances de Hilbert. Kurt Gödel allait forcer les mathématiciens à admettre que les mathématiques ne seraient jamais logiquement parfaites, et son travail laissait entendre que des problèmes tels que le Dernier théorème de Fermat pourraient même être impossibles à résoudre.

Gödel était né le 28 avril 1906 en Moravie, qui était alors une province de l'Empire austro-hongrois et qui fait aujourd'hui partie de la République tchèque. Depuis son enfance, il avait été gravement malade, à commencer par un rhumatisme articulaire aigu à l'âge de six ans. Le fait d'avoir ainsi frôlé la mort suscita chez Gödel une hypochondrie tenace qui dura toute sa vie. A huit ans, ayant lu un manuel de médecine, il se persuada qu'il avait un cœur défaillant, bien que les médecins n'en pussent trouver de symptôme. Vers la fin de sa vie, s'imaginant à tort qu'on l'empoisonnait, il refusa de manger, et se laissa presque mourir de faim.

Enfant, Gödel témoignait du talent pour la science et les mathématiques, et sa nature curieuse lui valut le surnom familial de *Der Herr Warum*, Le Monsieur Pourquoi. Il s'inscrivit à l'université de Vienne, ne sachant d'abord s'il opterait pour les mathématiques ou la physique, quand une série de conférences inspirées et passionnées sur la théorie des nombres, données par le professeur P. Furtwängler, le persuada de consacrer sa vie aux nombres. Ces conférences étaient extraordinaires, parce que le professeur Furtwängler était paralysé à partir du cou et parlait dans un fauteuil roulant, tandis que son assistant écrivait les démonstrations au tableau noir.

Dans la deuxième décennie de sa vie, Gödel appartenait au Département des mathématiques de l'université, mais il se rendait parfois en compagnie de ses collègues pour assister, au bout du couloir, aux réunions du *Wiener Kreis*, ou Cercle viennois, un groupe de philosophes qui se réunissait pour discuter les questions de logique dans l'air du temps. Ce fut durant cette période que Gödel conçut les idées qui allaient ruiner les fondements des mathématiques.

En 1931, Gödel publia son livre *Über formal unentscheidbare Sätze der* Principia Mathematica *und verwandter Systeme* (« Sur les propositions indécidables des *Principia Mathematica* et les systèmes apparentés »), qui contenait ses théorèmes dits d'indécidabilité. Quand les nouvelles de ces théorèmes atteignirent les États-Unis, le grand mathématicien John von Neumann modifia sur-le-champ une série de conférences qu'il donnait sur le programme de Hilbert et consacra le reste de ses cours au travail révolutionnaire de Gödel.

Gödel avait prouvé qu'il était impossible de créer un système mathématique complet et cohérent. Ses idées peuvent être résumées en deux points :

Premier théorème d'indécidabilité

Si la théorie d'une série d'axiomes est cohérente, il existe des théorèmes qui ne peuvent être ni confirmés, ni infirmés.

Deuxième théorème d'indécidabilité

Il n'existe pas de procédure constructive qui prouvera qu'une théorie axiomatique est cohérente.

Pour l'essentiel, le premier théorème signifie que,

quelle que soit la série d'axiomes qu'on utilisera, il se posera des questions auxquelles les mathématiques ne peuvent pas répondre, c'est-à-dire que la complétude ne sera jamais atteinte. Pis encore, le deuxième théorème avançait que les mathématiciens ne pouvaient jamais être certains que leur choix des axiomes ne mènerait pas à une contradiction. Autant dire que la cohérence ne serait jamais établie. Gödel avait donc démontré que le programme de Hilbert était irréalisable.

Bien que le second théorème de Gödel eût déclaré qu'il était impossible de prouver que les axiomes étaient cohérents, cela ne signifiait pas nécessairement qu'ils étaient incohérents. Bien des mathématiciens continuaient de croire en leur for intérieur que leurs mathématiques resteraient cohérentes, mais ils ne pouvaient le démontrer. Plusieurs années plus tard, le grand théoricien des nombres André Weil déclara : « Dieu existe parce que les mathématiques sont cohérentes, et le Diable existe, puisque nous ne pouvons pas le prouver. »

La démonstration des théorèmes d'indécidabilité de Gödel est immensément compliquée. Heureusement, le Premier théorème de Gödel peut être illustré par une autre analogie logique qu'on doit à Épiménide et qui est connue sous le nom de paradoxe crétois ou paradoxe du menteur. Épiménide est un Crétois qui déclare : « Je suis un menteur. »

Le paradoxe apparaît quand on essaie de déterminer si cette déclaration est vraie ou fausse. Admettons d'abord qu'elle soit vraie. Or, si Épiménide dit la vérité, il n'est donc pas un menteur et nous nous trouvons en présence d'une contradiction. Admettons ensuite qu'elle soit fausse. Or, si Épiménide ment, il n'est donc pas non plus un menteur, et nous nous trouvons en présence d'une autre contradiction. Que la déclaration soit vraie ou fausse, nous retombons toujours sur une contradiction et cette déclaration n'est donc ni vraie, ni fausse.

Gödel réinterpréta le paradoxe du menteur et y introduisit le concept de preuve. Le résultat fut le constat suivant :

Cette déclaration est improuvable

Si elle était fausse, cela serait démontrable, mais dans ce cas, la déclaration se contredirait elle-même. Donc, elle doit être vraie si l'on veut éviter la contradiction. Cependant, bien que la déclaration soit vraie, elle ne peut pas être prouvée parce qu'elle le dit elle-même (et nous savons désormais que c'est vrai).

Étant donné que Gödel pouvait traduire la déclaration en langage mathématique, il pouvait démontrer qu'il y avait des postulats mathématiques qui sont vrais, mais qui ne pourront jamais être démontrés et qui sont donc indécidables. C'était là un coup mortel pour le programme de Hilbert.

Le travail de Gödel faisait à maints égards écho à des découvertes en physique quantique. Quatre ans tout juste avant que Gödel publie ses travaux sur l'indécidabilité, le physicien allemand Werner Heisenberg avait découvert le principe d'indétermination. De même qu'il existe une limite fondamentale à ceux des théorèmes que les mathématiciens peuvent démontrer, Heisenberg avait montré qu'il existe une limite fondamentale à celles des propriétés que les physiciens peuvent mesurer. Par exemple, s'ils voulaient mesurer la position exacte d'un objet, ils ne pouvaient en mesurer la vitesse qu'avec une précision médiocre. Et cela parce que, pour mesurer la position d'un objet, il faudrait l'éclairer avec des photons, mais que pour repérer exactement sa position, ces particules de lumière devraient être dotées d'une énorme énergie. Cependant, si l'on disposait de ces photons de haute énergie, la vitesse même de l'objet en serait affectée et deviendrait fondamentalement aléatoire. Il s'ensuivait que les physiciens qui voulaient s'informer sur la position d'un objet devaient renoncer à une partie des informations sur sa vitesse.

Le principe d'indétermination de Heisenberg ne se vérifie qu'à l'échelle atomique, là où les mesures de haute précision sont essentielles. Il se trouva alors que les physiciens pouvaient poursuivre le gros de leur travail cependant que les spécialistes de la physique quantique étudiaient, eux, les limites du savoir. Le même phénomène se produisait en mathématiques. Tandis que les logiciens débattaient de l'indécidabilité en termes ésotériques, le reste de la communauté des mathématiciens poursuivait son travail sans s'en soucier. Gödel avait bien montré qu'il existait des postulats improuvables, mais il y avait quand même beaucoup de postulats qui pouvaient être prouvés et de toute manière sa découverte n'invalidait pas ce qui avait été démontré dans le passé. De plus, de nombreux mathématiciens estimaient que les constats d'indécidabilité de Gödel n'intéressaient que les régions les plus obscures et les plus liminaires des mathématiques et qu'on pouvait n'y jamais avoir affaire. Après tout, Gödel avait seulement dit qu'ils existaient, mais il n'en pouvait pas désigner un. Puis, en 1963, le cauchemar théorique de Gödel devint réalité.

Paul Cohen, un mathématicien de vingt-neuf ans de l'université Stanford, mit au point une technique pour décider qu'une question particulière est décidable ou non. Cette technique ne fonctionne que dans quelques cas très spécifiques, mais Cohen était quand même le premier à découvrir des questions spécifiques qui étaient bel et bien indécidables. Ayant fait sa découverte, Cohen s'envola aussitôt pour Princeton, preuves en mains, pour la faire vérifier par Gödel lui-même. Gödel, qui venait d'entrer dans la phase paranoïde de sa vie, saisit rapidement le document et claqua la porte. Deux jours plus tard, Cohen reçut une invitation à prendre le thé chez Gödel, ce qui signifiait que le maître accordait à la démonstration le cachet de son autorité. Ce qui prêtait aux circonstances un caractère critique est que quelques-unes des questions indécidables ressortissaient aux fondements des mathématiques. L'ironie du sort, une de plus, voulut que l'une des vingt-trois questions désignées par Hilbert comme les plus importantes des mathématiques fût démontrée indécidable par Cohen ; c'était l'hypothèse du continuum.

Les répercussions du travail de Gödel, renforcé par les conclusions de Cohen sur les indécidables, semèrent le désarroi chez les mathématiciens, professionnels et amateurs, qui s'obstinaient à prouver le Dernier théorème de Fermat : peut-être ce théorème aussi était-il indécidable ! Et si Pierre de Fermat s'était trompé quand il avait affirmé qu'il avait une preuve ? S'il en était ainsi, il se pouvait donc, en effet, que le théorème fût bien indécidable et sa démonstration cesserait d'être difficile, elle deviendrait impossible. Et les mathématiciens qui s'y étaient attachés pendant des siècles avaient donc cherché une preuve inexistante.

Paradoxalement, si le Dernier théorème de Fermat se révélait indécidable, cela impliquerait qu'il devait être vrai. La raison en est que ce Dernier théorème avance qu'il n'est pas de solution formulable en nombre entier à l'équation $x^n + y^n = z^n$ si n est plus grand que 2.

Si le Dernier théorème était faux, il serait possible de le prouver en lui donnant une solution ou contre-exemple. Donc le Dernier théorème serait décidable.

Toutefois, s'il était vrai, il n'existerait pas nécessairement de manière aussi formelle de le démontrer, et il serait donc indécidable. En conclusion, le Dernier théorème de Fermat pouvait être vrai, mais il n'y avait pas de moyen de le prouver.

L'irrésistible curiosité

Les notes jetées par Pierre de Fermat dans les marges de l'*Arithmetica* de Diophante avaient engendré l'une des énigmes les plus exaspérantes de l'histoire. Malgré trois siècles de glorieux échecs et malgré l'insinuation de Gödel qu'ils cherchaient peut-être une preuve qui n'existait pas, quelques mathématiciens continuaient d'être fascinés par le problème. Le Dernier théorème était une sirène mathématique, qui attirait les génies pour anéantir leurs espoirs. N'importe quel mathématicien qui se mêlait du Dernier théorème de Fermat risquait de gâcher sa carrière, et pourtant celui qui le démontrerait passerait à la postérité comme l'homme qui avait résolu le problème le plus difficile du monde.

Les générations de mathématiciens qui s'étaient laissé posséder par le Dernier théorème de Fermat l'avaient fait pour deux raisons. D'abord, le goût de la victoire suprême. Le Dernier théorème était l'épreuve ultime et celui qui le démontrerait aurait réussi là où les Cauchy, Euler, Kummer et d'innombrables autres avaient échoué. De même que Fermat avait trouvé un plaisir sans mélange à résoudre des problèmes qui déroutaient ses contemporains, celui qui prouverait le Dernier théorème jouirait du fait qu'il avait résolu un problème qui avait confondu toute la communauté des mathématiciens pendant des siècles. Ensuite, le vainqueur pourrait savourer l'innocente satisfaction d'avoir résolu une énigme. Le plaisir tiré de la résolution de problèmes ésotériques de la théorie des nombres n'est pas tellement différent de la simple joie de maîtriser les petits jeux de Sam Loyd. Un mathématicien m'a confié une fois que le plaisir qu'il trouvait à résoudre des problèmes mathématiques était comparable à celui que ressentent les amateurs de mots-croisés à terminer une grille. Remplir les dernières cases d'une grille particulièrement difficile est toujours une expérience délectable. On peut imaginer alors le sentiment de réussite qu'après des années d'efforts, on retirerait de la résolution d'un problème que personne au monde n'avait pu résoudre.

Ce sont là les raisons mêmes pour lesquelles Andrew Wiles fut fasciné par Fermat : « Les mathématiciens purs aiment tout simplement les gageures. Ils se délectent des problèmes sans solution. Quand on fait des maths, il y a ce sentiment dominant. Vous commencez avec un problème qui vous déroute. Vous ne pouvez pas le comprendre, il est tellement compliqué et, pour vous, il n'a ni queue ni tête. Mais quand, à la fin, vous le résolvez, vous éprouvez le sentiment ineffable de sa beauté et de l'élégance avec laquelle ses éléments tiennent ensemble. Les plus trompeurs sont les problèmes qui paraissent aisés et qui finissent par se révéler extrêmement subtils. Fermat en est le plus bel l'exemple. Il se présente comme s'il devait avoir une solution et, bien sûr, il est tout à fait particulier parce que Fermat a dit qu'il avait, lui, la solution. »

Les mathématiques ont leurs applications en science et en technologie, mais ce n'est pas ce qui motive les mathématiciens. G.H. Hardy a essayé d'expliquer et de justifier à la fois sa propre carrière dans un livre intitulé *Apologie d'un mathématicien* :

> Je dirais que si un problème d'échecs est au sens vulgaire « inutile », il en est de même de la plus grande partie des

bonnes mathématiques... Je n'ai jamais rien fait d'« utile ». Aucune de mes découvertes n'a changé ou ne changera sans doute, pour le meilleur ni le pire, l'agrément de ce monde. Selon tous les critères pratiques, la valeur de ma vie mathématique est nulle et, considérée de l'extérieur, elle est de toute façon sans intérêt. Je n'ai qu'une chance d'échapper au verdict de parfaite insignifiance, c'est que je puisse être jugé digne d'avoir créé quelque chose qui méritait d'être créé. Et il est indéniable que j'ai créé quelque chose; la question est d'en savoir la valeur.

Le désir d'une solution de n'importe quel problème mathématique est déclenché en très grande partie par la curiosité, et la récompense en est la satisfaction simple, mais énorme, d'avoir résolu une énigme. Le mathématicien E.C. Titchmarch a écrit : « Il se peut qu'il n'y ait aucune utilité à savoir que π est irrationnel, mais si nous pouvons le savoir, il serait certainement intolérable de ne pas le savoir. »

Ce n'était pas la curiosité qui faisait défaut dans le cas du Dernier théorème de Fermat. Le travail de Gödel sur l'indécidabilité avait introduit un facteur de doute sur la possibilité de résoudre le problème, mais ce n'était pas assez pour décourager le fanatique de Fermat. Le plus accablant était que, dans les années trente, les mathématiciens avaient épuisé toutes leurs techniques et qu'ils disposaient de bien peu d'autres recours. Un nouvel outil faisait défaut, quelque chose qui leur remonterait le moral.

Vint la Seconde Guerre mondiale qui permit d'accomplir le plus grand bond dans les capacités de calcul depuis l'invention de la règle à calcul.

L'imminence de la force brute

Quand, en 1940, G.H. Hardy avait déclaré que les meilleures mathématiques étaient en grande partie inutiles, il fut ajouté aussitôt que ce n'était pas nécessairement malheureux : « Les vraies mathématiques n'ont aucun effet sur la guerre. Personne n'a encore découvert aucun usage militaire à la théorie des nombres. » Il n'allait pas tarder à être démenti.

En 1944, John von Neumann écrivit en collaboration un livre intitulé *The Theory of Games and Economic Behavior* (« La Théorie des jeux et du comportement économique »), dans lequel il forgea l'expression *théorie des jeux*. La théorie des jeux représentait l'effort de Neumann pour appliquer les mathématiques à la description de la structure des jeux et de la manière dont les humains s'y adonnent. Il commença par étudier les échecs et le poker, puis aborda le modèle de jeux plus complexes, tels que l'économie. Après la Seconde Guerre mondiale, la Rand Corporation s'avisa du potentiel des idées de Neumann et l'engagea pour l'appliquer au développement des stratégies de la guerre froide. Dès lors, la théorie des jeux mathématiques devint un outil de base des militaires quand ils étudiaient les batailles comme des parties d'échecs complexes et qu'ils mettaient leurs stratégies à l'essai. Une illustration simple de l'application de la théorie des jeux aux batailles est l'histoire du *truel*.

Un truel est un duel à trois. Un matin, M. Noir, M. Gris et M. Blanc décident de régler une querelle au pistolet jusqu'à ce qu'il ne reste plus qu'un survivant. M. Noir est le plus mauvais tireur, n'atteignant sa cible qu'une fois sur trois ; M. Gris est un meilleur pistolet, atteignant sa cible une fois sur deux et M. Blanc est le meilleur des trois, mettant dans le mille à tous les coups. Pour égaliser les chances, M. Noir est autorisé à tirer le premier, puis ce sera le tour de M. Gris, s'il est encore vivant, suivi de M. Blanc, s'il est également en vie lui aussi et le tour reprendra jusqu'à ce qu'il n'y en ait plus qu'un. La question qui se pose est la suivante : sur qui M. Noir devrait-il tirer le premier ?

On peut répondre en se fondant sur l'intuition, mais on peut également le faire en se basant sur la théorie des jeux (la réponse est analysée dans l'appendice 8).

Pendant la guerre, les mathématiques de la cryptographie exercèrent une influence encore plus grande que la théorie des jeux. Les Alliés s'avisèrent, en effet, qu'en théorie la logique mathématique pouvait servir à déchiffrer les messages allemands, à la condition que cela se fît assez vite. La gageure était de trouver une manière d'automatiser les mathématiques, de telle sorte qu'une machine pût effectuer les calculs, et l'Anglais qui contribua le plus à l'effort de déchiffrement fut Alan Turing.

En 1938, Turing était retourné à Cambridge après un séjour à l'université de Princeton. Il avait été aux premières loges du charivari causé par les théorèmes d'indécidabilité de Gödel, et il s'était trouvé mêlé aux tentatives de sauvetage du rêve de Hilbert. Il voulait savoir en particulier s'il y avait une manière de définir les questions qui étaient décidables et celles qui ne l'étaient pas, et il essaya de mettre au point une méthode pour le faire. A l'époque, les machines à calculer étaient primitives et pratiquement inutiles quand on abordait les hautes mathématiques, ce qui fit que Turing basa ses idées sur le concept d'une machine imaginaire qui serait capable de calculer à l'infini. Cette machine hypothétique, qui consommait des quantités infinies de papier et pouvait fonctionner pendant l'éternité, était tout ce dont il avait besoin pour explorer ses questions de logique. Turing ne devinait pas que sa mécanisation imaginaire de questions hypothétiques finirait par aboutir à des calculs réels sur des machines tout aussi réelles.

En dépit de la déclaration de guerre, Turing poursuivit ses recherches en tant que membre du King's College jusqu'au 4 septembre 1940, où sa carrière de

Alan Turing

professeur à Cambridge prit soudainement fin. Il avait été affecté à la Government Code and Cypher School, institution gouvernementale de cryptographie, dont le but était de décoder les messages ennemis. Avant la guerre, les Allemands avaient déployé des efforts considérables dans la mise au point d'un système avancé de cryptographie, ce qui inquiétait beaucoup la British Intelligence, c'est-à-dire le contre-espionnage britannique ; celui-ci, en effet, avait dans le passé décodé les communications de ses ennemis avec une relative facilité. L'histoire officielle de la guerre du HMSO[1], *British Intelligence in the Second World War,* décrit l'état des choses dans les années trente.

> En 1937 il fut établi qu'à la différence de leurs contreparties japonaise et italienne, l'armée, la marine et probablement l'aviation allemandes, ainsi que d'autres organisations d'État telles que les chemins de fer et les SS, utilisaient des versions différentes du même système de codage, sauf pour leurs communications tactiques. Ce système était la machine Enigma, qui avait été mise sur le marché dans les années vingt, mais que les Allemands avaient rendue plus fiable par des améliorations progressives. En 1937, la Government Code and Cypher School obtint des versions moins perfectionnées et moins fiables de cette machine, qui était utilisée par les Allemands, les Italiens et les nationalistes espagnols. Mais la machine Enigma résistait aux attaques et il semblait probable qu'elle continuerait à le faire.

La machine Enigma consistait en un clavier connecté à un système de brouillage. Celle-ci contenait trois rouleaux séparés et la position de chaque rouleau déterminait la manière dont chaque lettre serait codée par le clavier. Ce qui rendait le code Enigma si difficile à percer était l'énorme quantité de variantes de la machine. D'abord, les trois rouleaux installés dans la machine étaient choisis parmi cinq

1. Sigle de *His Majesty's Stationery Office*, théoriquement un service postal, en fait une administration de contre-espionnage *(N.d.T.)*.

autres et pouvaient être changés de manière à décourager les décodeurs. Ensuite, chaque rouleau pouvait être mis en position de vingt-six façons différentes. Cela signifiait que la machine pouvait être changée d'un million de façons différentes. En plus des permutations offertes par les rouleaux, des systèmes de connexions à l'arrière de la machine, modifiées à la main, offraient, elles, un total de cent cinquante millions de millions de millions de codes différents. Pour augmenter encore la sécurité, les trois rouleaux changeaient sans cesse de sens de rotation, ce qui faisait que chaque fois qu'une lettre était transmise, la disposition de la machine et donc le codage changeaient pour la lettre suivante. C'était ainsi que si l'on tapait « DODO », le message pouvait être FGTB, les lettres D et O étant bien envoyées deux fois, mais leur codage ayant changé chaque fois.

Comme tous les systèmes de codage utilisés durant cette époque, Enigma avait un défaut : le récepteur devait connaître le code de l'émetteur. Par ailleurs, pour garantir la sécurité, la grille devait en être changée tous les jours. Une manière pour les émetteurs de garder ce rythme et de tenir leurs destinataires informés au jour le jour était de publier les arrangements quotidiens dans un manuel secret. Le risque de cette méthode était que les Anglais pouvaient s'emparer d'un U-Boot et obtenir tous les codes quotidiens pour le mois suivant. La solution adoptée pendant la plus grande partie de la guerre consista à transmettre les codes quotidiens avant un message, eux-mêmes codés dans le message du jour précédent.

Quand la guerre éclata, la British Cypher School était tenue par des spécialistes des lettres classiques et des linguistes. Le Foreign Office s'avisa alors que des théoriciens des nombres avaient bien plus de chances qu'eux de trouver la clef des codes allemands et pour commencer, neuf des plus éminents théoriciens des nombres furent rassemblés dans le nouveau siège de la Cypher School à Bletchley Park, une demeure victorienne de Bletchley, dans le Buckinghamshire. Turing dut donc abandonner ses machines hypothétiques avec des rouleaux infinis de papier fonctionnant à l'infini et s'occuper d'un problème pratique avec des ressources finies et une date limite tout à fait réelle.

La cryptographie est une bataille intellectuelle entre le faiseur de code et le briseur du même code. La gageure pour le faiseur de code est de brouiller le message jusqu'au point où il serait indéchiffrable s'il était intercepté par l'ennemi. Toutefois, il existe une limite au nombre de manipulations mathématiques possibles, qui est la nécessité d'expédier des messages rapidement et efficacement. L'avantage de la machine Enigma est qu'elle codait un message à plusieurs niveaux avec une très grande rapidité. La gageure pour le briseur de code était de déchiffrer un message pendant qu'il avait encore de l'intérêt. Un message allemand ordonnant de couler un navire britannique devait être intercepté avant que le navire fût coulé.

Turing dirigea une équipe de mathématiciens qui tentèrent de construire des répliques, des images-miroirs, de la machine Enigma. Il appliqua ses abstractions d'avant la guerre à la réalisation de ces machines, qui pouvaient théoriquement examiner toutes les grilles possibles d'Enigma jusqu'à ce que le code fût percé. Larges de deux mètres et hautes d'autant, les machines britanniques se servaient de relais électro-mécaniques pour examiner toutes les combinaisons possibles d'Enigma. Les cliquètements des relais leur valurent le surnom de « bombes ». Mais en dépit de leur vitesse, il était impossible pour les « bombes » de passer en revue les cent cinquante millions de millions de millions d'arrangements possibles d'Enigma dans un temps raisonnable, et l'équipe de Turing dut donc trouver des moyens de réduire sensiblement le nombre des permutations en se basant sur les informations qu'ils pouvaient extraire des messages.

L'une des plus grandes percées des Anglais fut d'avoir compris que la machine ne coderait jamais une lettre dans son équivalent, c'est-à-dire que si l'expéditeur tapait la lettre R, la machine allait taper n'importe quelle autre lettre que celle-là. Ce point apparemment insignifiant fut tout ce qui était utile pour réduire fortement le temps de décodage. Les Allemands ripostèrent en réduisant la longueur de leurs messages. Tous les messages contiennent inévitablement des indices pour les briseurs de codes, et plus le message est long, plus les indices sont nombreux. En limitant tous les messages à un maximum de deux cent cinquante lettres, les Allemands espéraient compenser l'incapacité d'Enigma à coder une lettre par elle-même.

Turing recourait parfois à l'intuition dans ses efforts de déchiffrage, essayant de deviner des mots-clefs dans les messages. Quand il tombait juste, cela accélérait énormément le décodage du reste. Par exemple, si le décodeur soupçonnait que le message contenait un rapport météo, il en inférait que les mots « brouillard » ou « vitesse du vent » s'y trouveraient. Si c'était le cas, le décodage en était accéléré et l'on connaissait la grille d'Enigma pour le jour. Tout le reste de la journée, les messages ennemis étaient décodés facilement.

Quand ils ne trouvaient pas de termes de météo, les Anglais essayaient de se mettre dans la peau des utilisateurs allemands d'Enigma et de deviner d'autres mots-clefs. Un opérateur négligent pouvait ainsi s'adresser à son correspondant par son prénom, ou bien il aurait des stéréotypes connus des décodeurs. Quand ils se heurtaient à un mur et que les communications allemandes demeuraient hermétiques, la British Cypher School, prétend-on, utilisait un stratagème : elle demandait à la Royal Air Force de miner un port allemand donné. Immédiatement, le commandant du port envoyait un message codé qui était intercepté par les Anglais et ceux-ci étaient certains d'y trouver les mots « mine », « éviter » et « références cartographiques ». Ayant percé ce message, Turing connaissait la grille d'Enigma pour ce jour-là et le reste des communications allemandes étaient rapidement déchiffrées.

Le 1er février 1942, les Allemands ajoutèrent un quatrième rouleau aux machines Enigma utilisées pour la transmission de messages particulièrement importants. Ce fut la plus grande mesure prise pour le codage durant la guerre, mais l'équipe de Turing réagit en augmentant l'efficacité des « bombes ». Grâce à la Cypher School, les Alliés en savaient bien plus sur les Allemands que ceux-ci ne pouvaient le soupçonner. L'efficacité des U-Boots dans l'Atlantique fut considérablement réduite et les Anglais furent informés à l'avance des bombardements de la Luftwaffe. Les décodeurs déterminèrent également les positions exactes des navires de ravitaillement allemands, ce qui permit aux torpilleurs anglais de les couler.

Les Alliés devaient néanmoins prendre garde de ne pas laisser deviner par leurs ripostes et leurs attaques qu'ils étaient en mesure de déchiffrer les communications allemandes. En effet, si les Allemands s'étaient doutés que le code d'Enigma avait été percé, ils auraient augmenté leur niveau de codage et les Anglais se seraient retrouvés à la case départ. Telle était la raison pour laquelle, quand la Cypher School informait les Alliés d'une attaque imminente, ceux-ci évitaient de riposter trop visiblement au coup par coup. On a prétendu que Churchill aurait été informé à l'avance du bombardement dévastateur de Coventry, mais qu'il aurait décidé de ne pas prendre de précautions spéciales pour ne pas susciter les soupçons des Allemands. Stuart Milner-Barry, qui travailla avec Turing, l'a démenti et a rapporté que le message sur le bombardement de Coventry avait été déchiffré trop tard.

L'usage modéré des informations décodées fut parfaitement efficace, et même lorsque les Anglais utilisaient les communications qu'ils avaient interceptées pour asséner aux Allemands des pertes sévères, ceux-ci ne se doutaient pas que le code d'Enigma avait été percé ; ils le tenaient pour inviolable et attribuaient leurs pertes à des agents anglais infiltrés dans leurs rangs.

En raison du secret qui régnait sur le travail de Turing et de son équipe à Bletchley, leur immense contribution à l'effort de guerre ne pouvait être publiquement reconnu, même plusieurs années après la guerre. On avait l'habitude de dire que la Première Guerre mondiale avait été une guerre de chimistes et que la Seconde était une guerre de physiciens. Mais les informations apparues dans les dernières décennies indiquent que c'était aussi une guerre de mathématiciens, et qu'une Troisième Guerre mondiale le serait encore plus.

Tout au long de son travail de briseur de code, Turing n'oublia pas ses objectifs mathématiques. Les machines hypothétiques avaient été remplacées par des vraies, mais les questions abstraites demeuraient. A la fin de la guerre, Turing avait contribué à la construction de Colossus, une machine entièrement électronique comportant mille cinq cents lampes sous vide[1], bien plus rapides que les relais électromécaniques en œuvre dans les « bombes ». Colossus était un ordinateur au sens moderne du mot et sa rapidité et son raffinement incitèrent Turing à se le représenter comme un cerveau primitif : il avait une mémoire, il pouvait traiter l'information, Turing avait transformé sa machine imaginaire en un premier ordinateur moderne.

A la fin de la guerre, Turing construisit des machines de plus en plus complexes, telles que l'Automatic Computing Engine ou ACE. En 1948, à l'université de Manchester, il construisit le premier ordinateur moderne à disposer d'une mémoire électronique. Il avait fourni à l'Angleterre les ordinateurs les plus avancés du monde, mais il ne devait pas vivre assez longtemps pour voir leurs calculs les plus remarquables.

Après la guerre, Turing, dont l'homosexualité avait été découverte, avait été placé sous surveillance par les renseignements britanniques. L'homme qui en savait plus que quiconque sur les codes de sécurité anglais était vulnérable au chantage; ils décidèrent donc de le suivre nuit et jour. Turing avait fini par s'y résigner, mais en 1952, il fut arrêté pour contravention aux lois britanniques sur l'homosexualité. L'humiliation lui fut intolérable. Andrew Hodges, son biographe, a décrit en ces termes les circonstances qui menèrent à la mort de Turing :

> Sa mort fut un choc pour ceux qui l'avaient connu (...) On savait qu'il était malheureux et tendu; qu'il consultait un psychiatre et qu'il avait subi une épreuve qui en aurait affecté plus d'un. Mais la comparution au tribunal datait de deux ans, le traitement hormonal[2] avait pris fin l'année précédente et il semblait avoir dominé tout cela.

1. C'étaient des triodes à thyratrons, dites « mémoires à lampes » *(N.d.T.)*.

2. Turing avait été condamné par la justice britannique à un traitement hormonal pour « rectifier » son homosexualité.

> L'enquête du 10 juin 1954 établit qu'il s'était suicidé. On l'avait trouvé allongé dans son lit, une mousse de salive au coin des lèvres, et l'autopsie détermina sans difficulté la cause de sa mort : empoisonnement au cyanure de potassium... On en retrouva un bocal dans sa maison et un autre, de cyanure en solution. Sur sa table de chevet se trouvait une pomme dont il avait pris plusieurs bouchées. Cette pomme ne fut pas analysée et l'on ne put donc établir formellement qu'elle avait été trempée dans le cyanure.

Turing laissait une machine qui pouvait exécuter un calcul extrêmement long en quelques heures, si elle était dirigée par un être humain. Les ordinateurs contemporains effectuent en une fraction de seconde plus de calculs que Fermat n'en fit durant toute sa vie. Les mathématiciens encore aux prises avec le Dernier théorème commencèrent à utiliser des ordinateurs pour s'attaquer au problème, en se servant d'une version informatisée de l'analyse de Kummer du XIXe siècle.

Ayant démontré une faille dans les travaux de Cauchy et de Lamé, Kummer avait montré que le problème majeur dans la solution du Dernier théorème de Fermat était de régler les cas où *n* équivaut à un nombre premier irrégulier (dans les valeurs de *n* jusqu'à 100, les nombres premiers irréguliers sont 37, 59 et 67). En même temps, Kummer avait montré qu'en théorie, tous les nombres premiers irréguliers pouvaient être traités séparément, le seul problème étant que chaque cas exigerait un nombre considérable de calculs. Pour le démontrer, Kummer et son collègue Dimitri Mirimanoff engagèrent les semaines de calculs qu'ils avaient consacrées à éliminer les trois nombres premiers irréguliers inférieurs à 100. Mais ils n'étaient pas disposés à attaquer la tranche suivante de nombres irréguliers allant de 100 à 1 000.

Quelques décennies plus tard, les problèmes posés par les grands calculs commencèrent à s'estomper. L'avènement de l'ordinateur signifia que les aspects difficiles du Dernier théorème de Fermat pouvaient être expédiés rapidement et, après la Seconde Guerre mondiale, des équipes d'informaticiens et de mathématiciens démontrèrent le Dernier théorème de Fermat pour toutes les valeurs de *n* jusqu'à 500, puis jusqu'à 1 000 et jusqu'à 10 000. Dans les années quatre-vingt, Samuel S. Wagstaff, de l'université de l'Illinois, porta la limite à 25 000 et, plus récemment, des mathématiciens ont démontré que le Dernier théorème de Fermat était valide pour des valeurs de *n* allant jusqu'à 4 000 000.

Les profanes se disaient que la technologie moderne commençait enfin à pousser le Dernier théorème dans ses derniers retranchements. La communauté des mathématiciens, elle, savait que ce n'étaient là que des faux-semblants. Même si des super-ordinateurs passaient des décennies à évaluer une valeur de *n* après l'autre, ils ne pourraient jamais prouver chaque valeur de *n* jusqu'à l'infini, et ils ne pourraient donc jamais démontrer intrinsèquement le théorème. Si celui-ci était valide jusqu'à un milliard, ce n'était pas une raison pour qu'il fût vrai pour un milliard et un. Si le théorème devait être démontré jusqu'à mille milliards, ce n'était pas une raison qu'il fût vrai pour mille milliards et un, et ainsi de suite jusqu'à l'infini. L'infini n'est pas accessible par la force brute du broyage informatique des chiffres.

Dans son livre *The Picturegoers* (« Les Spectateurs »), David Lodge offre une jolie description de l'éternité qui s'applique aussi au concept parallèle de l'infini : « Imaginez une boule d'acier grande comme l'univers et une mouche qui se pose dessus tous les millions d'années. Quand la boule d'acier aura commencé à être érodée par la mouche, l'éternité n'aura même pas commencé. »

Tout ce que les ordinateurs pouvaient offrir était une évidence en faveur du Dernier théorème de Fermat. Pour l'amateur placé dans la position de l'observateur, cette évidence pourrait sembler écrasante, mais aucune évidence ne saurait satisfaire les mathématiciens, communauté de sceptiques qui n'acceptent rien d'autre que la preuve absolue. L'extrapolation d'une théorie à une infinité de nombres à partir d'une évidence tirée de quelques nombres est un pari risqué et inacceptable.

Une séquence particulière de nombres premiers démontre que l'extrapolation est une dangereuse béquille. Au XVIIe siècle, des mathématiciens avaient prouvé par une analyse détaillée que les nombres suivants sont tous premiers :

31 ; 331 ; 3 331 ; 33 331 ; 333 331 ; 3 333 331 ; 33 333 331.

Les nombres de cette suite sont de plus en plus grands et ils auraient exigé des efforts considérables pour vérifier s'ils étaient premiers ou pas. A l'époque, quelques mathématiciens avaient été tentés d'extrapoler à partir de ce schéma pour conclure que tous les nombres construits sous cette forme sont premiers. Toutefois, le nombre suivant, 333 333 331, se révéla ne pas être premier :

$$333\,333\,331 = 17 \times 19\,607\,843.$$

Un autre exemple qui explique pourquoi les mathématiciens refusaient d'être persuadés par l'évidence que fournissaient les ordinateurs est celui de la conjecture d'Euler. Euler avait ainsi déclaré qu'il n'y avait pas de solution à une équation qui n'est pas très différente de celle de Fermat :

$$x^4 + y^4 + z^4 = w^4$$

Pendant deux cents ans, personne ne put prouver la conjecture d'Euler, mais personne ne pouvait non plus l'infirmer à l'aide d'un contre-exemple. Les premières tentatives de vérification manuelle, puis des années de recherche avec des ordinateurs ne parvinrent pas à offrir de solution. L'absence de contre-exemple plaidait fortement en faveur de la conjecture. Mais, en 1988, Noam Elkies, de l'université Harvard, découvrit la solution suivante :

$$2\,682\,440^4 + 15\,365\,639^4 + 18\,796\,760^4 = 20\,615\,673^4$$

En dépit de toutes les évidences, la conjecture d'Euler était donc fausse, et Elkies prouva en fait qu'il existait d'innombrables solutions à l'équation. La morale de l'histoire est qu'on ne peut se fonder sur le premier million de nombres pour prouver une conjecture sur tous les nombres.

Mais la nature trompeuse de la conjecture d'Euler n'est rien en comparaison de la *conjecture surestimée des nombres premiers*. En explorant des groupes de nombres de plus en plus vastes, il apparaît que les nombres premiers sont de plus en plus difficiles à trouver. Par exemple, entre 0 et 100, il y en a 25, mais entre 10 000 000 et 10 000 100, il n'y en a que 2. En 1791, à l'âge de quatorze ans, Carl Gauss avait prédit approximativement le taux dégressif des nombres premiers. Sa formule était assez exacte, mais elle semblait légèrement surévaluer la véritable distribution des nombres premiers. En cherchant des nombres premiers jusqu'à un million, un milliard ou mille milliards, on trouvait toujours que la formule de Gauss était un rien excessive et les mathématiciens étaient fortement tentés de penser qu'il en serait de même jusqu'à l'infini, et c'est ainsi que naquit la conjecture surestimée des nombres premiers.

Puis en 1914, J.E. Littlewood, le collaborateur de G.H. Hardy à Cambridge, démontra que sur une portée suffisamment vaste, la formule de Gauss *sous-estimait* en fait le nombre de nombres premiers. En

1955, S. Skewes montra que la sous-estimation se situerait un peu avant d'atteindre le nombre

$$10^{10^{10\,000\,000\,000\,000\,000\,000\,000\,000\,000\,000\,000\,000}}$$

C'est là un nombre au-delà de l'imaginable et au-delà de toute portée pratique. Hardy le qualifia de « plus grand nombre qui ait jamais servi à aucun but défini en mathématiques » ; il calcula que si quelqu'un avait joué aux échecs avec toutes les particules dans l'univers (10^{87}), un jeu dans lequel un coup équivalait à changer deux particules de place, le nombre possible de coups équivalait en gros au nombre de Skewes.

Il n'y avait alors aucune raison pour laquelle le Dernier théorème de Fermat ne se révélât pas aussi cruellement décevant que la conjecture d'Euler ou la conjecture surestimée des nombres premiers.

Le diplômé

En 1975, Andrew Wiles commença sa carrière comme diplômé à l'université de Cambridge. Pendant les trois années suivantes il devait travailler à sa thèse de doctorat et affiner de la sorte son apprentissage de mathématicien. Chaque étudiant était dirigé et éduqué par un superviseur et dans le cas de Wiles, ce fut l'Australien John Coates, originaire de Possum Brush, en Nouvelle-Galles du Sud et professeur à l'Emmanuel College.

Coates se rappelle comment il adopta Wiles : « Un collègue m'avait dit qu'il avait un très bon étudiant qui venait d'achever la troisième partie de sa licence de maths et il me pressa de le prendre comme étudiant. J'eus beaucoup de chance d'avoir Andrew Wiles comme étudiant. Même dans sa recherche il témoignait d'idées très profondes et il était déjà évident que c'était un mathématicien qui ferait de

Andrew Wiles durant ses années universitaires.

grandes choses. Mais il n'était évidemment pas question à ce stade-là, pour n'importe quel étudiant chercheur, de commencer par le Dernier théorème de Fermat, qui était trop difficile, même pour un mathématicien chevronné. »

Pendant la précédente décennie, Wiles n'avait fait que se préparer au défi de Fermat, mais maintenant qu'il avait rejoint les rangs des mathématiciens professionnels, il lui fallait être plus pragmatique. Il évoque en ces termes la mise sous le boisseau de son rêve : « Quand j'entrai à Cambridge, je mis réellement Fermat de côté. Ce n'était pas que je l'avais oublié, il était toujours présent, c'est que je m'étais avisé que les seules techniques dont nous disposions pour le traiter dataient de cent trente ans. Il ne semblait pas qu'elles pussent réellement atteindre le cœur du problème. L'ennui, avec Fermat, c'est qu'on pouvait travailler dessus pendant des années sans arriver à rien. Cela vaut la peine de travailler sur n'importe quel problème tant que la recherche enrichit les mathématiques, et même si on n'arrive pas à une solution. La définition d'un bon problème mathématique est qu'il produit de la bonne mathématique, et non pas sa valeur en lui-même. »

Il revint à John Coates de trouver une nouvelle obsession pour Andrew, un sujet qui absorberait sa recherche au moins pendant les trois années suivantes. « Je crois que tout ce qu'un maître de recherches puisse faire, c'est d'essayer de lancer un étudiant dans la bonne direction. Bien sûr, il est impossible de savoir à l'avance ce qu'est une bonne direction en termes de recherches, mais c'est peut-être le privilège d'un mathématicien mûr que d'user de son flair, de l'intuition de ce qu'est un bon secteur, et c'est alors à l'étudiant de pousser son exploration aussi loin qu'il le peut. » A la fin, Coates décida donc que Wiles devrait étudier le domaine des *courbes elliptiques*. Cette décision devait s'avérer cruciale dans la carrière de Wiles et lui apprendre les techniques dont il aurait besoin pour une nouvelle approche du Dernier théorème de Fermat.

L'appellation « courbes elliptiques » pourrait induire en erreur, car ce ne sont ni des ellipses, ni même des courbes au sens ordinaire du mot. Ce sont plutôt des équations qui en revêtent la forme :

$y^2 = x^3 + ax^2 + bx + c$, où *a, b* et *c* sont des nombres entiers.

On leur a donné ce nom parce que, dans le passé, elles servaient à mesurer les périmètres des ellipses et les longueurs des orbites planétaires, mais pour la clarté du propos, on recourra plutôt ici à l'expression *fonctions elliptiques*[1].

Le défi avec les fonctions elliptiques, comme celle du Dernier théorème de Fermat, est de déterminer si elles ont des solutions formulables en nombres entiers et, si c'est le cas, combien de solutions. Par exemple, la fonction elliptique $y^2 = x^3 - 2$ ou $a = 0$, $b = 0$, $c = -2$ n'a qu'une seule solution en nombres entiers :

$$5^2 = 3^3 - 2, \text{ soit } 25 = 27 - 2$$

Ce qui rend les fonctions elliptiques particulièrement fascinantes, c'est qu'elles occupent une niche curieuse dans des équations plus simples et presque « banales » et des équations tellement compliquées qu'elles sont insolubles. En changeant simplement les valeurs de *a, b* et *c* dans l'équation elliptique générale,

1. L'auteur utilise, en anglais, l'expression d'*équations elliptiques (N.d.T.)*.

les mathématiciens peuvent produire une variété infinie de fonctions qui possèdent chacune ses caractéristiques propres et qui sont à peine solubles.

Les fonctions elliptiques avaient été à l'origine étudiées par les mathématiciens grecs anciens, y compris Diophante, qui avait consacré une bonne partie de son *Arithmetica* à en explorer les possibilités. Probablement inspiré par Diophante, Fermat releva la gageure des fonctions elliptiques et, parce qu'elles avaient été étudiées par son héros, Wiles fut content de les approfondir. Même après deux mille ans, les fonctions elliptiques posent des problèmes énormes à des étudiants tels que Wiles : « Elles sont loin d'avoir été entièrement comprises. Il y a plusieurs questions apparemment simples que je pourrais poser sur ces fonctions qui demeurent sans réponse. Même les questions que Fermat avait considérées restent sans solution. D'une certaine manière, toutes les maths que j'ai faites peuvent remonter à Fermat, si ce n'est au Dernier théorème de Fermat. »

Dans les équations que Wiles étudia tandis qu'il poursuivait son doctorat, il était si ardu de déterminer le nombre exact de solutions que la seule manière d'avancer un peu était de simplifier le problème. Par exemple, l'équation elliptique suivante est presque impossible à attaquer directement :

$$x^3 - x^2 = y^2 + y$$

Le défi consiste à savoir combien de solutions en nombres entiers il y a à cette équation. La solution triviale est $x = 0$ et $y = 0$:

$$0^3 - 0^2 = 0^2 + 0$$

John Coates, qui fut le maître de Wiles dans les années soixante-dix, a conservé ses relations avec lui.

Une solution un peu plus intéressante est : $x = 1$ et $y = 0$:

$$1^3 - 1^2 = 0^2 + 0$$

Il peut y avoir d'autres solutions, mais comme il y a une quantité infinie de nombres entiers à explorer, il est impossible d'établir une liste complète des solutions pour cette équation particulière. Il est plus simple de chercher des solutions pour un ensemble fini de nombres, c'est ce qu'on appelle l'arithmétique de l'horloge[1].

Nous avons vu plus haut que les nombres peuvent être considérés comme des marques sur la ligne des nombres qui s'étend à l'infini, comme dans la figure 13. Pour réaliser un ensemble fini de nombres, l'arithmétique de l'horloge ou les groupes cycliques consistent à couper la ligne et à en faire un cercle sur lequel les nombres sont alignés. La figure 14 montre une « horloge », un groupe cyclique de 5, la ligne numérique ayant été sectionnée au 5 et ramenée à 0. Le 5 disparaît donc et devient l'équivalent du 0 et les seuls nombres dans le groupe de 5 sont 0, 1, 2, 3 et 4.

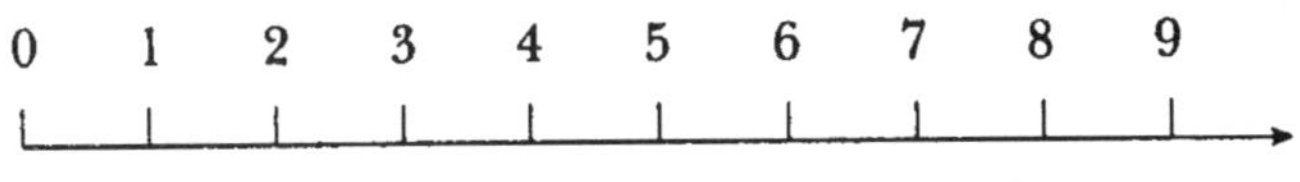

Fig. 13 : L'arithmétique classique peut être considérée comme un mouvement sur l'axe des entiers, à droite ou à gauche.

En arithmétique normale, nous nous représentons l'addition comme l'avancée à travers un certain nombre d'espaces. Par exemple, $4 + 2 = 6$ équivaut à dire : commencez à 4, passez 2 espaces et arrivez à 6.

1. L'équivalent français de cette expression imagée est *groupe cyclique (N.d.T.).*

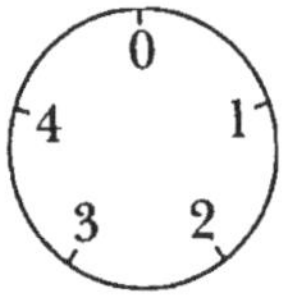

Fig. 14 : Dans une horloge qui ne comporterait que cinq chiffres, la ligne des nombres serait coupée au 5 et bouclée. Le nombre 5 coïnciderait avec 0 et serait donc remplacé par lui.

Toutefois, dans un groupe cyclique de 5,

$$4 + 2 = 1$$

L'explication en est que si nous commençons à 4 et nous passons deux espaces, nous arrivons à 1. Les groupes cycliques peuvent dérouter, mais en fait, tout le monde s'en sert tous les jours quand on parle de temps. Quatre heures après 11 heures (donc 11 + 4) ne se dit pas communément 15 heures, mais plutôt 3 heures. C'est l'arithmétique du groupe cyclique de 12.

Étant donné que les groupes cycliques se fondent sur un nombre limité d'espaces, il est relativement facile d'établir toutes les solutions possibles d'une équation elliptique pour un groupe cyclique donné. Par exemple, dans un groupe cyclique de 5, on peut établir toutes les solutions possibles de la fonction elliptique

$$x^3 - x^2 = y^2 + y$$

Ce sont :

$$x = 0 \quad y = 0$$
$$x = 0 \quad y = 4$$
$$x = 1 \quad y = 0$$
$$x = 1 \quad y = 4.$$

Certaines de ces solutions, qui ne seraient pas valides en arithmétique ordinaire, sont admissibles dans un groupe cyclique de 5. Par exemple, la quatrième solution ($x = 1, y = 4$) se décline comme suit :

$$\begin{aligned} x^3 - x^2 &= y^2 + y \\ 1^3 - 1^2 &= 4^2 + 4 \\ 1 - 1 &= 16 + 4 \\ 0 &= 20 \end{aligned}$$

En effet, 20 équivaut à 0 dans le groupe cyclique de 5, parce que 20 divisé par 5 laisse 0.

Comme ils ne pouvaient pas inventorier toutes les solutions d'une fonction elliptique dans l'espace infini, les mathématiciens, y compris Wiles, résolurent d'établir le nombre de solutions dans les différents groupes cycliques. Pour la fonction elliptique citée plus haut, il y a quatre solutions pour un groupe cyclique de 5 et les mathématiciens résument cela dans la formule $E_5 = 4$. Le nombre des solutions dans les autres groupes cycliques peut également être établi. Par exemple, dans un groupe de 7, il y a neuf solutions et donc $E_7 = 9$.

Pour résumer leurs résultats, les mathématiciens énumèrent le nombre de solutions dans chaque groupe cyclique et ils en définissent la liste comme la série *L* de l'équation elliptique. On a depuis longtemps oublié à quoi correspond l'initiale *L*, mais quelques-uns suggèrent qu'elle référerait à Gustav Lejeune-Dirichlet, qui travailla sur les fonctions elliptiques. Par souci de clarté, on utilisera ici l'expression série *E* pour les fonctions elliptiques. Pour l'exemple cité plus haut, la série *E* est la suivante :

Équation elliptique : $x^3 - x^2 = y^2 + y$

Série E :

$$\begin{aligned} E_1 &= 1 \\ E_2 &= 4 \\ E_3 &= 4 \\ E_4 &= 8 \\ E_5 &= 4 \\ E_6 &= 16 \\ E_7 &= 9 \\ E_8 &= 16... \end{aligned}$$

Étant donné que les mathématiciens ne peuvent pas savoir combien de solutions existent pour certaines équations elliptiques dans l'espace de nombres normal, qui s'étend jusqu'à l'infini, la série E semble la solution la plus commode. En fait, la série E comprend beaucoup d'informations sur l'équation elliptique qu'elle décrit. De la même manière que l'ADN biologique comprend toute l'information nécessaire pour la production d'un être vivant, la série E comprend l'essence de l'équation elliptique. On espérait donc qu'en étudiant les séries E, ces ADN mathématiques, les mathématiciens pourraient être en mesure de calculer tout ce qu'ils veulent sur une équation elliptique.

Travaillant avec John Coates, Wiles se forgea rapidement une réputation de brillant théoricien des nombres, doté d'une profonde compréhension des fonctions elliptiques et de leurs séries E. A chaque nouveau résultat et à chaque nouvel article publié, Wiles amassait à son insu l'expérience qui allait le mener à la frontière d'une démonstration du Dernier théorème de Fermat.

Personne ne s'en rendait compte à l'époque, mais les mathématiciens du Japon d'après-guerre allaient déclencher une réaction en chaîne qui devait inextricablement lier les fonctions elliptiques au Dernier théorème de Fermat. En encourageant Wiles à travailler dans ce domaine, Coates lui avait donc fourni les instruments qui lui permettraient de travailler ensuite sur son rêve.

Yutaka Taniyama

V

La preuve par l'absurde

> Les schémas du mathématicien, comme ceux du peintre ou du poète, doivent être beaux ; les idées, comme les couleurs ou les mots, doivent s'assembler de façon harmonieuse. La beauté est le premier test : il n'y a pas de place durable dans le monde pour des mathématiques laides.
>
> G.H. Hardy

En janvier 1954, un jeune mathématicien de talent de l'université de Tokyo se rendit à la bibliothèque de son département pour y chercher une publication. Goro Shimura voulait emprunter un exemplaire des *Mathematische Annalen*, vol. 24. Il y cherchait un article de Deuring sur sa théorie algébrique des multiplications complexes, dont il avait besoin pour des calculs abstrus et passablement difficiles.

A sa consternation, la publication avait été prêtée, et l'emprunteur était Yutaka Taniyama, qu'il connaissait vaguement et qui vivait de l'autre côté du campus. Shimura écrivit donc à Taniyama pour lui dire qu'il avait un besoin urgent de la publication pour achever ses travaux et lui demanda poliment quand il comptait rendre la revue.

Quelques jours plus tard, une carte parvint à

Goro Shimura

Shimura. Taniyama lui expliquait qu'il travaillait exactement sur les mêmes calculs et qu'il était bloqué au même point de logique. Il lui proposait un échange d'idées, et éventuellement de travailler ensemble. Cette rencontre due au hasard fut le point de départ d'une collaboration qui devait changer l'histoire des mathématiques.

Né le 12 novembre 1927 dans une petite ville à quelques kilomètres au nord de Tokyo, Taniyama portait un prénom dont le graphisme japonais devait s'épeler Toyo, mais que la plupart des gens en dehors de la famille lisaient Yutaka ; au fur et à mesure des années, Taniyama s'habitua à ce nom et l'accepta. Dans son enfance, son éducation fut souvent interrompue par la maladie et la tuberculose lui fit perdre deux années de son enseignement supérieur, puis la guerre aggrava les désordres de sa scolarité.

Goro Shimura, qui était d'un an plus jeune, souffrit des mêmes interruptions dans son éducation à cause de la guerre ; son école fut fermée et, au lieu de suivre des cours, il dut participer à l'effort de guerre en travaillant dans une usine d'aviation. Chaque soir, il tentait de compenser les retards de son enseignement, et il se trouvait particulièrement attiré par les mathématiques. « Il y a bien sûr de nombreuses matières à apprendre, mais les mathématiques sont les plus simples, parce que je pouvais lire les manuels de mathématiques. J'ai appris le calcul dans les livres. Si j'avais voulu étudier la chimie ou la physique, j'aurais eu besoin d'un équipement scientifique et cela n'était pas à ma portée. Je n'ai jamais pensé que j'étais doué. J'étais simplement curieux. »

Quelques années après la guerre, Shimura et Taniyama se retrouvèrent donc à l'université. La vie à Tokyo commençait à revenir à la normale, et les deux étudiants pouvaient s'offrir un ou deux petits luxes. Ils passaient leurs après-midi dans des cafés et, le soir, ils dînaient dans des restaurants spécialisés en viande de baleine. Les fins de semaines, ils se promenaient dans les jardins botaniques ou les parcs municipaux, qui étaient les lieux désignés pour échanger leurs plus récentes hypothèses sur les mathématiques.

Bien que Shimura eût une veine fantaisiste (qu'il a conservée jusqu'aujourd'hui dans son goût pour les plaisanteries Zen), il était beaucoup plus conservateur et conventionnel que son partenaire intellectuel. Shimura se levait à l'aube et se mettait tout de suite à travailler, alors que son collègue n'était pas encore couché à cette heure-là, ayant travaillé toute la nuit. Les gens qui lui rendaient visite trouvaient parfois Taniyama endormi au beau milieu de l'après-midi.

Alors que Shimura était méticuleux, Taniyama était négligent jusqu'au laisser-aller. Paradoxalement, c'était un trait que Shimura admirait : « Il possédait la capacité de faire beaucoup d'erreurs, la plupart d'entre elles dans la bonne direction. Je l'enviais et j'essayais de l'imiter, mais il m'était difficile de faire des erreurs heureuses. »

Taniyama était l'incarnation du génie distrait et cela se voyait dans sa mise. Il était incapable de faire un nœud convenable et il prit donc le parti de laisser ses lacets de chaussures dénoués plutôt que de les nouer une douzaine de fois par jour. Il portait toujours le même costume d'un vert singulier aux reflets métalliques, taillé dans un tissu si bizarre que le reste de la famille n'en avait pas voulu.

Quand ils se rencontrèrent en 1954, Taniyama et Shimura commençaient tout juste leurs carrières de mathématiciens. La tradition consistait déjà pour les jeunes chercheurs à se placer sous l'aile d'un professeur qui guiderait leurs esprits, mais les deux jeunes gens rejetèrent cet apprentissage. Durant la guerre, la recherche proprement dite s'était interrompue et, en 1950, la faculté de mathématiques ne s'était pas rétablie. Selon Shimura, les professeurs étaient « las et blasés ». En revanche, les étudiants de l'après-guerre étaient assoiffés de savoir et ils s'avisèrent vite que le seul moyen d'avancer était de s'instruire tout seuls. Ils organisaient régulièrement des séminaires, s'enseignant les uns les autres les dernières techniques et les nouvelles percées. En dépit de sa négligence, Taniyama se révélait comme un véritable meneur dans les séminaires. Il encourageait les étudiants plus âgés à explorer des domaines inconnus et il faisait office de mentor pour les plus jeunes.

En raison de l'isolement universitaire du Japon, les séminaires traitaient parfois de questions qui étaient généralement considérées comme dépassées en Europe et aux États-Unis. Dans leur naïveté, les étudiants s'attachaient donc à des équations qui n'intéressaient plus l'Occident. Un sujet particulièrement démodé qui fascinait à la fois Taniyama et Shimura était les *formes modulaires.*

Celles-ci sont parmi les plus étranges et les plus merveilleux objets des mathématiques. En dépit de leur caractère mystérieux, le théoricien des nombres contemporain Marcel Eichler les a classés parmi les cinq opérations fondamentales, avec l'addition, la soustraction, la multiplication et la division. La plupart des mathématiciens pensent maîtriser les quatre premières, mais la cinquième les déconcerte toujours un peu.

Le trait principal des formes modulaires est leur niveau de symétrie exceptionnel. Le concept de symétrie est familier, mais en mathématiques il revêt un sens spécifique : un objet est symétrique s'il peut être changé d'une certaine manière et pourtant sembler identique. Pour apprécier l'immense symétrie d'une forme modulaire, il est utile d'analyser celle d'un objet aussi simple qu'un carré.

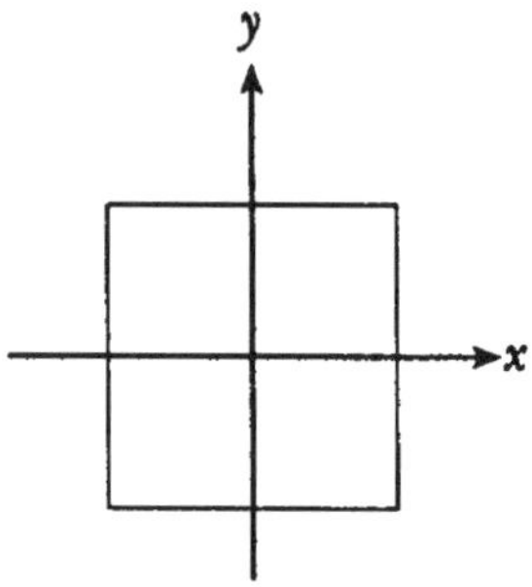

Fig. 15 : Un carré simple possède une symétrie à la fois rotatoire et réflective.

Dans le cas du carré, une des formes de la symétrie est rotatoire. C'est-à-dire que si l'on place un pivot au point d'intersection des axes x et y, le carré de la figure 15 peut tourner d'un quart de tour et demeurer en apparence identique. De même, des rotations d'un demi-tour, de trois quarts de tour et d'un tour entier le laisseront identique.

Outre cette symétrie rotatoire, le carré possède une symétrie réflective. Ainsi, un miroir placé le long de l'axe x reflétera exactement la moitié inférieure et vice versa, de telle sorte que la transformation du carré le laissera identique. Trois autres miroirs, l'un placé le long de l'axe y et les deux autres le long des diagonales produiront le même effet.

Le carré est relativement symétrique, possédant des symétries rotatoire et réflective, mais il ne possède aucune symétrie de translation. C'est-à-dire que si le carré devait être poussé dans un sens ou l'autre, l'observateur s'en apercevrait sur-le-champ, parce que sa position relative aux axes aurait changé. Toutefois, si tout l'espace était couvert de carrés, comme dans la

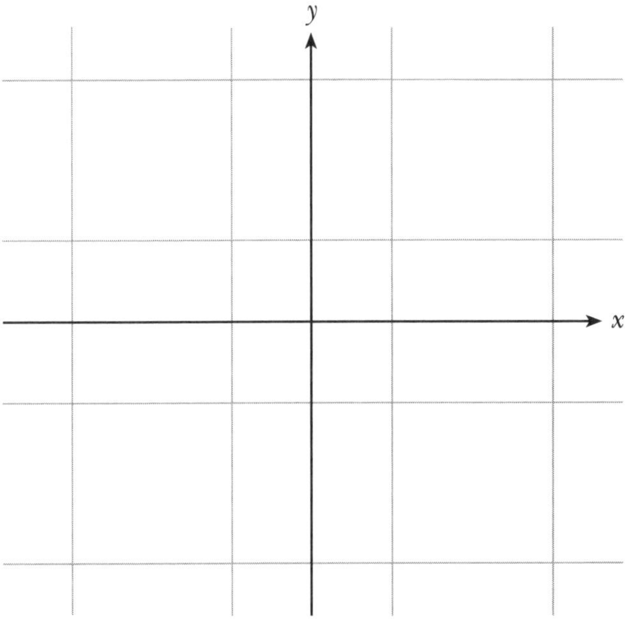

Fig. 16 : Une surface infinie recouverte de carrés possède une symétrie à la fois rotatoire et réflective, et de plus une symétrie de translation.

figure 16, cette collection finie de carrés posséderait une symétrie de translation. En effet, si cet espace était rehaussé ou abaissé de la valeur de quelques carrés, il n'en apparaîtrait rien.

La symétrie des surfaces carrelées est une idée relativement simple, mais comme beaucoup de concepts simples, elle comporte des subtilités. Ainsi, dans les années soixante-dix, le physicien et mathématicien amateur Roger Penrose commença à arranger des carreaux différents sur une surface. Il identifia deux profils particulièrement intéressants, appelés le cerf-volant et la pointe de flèche, qui sont représentés dans la figure 17. Pris isolément, aucun de ces deux profils ne pouvait être utilisé pour recouvrir une surface sans laisser des vides ou sans se superposer, mais utilisés ensemble, ils composaient un assortiment varié de dessins. Les cerfs-volants et les pointes de flèche peuvent être combinés d'innombrables manières, et bien que ces arrangements paraissent identiques, ils varient tous dans le détail. Un de ces schémas est représenté dans la figure 17.

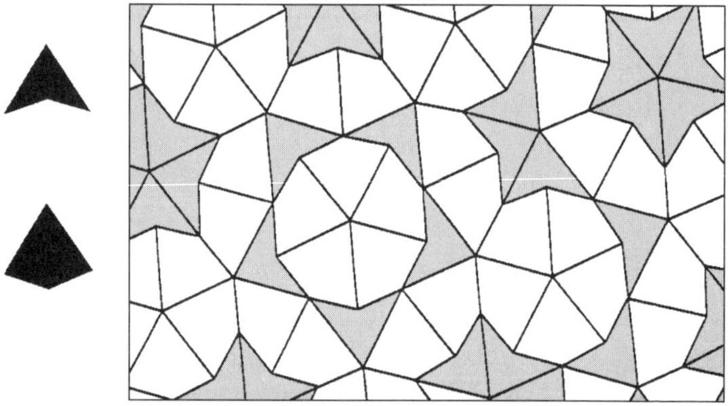

Fig. 17 : En utilisant deux types de formes, le « cerf-volant » et la « pointe de flèche », Roger Penrose a pu recouvrir une surface entière, sans pourtant obtenir une symétrie de translation.

Un autre trait remarquable des schémas de Penrose est qu'ils présentent une symétrie très limitée. Au premier regard, il semblerait que le schéma de la figure 17 possède une symétrie de translation, et pourtant tout essai de déplacement est voué à l'échec. Les schémas de Penrose sont donc trompeurs, et c'est pourquoi ils fascinent les mathématiciens et sont devenus le point de départ d'un nouveau domaine des mathématiques.

Il faut relever que les schémas de Penrose intéressent la science des matériaux. Les cristallographes avaient longtemps cru que les structures des cristaux étaient basées sur les mêmes principes et qu'ils possédaient un niveau élevé de symétrie de translation. Théoriquement, en effet, leurs structures sont extrêmement régulières et répétitives. Toutefois, en 1984, on découvrit un cristal métallique à base d'aluminium et de manganèse qui était structuré selon l'un des schémas de Penrose. La mosaïque d'alumine et de manganèse évoquait les assemblages de cerfs-volants et de pointes de flèche, donnant un cristal qui était très régulier mais pas rigoureusement régulier. Une compagnie française a récemment développé un cristal de Penrose qui sert de revêtement aux poêles à frire.

Tandis que les schémas de Penrose fascinent par leur symétrie restreinte, les formes modulaires, elles, présentent une symétrie infinie. Celles qu'étudiaient Taniyama et Shimura peuvent être déplacées, basculées, réfléchies, interverties, tournées d'une infinité de façons, mais elles demeurent identiques, ce qui en fait les objets mathématiques les plus symétriques.

Il est malheureusement impossible de dessiner et même d'imaginer une forme modulaire. Dans le cas des carrés, l'objet existe en deux dimensions et dans un espace défini par les axes x et y. Une forme modulaire est certainement définie par deux axes, mais ce sont là des axes complexes, en ce sens que chacun comporte une partie réelle et une partie imaginaire et devient en fait deux axes. Le premier axe complexe doit donc être représenté par deux axes, l'un x_r (pour réel) et l'autre x_i (imaginaire), de même que le second axe, qui est y_r et y_i. Plus précisément, les formes modulaires existent dans le demi-plan supérieur de cet espace complexe, mais il faut savoir que c'est en fait un espace à quatre dimensions (x_r, x_i, y_r et y_i).

Fig. 18 : Le Cercle Limite IV *de Maurits Escher reflète en partie la symétrie des formes modulaires.*

Cct espace à quatre dimensions est dit espace hyperbolique. L'univers hyperbolique est difficile à concevoir pour nous qui sommes accoutumés à trois dimensions, mais il est mathématiquement valide et c'est sa dimension supplémentaire qui lui assure son immense symétrie. L'artiste Maurits Escher, qui était fasciné par les idées mathématiques, a essayé de rendre le concept d'espace hyperbolique dans quelques-unes de ses gravures et peintures. La figure 18 montre son Cercle Limite IV, qui enclot le monde hyperbolique dans une page à deux dimensions. Dans un véritable espace hyperbolique, les chauves-souris et les anges auraient la même dimension, en effet, et le caractère répétitif de l'œuvre indique le haut niveau de symétrie. Bien que celle-ci soit perceptible dans la page à deux dimensions, il existe une distorsion accrue sur les bords du dessin.

Les formes modulaires qui existent dans l'espace hyperbolique ont des formes et des dimensions variées, mais elles sont constituées des mêmes éléments. Ce qui différencie les formes l'une de l'autre est le nombre d'éléments qu'elles contiennent. Ceux d'une forme modulaire sont numérotés de un à l'infini (M_1, M_2, M_3, M_4...) et une forme modulaire donnée peut contenir un lot d'un élément ($M_1 = 1$), trois de l'élément deux ($M_3 = 3$), deux de l'élément trois ($M_3 = 2$), etc. Cette description de la construction d'une forme modulaire peut être résumée dans une série dite modulaire ou série *M*, liste des éléments et du nombre requis de chacun d'eux.

$$\text{Série } M : \begin{aligned} M_1 &= 1 \\ M_2 &= 3 \\ M_3 &= 2... \end{aligned}$$

De même que la série *E* est l'ADN des fonctions elliptiques, la série *M* est l'ADN des formes modulaires.

La quantité de chaque élément indiquée dans la série M est critique. Selon la façon dont on change, mettons, la quantité du premier élément, on peut produire une forme modulaire entièrement différente, mais toujours symétrique, mais l'on peut également détruire entièrement la symétrie et produire un nouvel objet qui ne sera pas une forme modulaire. Si la quantité de chaque élément est choisie de façon arbitraire, le résultat sera sans doute un objet avec peu ou pas de symétrie.

Les formes modulaires sont tout à fait autonomes en mathématiques. Et elles étaient sans aucun rapport avec les fonctions elliptiques que Wiles allait étudier à Cambridge. La forme modulaire, ce monstre effroyablement compliqué, est surtout étudié en raison de sa symétrie; il n'a été découvert qu'au XIXe siècle, alors que la fonction elliptique remonte aux Grecs anciens et n'a rien à voir avec la symétrie. Les formes modulaires et les fonctions elliptiques appartiennent à des régions totalement distinctes de l'univers mathématique et personne n'aurait jamais cru qu'il y eût un lien, même ténu, entre les deux sujets. Toutefois, Taniyama et Shimura devait stupéfier la communauté scientifique en alléguant que les unes et les autres étaient peut-être une seule et même chose. Ces deux prodiges des mathématiques se disaient capables d'unifier les mondes modulaire et elliptique.

Les ambitions déçues

En septembre 1955, un symposium international se tint à Tokyo. Ce fut une occasion unique pour beaucoup de jeunes chercheurs japonais de montrer au reste du monde ce qu'ils avaient appris. Ils distribuèrent un recueil de trente-six problèmes qui se rapportaient à leur travail, précédé d'une modeste introduction : *Quelques problèmes non résolus en mathématiques : aucun tri n'y a été fait, il peut donc s'y trouver quelques problèmes mineurs ou déjà résolus. Les participants sont priés de donner leur avis sur n'importe lequel de ces problèmes.*

Quatre des questions avaient été rédigées par Taniyama et elles se référaient à une relation curieuse entre les formes modulaires et les fonctions elliptiques. Ces questions innocentes devaient déclencher une révolution dans la théorie des nombres. Taniyama avait considéré les premiers termes d'une série *M* d'une forme modulaire particulière. Il en avait reconnu le schéma et s'était aperçu qu'il était identique à celui d'une série de nombres dans une série *E* d'une fonction elliptique bien connue. Il avait calculé quelques termes de plus dans chacune des séries, et les séries *M* des formes modulaires et *E* de la fonction elliptique correspondaient toujours parfaitement.

Yutaka Taniyama, à l'extrême gauche, et Goro Shimura, à l'extrême droite, à un symposium international à Tokyo en 1955.

C'était là une découverte étonnante, parce que, sans raison apparente, cette forme modulaire pouvait être comparée à une fonction elliptique par le relais de leurs séries *M* et *E* : ces séries étaient, en effet, identiques. L'ADN mathématique de ces deux entités était le même. La découverte était profonde à deux titres, d'abord parce qu'elle suggérait une relation fondamentale entre deux domaines très éloignés des mathématiques, ensuite parce qu'elle signifiait que les mathématiciens qui connaissaient déjà la série *M* d'une forme modulaire n'auraient pas à calculer la série *E* de la fonction elliptique correspondante, puisqu'elle était la même.

Les relations entre des sujets apparemment séparés sont aussi fertiles en mathématiques qu'ailleurs, parce qu'elles suggèrent un tronc commun qui permet de mieux comprendre ces deux sujets. A l'origine, par exemple, les physiciens avaient étudié l'électricité et le magnétisme comme des phénomènes tout à fait séparés. Puis au XIXe siècle, théoriciens et expérimentateurs s'avisèrent qu'ils étaient intimement liés. Les courants électriques engendrent des champs magnétiques et des aimants peuvent induire l'électricité dans des fils proches. Ce qui a mené à l'invention des dynamos et des moteurs électriques et, en dernier lieu, à la découverte que la lumière elle-même est le produit de champs magnétiques et électriques aux oscillations synchrones.

Taniyama examina quelques autres formes modulaires et, dans chaque cas, les séries *M* semblaient correspondre parfaitement aux séries *E* d'une fonction elliptique. Il commença donc à se demander si chaque forme modulaire ne correspondait pas à une fonction elliptique. Peut-être chaque forme modulaire a-t-elle le même ADN qu'une fonction elliptique et peut-être chaque forme modulaire est-elle une fonction elliptique déguisée. Les questions distribuées au symposium tournaient autour de cette hypothèse.

La proposition était tellement extraordinaire que ceux qui examinaient la question ne la considéraient que comme une curiosité. Certes, Taniyama avait démontré qu'un petit nombre de fonctions elliptiques pouvaient être rattachées à des formes modulaires, mais ce n'était peut-être là qu'une coïncidence. Pour les sceptiques, les généralisations de Taniyama restaient largement à prouver. L'hypothèse était fondée sur l'intuition et non sur une vraie démonstration.

Le seul allié de Taniyama était Shimura, qui était convaincu du sérieux et de l'importance des idées de son ami. Après le symposium, les deux jeunes gens travaillèrent à développer une hypothèse qu'il serait impossible au reste du monde de ne pas prendre en considération. Shimura voulait enrichir les preuves d'un rapport entre le monde modulaire et l'elliptique. Leur collaboration s'interrompit quand, en 1957, Shimura fut invité à l'Institute for Advanced Study de Princeton. Au terme de ses deux ans en tant que professeur étranger aux États-Unis, il comptait reprendre sa collaboration avec Taniyama. Mais cela ne se fit jamais : le 17 novembre 1958, Yutaka Taniyama se suicida.

Mort d'un génie

Shimura a conservé la carte que lui avait adressée Taniyama à propos du livre emprunté à la bibliothèque. Il a également conservé la dernière lettre de Taniyama qu'il avait reçue à Princeton, mais elle ne contient pas d'indice sur ce qui devait suivre deux mois plus tard. A ce jour, Shimura n'a toujours pas compris la raison du suicide de Taniyama. « J'ai été très étonné. Au sens fort du mot. J'ai été évidemment attristé, mais c'était si soudain. J'ai reçu sa lettre en septembre et il est mort au début de novembre, et j'ai été incapable de comprendre pourquoi. J'ai bien sûr entendu diverses rumeurs et j'ai essayé de me résigner à sa mort. Certains allèguent qu'il aurait perdu confiance en lui-même, mais certainement pas dans ses capacités mathématiques. »

Ce qui troublait les amis de Taniyama était qu'il venait de tomber amoureux de Mlle Misako Suzuki et qu'il comptait l'épouser à la fin de l'année. Dans un hommage publié dans le *Bulletin of the London Mathematical Society,* Goro Shimura rappelle les fiançailles de Taniyama et il évoque les semaines qui précédèrent le suicide.

> Quand je fus informé des fiançailles, je fus quelque peu surpris, car j'avais vaguement pensé qu'elle ne lui convenait pas, mais je n'éprouvais pas d'appréhensions. On m'informa plus tard qu'ils avaient signé un contrat de location d'un appartement, apparemment plus spacieux, pour leur jeune foyer, qu'ils avaient acheté du matériel de cuisine et qu'ils avaient fait des préparatifs pour leur mariage. Tout semblait leur sourire, à eux et à leurs amis. Puis la catastrophe advint.
>
> Le matin du lundi 17 novembre 1958, l'intendant de son appartement le trouva dans sa chambre, mort, une note était sur le bureau. Elle était rédigée sur trois pages d'un carnet qu'il utilisait pour son travail universitaire et le premier paragraphe était ainsi rédigé : « Jusqu'à hier, je n'avais aucune intention de me tuer. Mais certains ont remarqué ces derniers temps que j'étais épuisé mentalement et physiquement. Quant à la cause de mon suicide, je ne la comprends pas moi-même tout à fait, mais elle ne résulte pas d'un incident ou d'un problème particuliers. Je puis simplement dire que j'ai perdu confiance en mon avenir. Il y aura sans doute quelqu'un pour qui mon suicide sera déconcertant. J'espère sincèrement que cet incident n'assombrira pas son avenir. De toute façon, je ne peux nier que ce soit là une forme de trahison, mais veuillez pardonner ce dernier acte, accompli librement comme tout le reste de ma vie. »
>
> Il poursuivait en précisant assez méthodiquement la manière dont il souhaitait qu'on disposât de ses biens, ainsi que des livres et des disques qu'il avait empruntés à la bibliothèque

ou à des amis. Il dit en particulier : « Je voudrais laisser les disques et l'électrophone à Misako Suzuki, à la condition qu'elle ne soit pas troublée de ce que je les lui lègue. » Il explique aussi le point où il en était arrivé dans ses études de doctorat sur le calcul et l'algèbre linéaire qu'il enseignait, et il conclut sur des excuses à ses collègues pour les inconvénients que son acte pourrait leur valoir.

Ce fut ainsi que l'un des pionniers et l'un des esprits les plus brillants de son temps termina sa vie de sa propre volonté. Il venait d'avoir trente et un ans cinq jours plus tôt.

Quelques semaines après son suicide, la tragédie frappa une seconde fois. Sa fiancée, Misako Suzuki, se suicida à son tour. Elle laissa une lettre disant : « Nous nous sommes promis l'un à l'autre que nous ne serions jamais séparés, où que l'un de nous allât. Maintenant qu'il est parti, je dois partir aussi pour le rejoindre. »

La philosophie du bien

Durant sa brève carrière, Taniyama avait introduit en mathématiques plusieurs idées radicales. Les questions qu'il avait distribuées au symposium contenaient certes ses idées les plus pénétrantes, mais il était tellement en avance sur son temps qu'il n'aurait jamais vécu assez longtemps pour mesurer son immense influence sur la théorie des nombres. Sa fécondité intellectuelle et son impulsion allaient cruellement manquer à la communauté des jeunes savants japonais. Shimura a un souvenir vivace de l'influence de Taniyama : « Il était toujours courtois avec ses collègues, surtout les plus jeunes, et il se souciait sincèrement de leur bien-être. Il était le soutien moral de ceux qui entraient en contact avec lui par le biais des mathématiques, y compris moi-même, bien sûr. Il n'a probablement jamais été conscient de son rôle, mais je ressens aujourd'hui, plus encore que lorsqu'il était vivant, sa noblesse et sa générosité à cet égard. Et pourtant personne n'a pu l'assister quand il en avait désespérément besoin. Quand j'y repense, je suis saisi par le chagrin le plus amer. »

Après la mort de son collègue, Shimura concentra tous ses efforts sur la compréhension de la relation exacte entre les fonctions elliptiques et les formes modulaires. Au fur et à mesure des ans, il amassait péniblement de plus en plus de preuves et quelques arguments de logique pour soutenir la théorie. Il se convainquit progressivement que toute fonction elliptique doit être liée à une forme modulaire. D'autres mathématiciens n'en étaient pas si sûrs et Shimura se rappelle un entretien avec un collègue éminent. Ce professeur lui dit : « J'apprends que vous suggérez un lien entre certaines équations elliptiques et les formes modulaires... »

« Non, vous ne comprenez pas, répondit Shimura. Ce ne sont pas seulement *certaines* fonctions elliptiques, ce sont *toutes* les fonctions elliptiques ! »

Shimura ne pouvait pas le prouver, mais chaque fois qu'il mettait sa théorie à l'épreuve, elle semblait se vérifier et, de toute façon, cela semblait prendre place dans sa vaste philosophie mathématique. « J'ai cette philosophie du bien. Les mathématiques devraient recéler le bien. Ainsi, dans le cas de la fonction elliptique, on peut dire qu'elle est bonne si elle est “paramétrisée” par une forme modulaire. Je m'attends à ce que toutes les fonctions elliptiques soient bonnes. C'est une philosophie assez primaire, mais il faut bien commencer quelque part. Puis, j'ai évidemment dû développer diverses raisons techniques pour cette conjecture. Je pourrais dire que la conjecture dérive de cette philosophie du bien. La plupart des mathématiciens font des mathématiques d'un point de vue esthétique et cette philosophie du bien dérive de mon point de vue esthétique. »

Il se trouva qu'à la fin l'accumulation de preuves par Shimura fit que sa théorie des fonctions elliptiques et des formes modulaires gagna droit de cité. Il ne pouvait pas prouver au monde qu'elle était vraie, mais il avait au moins démontré qu'elle n'était pas une illusion. L'évidence était assez fournie pour lui valoir le titre de conjecture. On la désigna au départ sous le nom de conjecture Taniyama-Shimura, en hommage à celui qui l'avait inspirée et à celui qui en avait poursuivi le développement.

Ce fut André Weil, l'un des parrains de la théorie des nombres au XXe siècle, qui adopta la conjecture et la fit connaître en Occident. Weil avait exploré l'idée de Shimura et de Taniyama et il trouva de nouvelles preuves en sa faveur. Le résultat en fut que l'hypothèse fut parfois désignée comme la conjecture Taniyama-Shimura-Weil, parfois comme la conjecture Taniyama-Weil et parfois même comme la conjecture Weil. On a beaucoup débattu, en fait, du nom officiel qu'elle devrait porter. Pour ceux qui sont intéressés par l'analyse combinatoire, il existe quinze permutations possibles des trois noms, et il est assez probable que toutes ont été publiées au cours des années. Pour ma part, je m'en tiendrai à la désignation de conjecture Taniyama-Shimura.

Le professeur John Coates, qui avait dirigé l'étudiant Andrew Wiles, était lui-même un étudiant quand la conjecture Taniyama-Shimura devint un sujet de discussions en Occident. « Je commençai mes recherches en 1966, quand la conjecture de Taniyama et Shimura défrayait les conversations dans le monde entier. Tout le monde était éberlué et commençait à se demander sérieusement si les fonctions elliptiques pouvaient être modulaires. C'était une époque très excitante ; le seul problème, bien sûr, est qu'il paraissait très difficile d'avancer. Je crois qu'il est honnête de rappeler qu'en dépit de sa séduction, l'idée semblait très difficile à prouver, et c'est ce qui nous intéresse d'abord, nous mathématiciens. »

A la fin des années soixante, des phalanges de mathématiciens mirent systématiquement la conjecture Taniyama-Shimura à l'épreuve. Partant d'une fonction elliptique et de sa série *E*, ils recherchaient une forme modulaire avec une série *M* identique. Dans chaque cas, la fonction elliptique avait, en effet, une forme modulaire associée. Cela plaidait certainement en faveur de la conjecture, mais ce n'était en aucune manière une preuve. Les mathématiciens soupçonnaient que c'était vrai, mais jusqu'à ce que quelqu'un trouvât une preuve logique, ce ne serait qu'une conjecture.

Barry Mazur, professeur à l'université Harvard, a assisté à l'essor de la conjecture Taniyama-Shimura. « C'était une conjecture merveilleuse, l'hypothèse que chaque fonction elliptique est associée à une forme modulaire, mais on commença par l'ignorer parce qu'elle était trop en avance sur son temps. Quand elle fut publiée, pour la première fois, elle ne fut pas prise en considération, parce qu'elle était trop étrange. D'un côté, vous avez le monde des fonctions elliptiques et, de l'autre, celui des formes modulaires. Ces deux branches des mathématiques ont été étudiées de manière intensive, mais séparément. Les mathématiciens spécialisés dans les fonctions elliptiques pouvaient ne pas être versés dans les choses modulaires et inversement. Puis voilà qu'arrive la conjecture Taniyama-Shimura, qui apporte la grande hypothèse d'un pont entre ces deux domaines complètement différents. Les mathématiciens adorent construire des ponts. »

La valeur des ponts en mathématiques est, en effet, considérable : ils permettent à des groupes de mathématiciens vivant sur des îles éloignées d'échanger des idées et d'explorer les créations des autres. Car les mathématiques sont des îles de savoir dans un océan d'ignorance. Il y a, par exemple, l'île des géomètres, qui étudient les contours et les formes, et il y a l'île des probabilistes, où les mathématiciens étudient les risques et les probabilités. Ces îles se comptent par douzaines et chacune a son propre langage, incompréhensible aux habitants des autres. Le langage de la géométrie est très différent de celui de la probabilité, et le jargon du calcul différentiel est imperméable pour ceux qui ne s'occupent que de statistiques.

Le grand potentiel de la conjecture Taniyama-Shimura était de relier deux îles et de permettre à leurs « indigènes » de se parler pour la première fois. Barry Mazur la compare à la Pierre de Rosette, qui était gravée en démotique égyptien, en grec et en hiéroglyphes. Le démotique et le grec étant déjà connus, les archéologues purent déchiffrer les hiéroglyphes pour la première fois. « C'est comme si vous connaissiez déjà une langue et que cette Pierre de Rosette vous permette de comprendre l'autre, dit Mazur. Mais la conjecture Taniyama-Shimura possède en plus un certain pouvoir magique. Elle présente le trait enchanteur de transformer de simples intuitions dans le domaine modulaire en vérités profondes dans le monde des fonctions elliptiques et inversement. De plus, des problèmes très importants des fonctions elliptiques peuvent parfois être résolus quand ils sont traduits dans le domaine modulaire à l'aide de cette Pierre de Rosette ; ils sont aussi facilités par le fait que nous disposons des aperçus et des outils dans le domaine modulaire pour traiter le problème ainsi traduit. Si nous n'étions pas sortis des fonctions elliptiques, nous serions en difficulté. »

Si la conjecture Taniyama-Shimura était vraie, elle devait, en effet, permettre aux mathématiciens de traiter des fonctions elliptiques qui étaient restées sans solution pendant des siècles, en les abordant par l'angle modulaire. On espérait donc que les champs des fonctions elliptiques et des formes modulaires seraient unifiés. La conjecture suscitait par ailleurs l'espoir qu'il existait d'autres liens entre d'autres domaines mathématiques.

Dans les années soixante, Robert Langlands, à l'Institute for Advanced Studies de Princeton, fut frappé par le potentiel de la conjecture Taniyama-Shimura. Bien qu'elle n'eût pas été prouvée, Langlands la tenait pour un élément d'une entreprise d'unification bien plus vaste. Il était convaincu qu'il existait d'autres liens entre d'autres domaines mathématiques et il se mit en demeure de les trouver. Au terme de quelques années, certains liens, en effet, émergèrent. Toutes les autres conjectures d'unification étaient, sans doute, bien plus fragiles et spéculatives que celle de Taniyama et Shimura, mais elles formaient un réseau virtuel de connexions entre de nombreux domaines des mathématiques. Le rêve de Langlands était de voir ces conjectures vérifiées une par une et d'aboutir enfin à de grandes mathématiques unifiées.

Langlands exposa ses projets à d'autres mathématiciens et tenta de les convaincre de participer à ce qui est aujourd'hui connu sous le nom de « programme Langlands », un effort organisé pour prouver de très nombreuses conjectures. Il n'existait pas de méthode évidente pour démontrer la réalité de ces liens, mais si le rêve pouvait être réalisé, les bénéfices en seraient gigantesques. Tout problème insoluble dans un domaine des mathématiques pourrait être transformé en un problème analogue dans un autre domaine, où tout un arsenal de techniques nouvelles pourrait en venir à bout. Si le problème se révélait tenace, il pourrait être transformé et transporté dans un autre domaine encore, et ainsi de suite jusqu'à ce qu'il fût résolu. Un jour, selon le programme Langlands, les mathématiciens pourraient avoir raison de leurs problèmes les plus ardus en les déplaçant d'une région à l'autre du paysage mathématique.

Les applications dans les techniques et l'ingénierie n'étaient pas non plus négligeables. Qu'il s'agisse de dresser un modèle des interactions entre des quarks qui entrent en collision ou d'établir la manière la plus efficace d'organiser un réseau de télécommunications, la solution réside souvent dans des calculs. Dans certains domaines de la science et de la technologie, la complexité de ces calculs est tellement grande que les progrès en sont très ralentis. Or, si les mathématiques pouvaient prouver les conjectures de liaison, l'on disposerait de raccourcis pour résoudre des problèmes pratiques aussi bien que théoriques.

Dans les années soixante-dix, le programme Langlands était devenu le grand projet pour l'avenir des mathématiques, mais ce chemin du paradis était bloqué par le simple fait que personne ne savait vraiment comment prouver les conjectures de Langlands. La plus solide d'entre elles était encore celle de Taniyama et Shimura, mais elle aussi était hors d'atteinte. Si l'on prouvait cette dernière, ce serait un premier pas vers la réalisation du programme Langlands, et en tant que telle, elle était devenue l'un des objectifs les plus convoités de la théorie moderne des nombres.

En dépit du fait qu'elle souffrait du statut de conjecture, Taniyama-Shimura était citée dans des centaines d'articles mathématiques, et l'on spéculait sur les conséquences de sa démonstration. Ces articles commençaient par la formule convenue « A supposer que la conjecture Taniyama-Shimura soit vraie... », puis ils décrivaient la façon de résoudre un problème ou l'autre qui restait sans solution. Bien évidemment, se fondant sur la conjecture Taniyama-Shimura, ces résultats ne pouvaient être eux-mêmes qu'hypothétiques. Mais cela n'empêchait pas qu'ils fussent incorporés dans d'autres résultats, jusqu'au point où l'on eut une pléthore de mathématiques fondées sur la vérité virtuelle de la conjecture Taniyama-Shimura. Celle-ci était la fondation d'un nouvel édifice mathématique, mais l'édifice restait évidemment fragile.

A l'époque, dans les années soixante-dix, Andrew Wiles était un jeune chercheur à l'université de Cambridge et il se rappelle la frénésie qui avait saisi la communauté des mathématiciens : « Nous élaborions de plus en plus de conjectures qui s'étendaient jusqu'au futur lointain, mais elles auraient toutes été frappées d'inanité si la conjecture Taniyama-Shimura n'était pas vraie. Il nous fallait donc démontrer celle-ci au préalable, pour montrer que le vaste édifice que nous avions, pleins d'espérance, projeté dans le futur était bien valide. »

Bref, les mathématiciens attendaient qu'on leur consolidât un château de cartes. Mais il leur fallait également vivre dans l'anxiété qu'un jour quelqu'un démontrât que la conjecture Taniyama-Shimura était fausse et que leur beau château s'écroulât.

Le chaînon manquant

A l'automne 1984, un groupe choisi de théoriciens des nombres se réunit pour un symposium à Oberwolfach, une petite ville au cœur de la Forêt Noire, en Allemagne. Leur objet était la discussion de diverses avancées dans l'étude des fonctions elliptiques, et il était naturel que certains des participants rapportassent le moindre progrès qui aurait été fait vers la démonstration de la conjecture Taniyama-Shimura. L'un des intervenants, Gerhard Frey, de Sarrebruck, n'avait aucune idée de la façon dont il fallait aborder la conjecture, mais il fit une déclaration tonitruante : si quelqu'un pouvait prouver la conjecture Taniyama-Shimura, il pourrait également démontrer le Dernier théorème de Fermat.

Frey se leva pour prendre la parole et alla écrire au tableau noir l'équation de Fermat :

$$x^n + y^n = z^n \text{ où } n \text{ est plus grand que 2.}$$

Selon le Dernier théorème de Fermat, il n'existe pas de solution formulable en nombres entiers, mais Frey considéra ce qui se produirait si le Dernier théorème était faux, c'est-à-dire s'il existait au moins une solution. Frey n'avait aucune idée de ce que cette solution hypothétique et hérétique pourrait être, et il désigna donc les nombres inconnus par les lettres A, B et C :

$$A^N + B^N = C^N$$

Puis il « réarrangea » l'équation. C'est là une procédure mathématique rigoureuse, qui change l'apparence de l'équation sans en modifier l'intégrité. Par une série d'habiles et subtiles manœuvres, Frey transforma donc l'équation originale de Fermat en :

$$y^2 = x^3 + (A^N - B^N)\,x^2 - A^N B^N$$

Bien que ce réarrangement semble très différent de l'équation originale, c'est une conséquence directe de la solution hypothétique. C'est-à-dire que si – avec un grand *si* – il existe une solution au Dernier théorème de Fermat et que celui-ci est faux, cette équation réarrangée doit donc être valide. Au début, l'auditoire de Frey ne fut pas particulièrement impressionné par ce réarrangement, mais le conférencier montra ensuite que sa nouvelle équation était en fait une fonction elliptique, bien qu'elle fût assez compliquée et exotique. Les fonctions elliptiques ont la forme :

$$y^2 = x^3 + ax^2 + bx + c$$

mais si nous posons que

$$a = A^N - B^N : b = 0 \text{ et } c = -A^N B^N$$

il est plus facile de se rendre compte de la nature elliptique de la fonction de Frey.

En transformant l'équation de Fermat en fonction elliptique, Frey venait de rattacher le Dernier théorème de Fermat à la conjecture Taniyama-Shimura. Il observa ensuite que la fonction elliptique qu'il avait créée à partir du Dernier théorème de Fermat était vraiment bizarre. Tellement bizarre, en fait, que ses répercussions seraient dévastatrices pour la conjecture Taniyama-Shimura.

Il faut, pour le comprendre, se rappeler que la fonction elliptique de Frey est une fonction fantôme ; son existence dépend de l'hypothèse que le Dernier théorème de Fermat serait faux. Toutefois, si la fonction elliptique de Frey a bien une validité, elle est trop étrange pour pouvoir jamais être rattachée à une forme modulaire. Or, la conjecture Taniyama-Shimura avance que *toutes* les fonctions elliptiques doivent être rattachées à des formes modulaires. Donc, l'existence de la fonction elliptique de Frey est un défi à la conjecture Taniyama-Shimura.

En d'autres termes, les arguments de Frey étaient les suivants :

1. Si, et seulement si, le Dernier théorème de Fermat est faux, la fonction elliptique de Frey est valide.

2. La fonction elliptique de Frey est trop étrange pour pouvoir jamais être modulaire.

3. La conjecture Taniyama-Shimura avance que toutes les fonctions elliptiques doivent être modulaires.

4. Donc la conjecture Taniyama-Shimura doit être fausse !

Par ailleurs, Frey pouvait inverser son argumentation :

1. Si la conjecture Taniyama-Shimura peut être démontrée, donc toute fonction elliptique doit être modulaire.

2. Si toute fonction elliptique doit être modulaire, la fonction elliptique de Frey n'a pas licence d'exister.

3. Si la fonction elliptique de Frey est inexistante, il ne peut donc pas y avoir de solution au Dernier théorème de Fermat.

4. Donc le Dernier théorème de Fermat est vrai :

Gerhard Frey en était arrivé à la conclusion spectaculaire que la vérité du Dernier théorème de Fermat serait une conséquence immédiate de la démonstration de la conjecture Taniyama-Shimura. Selon lui, si les mathématiciens prouvaient l'un, ils prouvaient automatiquement l'autre. Pour la première fois depuis un siècle, le problème mathématique le plus difficile du monde paraissait vulnérable. Restait, pour Frey, à démontrer la conjecture Taniyama-Shimura.

L'auditoire fut admiratif mais presque tout le monde, sauf Frey lui-même, releva une erreur élémentaire dans la logique de ce dernier. Elle ne semblait pas grave, mais elle faisait néanmoins que le travail de Frey était incomplet. Celui qui la corrigerait aurait le mérite d'avoir lié le Dernier théorème de Fermat et la conjecture Taniyama-Shimura.

Les participants quittèrent la salle et se pressèrent

vers la photocopieuse. L'importance d'une conférence peut souvent être mesurée à la longueur de la queue qui se forme devant cet appareil pour faire des copies du texte. Une fois qu'ils se furent fait une idée complète de la thèse de Frey, les participants regagnèrent leurs instituts respectifs et tentèrent donc de combler la lacune.

La démonstration de Frey se basait sur le fait que sa fonction elliptique dérivée de l'équation de Fermat était si bizarre qu'elle ne pouvait pas être modulaire. Et la faille dans son travail était qu'il n'avait pas bien démontré que sa fonction était assez bizarre. Ce ne serait que lorsque quelqu'un aurait démontré la bizarrerie *absolue* de sa fonction elliptique qu'il aurait démontré la conjecture de Taniyama-Shimura et, implicitement, le Dernier théorème de Fermat.

Les mathématiciens pensèrent d'abord que ce serait un travail routinier que de démontrer la bizarrerie de la fonction elliptique de Frey. A première vue, l'erreur de Frey semblait assez élémentaire et tous ceux qui avaient été présents à Oberwolfach présumèrent que ce serait simplement une course entre les cracks de l'algèbre. Chacun s'attendait à trouver au bout de quelques jours un communiqué sur Internet démontrant comment l'auteur avait établi la véritable bizarrerie de la fonction elliptique de Frey.

Une semaine s'écoula sans que ce communiqué fût expédié ni reçu. Des mois passèrent et ce qu'on avait pris pour une petite performance mathématique tourna au marathon. Fermat, semblait-il, continuait de taquiner et tourmenter ses lointains parangons. Frey avait ébauché une séduisante stratégie pour démontrer le Dernier théorème de Fermat, mais aucun mathématicien au monde n'avait franchi la première étape, celle qui devait démontrer que la fonction elliptique de Frey n'était pas modulaire.

Ken Ribet

Pour effectuer la démonstration en question, les mathématiciens cherchaient des invariants semblables à ceux qui ont été décrits au chapitre IV de ce livre. L'invariant de nœud montrait ainsi qu'un nœud ne pouvait pas être transformé en un autre, et l'invariant du jeu de Loyd montrait que son casse-tête du 14-15 ne pouvait pas être mis en ordre. Si les théoriciens numériques pouvaient trouver un invariant approprié pour décrire la fonction elliptique de Frey, ils pourraient alors prouver qu'il n'y avait aucune façon d'en faire une forme modulaire.

L'un de ceux qui s'évertuaient à prouver et compléter la connexion entre la conjecture Taniyama-Shimura et le Dernier théorème de Fermat était Ken Ribet, professeur à l'université de Californie à Berkeley. Depuis qu'il avait assisté au symposium d'Oberwolfach, il était obsédé par le désir de prouver que la fonction elliptique de Frey était beaucoup trop bizarre pour être modulaire. Au terme de dix-huit mois d'efforts, comme tous les autres, il n'était arrivé à rien. Puis, à l'été 1986, son collègue Barry Mazur vint à Berkeley assister au Congrès international des mathématiciens. Les deux amis allèrent prendre un cappuccino au Café Strada et commencèrent à échanger des histoires d'échecs et à se lamenter sur l'état des mathématiques.

Ils en vinrent à parler des dernières nouvelles sur les tentatives de prouver la bizarrerie de la fonction elliptique de Frey, et Ribet entreprit d'expliquer une stratégie qu'il avait mise à l'étude. Celle-ci semblait prometteuse, mais Ribet n'en pouvait démontrer qu'une bribe. « Je m'étais assis avec Barry et je lui racontais ce que j'étais en train de faire. Je lui rapportai que j'avais démontré un cas très particulier, mais je ne savais pas ce que je devais faire ensuite pour l'extrapoler et arriver à la démonstration pleine et entière. »

Le professeur Mazur sirota son cappuccino en

écoutant. Puis il se tourna vers Ribet, incrédule : « Mais tu ne vois pas ? Tu y es déjà arrivé ! Tout ce que tu dois faire c'est introduire un gamma-zéro de structure (*M*) dans ta démonstration, et ça marche. Ça te donne tout ce qu'il te faut ! »

Ribet regarda Mazur, puis le cappuccino et de nouveau Mazur. C'était le moment le plus important de la carrière de Ribet et il le décrit avec un détail amoureux. « Je lui dis qu'il avait absolument raison, bien sûr. Comment ne l'avais-je pas vu ? J'étais abasourdi parce que je n'avais jamais imaginé d'ajouter un gamma-zéro de structure (*M*), aussi simple que cela parût. »

Relevons à ce propos que, bien que cela parût simple à Ken Ribet d'*ajouter un gamma-zéro de structure (M)*, c'est une acrobatie logique que seuls une poignée de mathématiciens dans le monde auraient pu imaginer en buvant un cappuccino.

« C'était l'élément crucial qui me manquait et je l'avais eue sous le nez. Je rentrai chez moi sur un nuage en me demandant : mon Dieu, est-ce que c'est réellement correct ? J'étais complètement transporté et je m'assis pour griffonner sur un bloc de papier. Après une heure ou deux, j'avais tout rédigé et je vérifiais les étapes essentielles et la cohérence de l'ensemble. Je passai ma démonstration en revue et me dis : oui, ça doit absolument marcher. Il y avait bien une armée de mathématiciens au Congrès international, et je confiai à quelques-uns que j'avais démontré que la conjecture Taniyama-Shimura met en jeu le Dernier théorème de Fermat. La nouvelle se répandit comme un feu de brousse et bientôt, il y eut des groupes entiers de gens qui étaient informés ; ils accoururent vers moi pour me demander : c'est vrai que vous avez démontré que la fonction elliptique de Frey n'est pas modulaire ? Je dus réfléchir un moment avant de répondre : oui, je l'ai démontré. »

Le Dernier théorème de Fermat était désormais inextricablement lié à la conjecture Taniyama-Shimura. Si quelqu'un pouvait démontrer que toute fonction elliptique est modulaire, cela signifierait que l'équation de Fermat n'avait pas de solution et que le Dernier théorème était donc vrai.

Pendant trois siècles et demi, ce théorème avait été un problème isolé, une énigme singulière et tenace enracinée aux franges des mathématiques. D'un seul coup, Ken Ribet, inspiré par Gerhard Frey, l'avait ramené au centre de la scène. Le plus important problème du XVIIe siècle se trouvait couplé au problème le plus significatif du XXe. Un casse-tête d'une énorme importance historique et émotionnelle était ainsi lié à une conjecture qui pouvait bouleverser les mathématiques modernes.

Frey avait nettement défini la tâche qui restait à accomplir. Les mathématiciens démontreraient automatiquement le Dernier théorème de Fermat s'ils pouvaient d'abord démontrer la conjecture Taniyama-Shimura. L'espoir se remit à scintiller, puis le sens des réalités prévalut. Cela faisait trente ans qu'on essayait de prouver la conjecture Taniyama-Shimura, sans succès. Comment pouvait-on avancer ? Pour les sceptiques, tout espoir de prouver la conjecture Taniyama-Shimura s'était évanoui. Pour eux, tout ce qui pouvait mener à une démonstration du Dernier théorème de Fermat était par définition irréalisable.

Même Ken Ribet, qui avait pourtant réussi une percée majeure, était pessimiste : « Je faisais partie de la vaste majorité de ceux qui estimaient que la conjecture Taniyama-Shimura était hermétique. Je ne me donnais même pas la peine de la démontrer. Je n'y pensais même pas. Andrew Wiles était probablement l'un des rares individus sur la Terre qui avaient l'audace de rêver qu'on peut réellement démontrer cette conjecture. »

Andrew Wiles en 1986, quand il s'avisa qu'il était possible de démontrer le Dernier théorème de Fermat grâce à la conjecture Taniyama-Shimura.

VI

Le calcul secret

> Un expert doit posséder deux qualités incompatibles pour résoudre un problème : une imagination effrénée et une patience obstinée.
>
> Howard W. Eves

« Un soir de la fin de l'été 1986, je sirotais un thé glacé chez un ami. Il m'informa dans le cours de la conversation que Ken Ribet avait établi le lien entre la conjecture de Taniyama-Shimura et le Dernier théorème de Fermat. Je compris à ce moment-là que le cours de ma vie avait changé, parce que cela signifiait que pour prouver le Dernier théorème de Fermat, tout ce que j'avais à faire était de prouver la conjecture de Taniyama-Shimura. Cela signifiait que mon rêve d'enfance devenait un projet respectable. Je compris aussi que je ne pourrais jamais laisser passer cette chance. Je savais que je devais rentrer chez moi et travailler sur la conjecture de Taniyama-Shimura. »

Plus de deux décennies avaient passé depuis qu'Andrew Wiles avait découvert dans une bibliothèque le livre qui lui avait donné l'envie de relever le défi de Fermat, mais il entrevoyait pour la première fois la possibilité de réaliser son rêve d'enfance. Wiles se rappelle que son attitude à l'égard de la conjecture Taniyama-Shimura changea au cours de la nuit : « Je me souvins d'un mathématicien qui en avait parlé et qui l'avait décrite avec désinvolture comme un exercice qu'on laisse pour le lecteur particulièrement intéressé. Eh bien ! je crois que j'étais disposé à m'y intéresser vraiment. »

Après avoir obtenu son doctorat avec le professeur John Coates à Cambridge, Wiles avait franchi l'Atlantique et s'était installé à l'université de Princeton, où il était désormais lui-même professeur. Grâce aux conseils de Coates, Wiles en savait probablement plus sur les fonctions elliptiques que n'importe qui au monde, mais il était tout à fait conscient que malgré son considérable bagage et ses grands talents de mathématicien, la tâche qui l'attendait était énorme.

La plupart des autres mathématiciens, y compris Coates, estimaient qu'il serait futile de s'attacher à trouver cette preuve : « J'étais moi-même très réservé sur la possibilité que ce beau lien entre le Dernier théorème de Fermat et la conjecture Taniyama-Shimura pût vraiment mener à quelque chose. Je dois, en effet, avouer que je ne croyais pas possible la conjecture Taniyama-Shimura. Le problème était certes esthétique, mais il semblait impossible à prouver. Et je ne pensais vraiment pas que j'assisterais à sa démonstration avant ma mort. »

Wiles était conscient de son peu de chances dans cette entreprise, mais même s'il n'arrivait pas, à la fin, à prouver le Dernier théorème de Fermat, il estimait que ses efforts n'auraient pas été perdus : « Bien sûr, la conjecture Taniyama-Shimura était sur le tapis depuis de nombreuses années. Personne n'avait aucune idée de la manière dont il fallait l'attaquer, mais c'était au moins de la mathématique d'actualité. Je pouvais essayer de prouver des résultats, et même s'ils n'expliquaient pas tout, cela resterait de la bonne mathématique. L'ensorcellement de Fermat qui avait dominé toute ma vie se trouvait donc combiné avec un problème qui était professionnellement respectable. »

Le séquestré du grenier

Au début de ce siècle, on avait demandé au grand logicien David Hilbert pourquoi il ne s'était jamais attaqué au Dernier théorème de Fermat. « Avant même de commencer, répondit-il, j'aurais dû consacrer à ma préparation trois années d'études intensives, et je n'ai pas tant de temps que cela à gaspiller sur ce qui aurait probablement été un échec. » Wiles savait bien que, pour mettre de son côté des chances de trouver une preuve, il lui faudrait d'abord se plonger totalement dans le problème, mais à la différence de Hilbert, il était prêt à prendre ce risque. Il lut toutes les publications les plus récentes, puis s'entraîna aux nouvelles techniques jusqu'à ce qu'elles fussent devenues pour lui des automatismes. Rassembler les armes nécessaires pour la bataille exigea de Wiles qu'il passât les dix-huit mois suivants à se familiariser avec toutes les mathématiques qui avaient été appliquées aux fonctions elliptiques et aux formes modulaires ou qui en étaient dérivées. C'était un investissement relativement mineur si l'on gardait en mémoire le fait que si l'on voulait vraiment trouver la preuve désirée, il faudrait peut-être y consacrer dix ans de concentration exclusive.

Wiles abandonna tout travail qui n'intéressait pas directement le Dernier théorème de Fermat et il cessa d'assister à l'incessante noria des conférences et des colloques. Comme il assumait des fonctions au Département des mathématiques de Princeton, il continua néanmoins à assister à des séminaires, à donner ses cours et à guider le travail de ses étudiants. Chaque fois que possible, il évitait les distractions attachées au fait qu'il était un membre de la faculté et travaillait chez lui, où il pouvait se retirer dans son grenier. Là, il essayait de développer et d'amplifier les techniques connues, espérant bâtir une stratégie pour son offensive contre la conjecture Taniyama-Shimura.

« Je montais à mon bureau et j'essayais de bâtir des stratégies. Je me lançais dans des calculs pour prouver tel ou tel petit point de maths. J'essayais ensuite de l'insérer dans une plus vaste appréhension d'un secteur qui clarifierait le problème que j'avais en tête. Quelquefois, il me fallait consulter un livre pour savoir comment on y traitait cette opération. Parfois il ne s'agissait que de modifier un peu les choses et de faire quelques calculs en plus. Et parfois je me rendais compte que rien de ce qui avait déjà été fait ne m'était d'aucun secours. Alors il me fallait trouver quelque chose de totalement neuf, et la façon dont cela se produit est mystérieuse.

« A la base, c'est un tour d'esprit. Parfois, on prend des notes pour clarifier ses pensées, mais pas nécessairement. En particulier, quand on est arrivé à une véritable impasse et quand il y a un vrai problème, le processus ordinaire de réflexion mathématique ne sert à rien. Pour atteindre cette idée nouvelle, il faut qu'il y ait eu auparavant une longue période de formidable concentration sur le problème, sans aucune distraction. Il faut ne penser à rien d'autre qu'à ce problème, seulement se concentrer dessus. Après on arrête. Suit une période qui ressemble à la détente, durant laquelle il semble que ce soit le subconscient qui prend la direction des opérations, et c'est alors qu'on a des idées nouvelles. »

Dès lors qu'il s'était attaché à la démonstration, Wiles prit la décision surprenante de travailler dans l'isolement et le secret complets. Les mathématiques modernes sont le produit d'une culture de coopération et de collaboration et la décision de Wiles semblait appartenir à une époque révolue. C'était comme s'il imitait la méthode de Fermat lui-même, le plus célèbre des ermites scientifiques. Wiles explique son choix du secret par le besoin de travailler sans être dérangé. « Je m'étais aperçu que tout ce qui touchait au Dernier théorème de Fermat suscitait beaucoup trop d'intérêt. On ne peut pas se concentrer pendant des années devant trop de spectateurs. »

Une autre raison doit avoir été sa soif de gloire. Il craignait de se trouver dans la situation où il aurait effectué le plus gros de la démonstration, mais n'en aurait pas établi les données finales. A ce moment-là, si les nouvelles de sa percée avaient transpiré, rien n'aurait empêché un rival de se fonder sur le travail de Wiles, de compléter la démonstration et d'emporter les lauriers.

Dans les années qui suivirent, Wiles devait faire une série de découvertes extraordinaires, dont aucune ne serait discutée, ni publiée avant que la démonstration fût complète. Même ses collègues les plus proches n'étaient pas informés de ses recherches. John Coates avait des entretiens avec Wiles, mais n'avait pas l'ombre d'une idée de ce qui se passait. « Je me rappelle lui avoir dit plusieurs fois : "Ce lien avec le Dernier théorème de Fermat est très bien, mais c'est toujours impossible de démontrer le Taniyama-Shimura." Je crois qu'il a seulement souri. »

Ken Ribet, qui avait établi le lien entre Fermat et Taniyama-Shimura, n'était pas non plus au fait des travaux clandestins de Wiles. « C'est probablement le seul cas que je connaisse où quelqu'un ait travaillé aussi longtemps sans en parler à personne, ni évoquer les progrès qu'il avait faits. C'est sans précédent dans mon expérience. Dans notre communauté, les gens ont toujours échangé leurs idées. Les mathématiciens viennent ensemble aux conférences, ils se rendent visite à l'occasion des séminaires, ils s'adressent du courrier électronique, ils se téléphonent, ils se demandent des idées, de l'information, bref les mathématiciens sont toujours en communication. Quand vous parlez aux autres, ils vous encouragent, ils vous disent que ce que vous avez fait est important, ils vous donnent des idées. C'est nourrissant en quelque sorte, et si vous vous coupez de tout cela, c'est que vous êtes en train de faire quelque chose qui est probablement très bizarre du point de vue psychologique. »

Pour ne pas éveiller les soupçons, Wiles imagina un stratagème pour mettre ses collègues sur une fausse piste. Au début des années quatre-vingt, il poursuivait une recherche importante sur un type particulier de fonction elliptique; il se préparait à la publier dans son intégralité quand les découvertes de Ribet et de Frey le firent changer d'avis. Il décida de ne publier son travail que fragment après fragment, tous les six mois environ. Cette apparente productivité était destinée à convaincre ses collègues qu'il poursuivait son travail ordinaire. Aussi longtemps qu'il jouerait cette comédie, Wiles pourrait s'absorber dans sa véritable obsession, sans rien révéler de ses percées.

La seule personne qui était au fait du secret de Wiles était sa femme, Nada. Ils s'étaient mariés peu après que Wiles eut commencé à travailler à sa démonstration, et tandis que les calculs avançaient, il se confiait à elle et à elle seule. Pendant toutes ces années, sa famille fut sa seule distraction. « Ma femme ne m'a connu que travaillant sur Fermat. Je le lui ai dit pendant notre lune de miel, quelques jours après le mariage. Elle avait entendu parler du Dernier théorème de Fermat, mais à l'époque elle n'en connaissait pas la valeur mystique pour les mathématiciens, ni le fait que pendant bien longtemps, ç'avait été pour eux une épine dans le pied. »

Le duel avec l'Infini

Pour démontrer le Dernier théorème de Fermat, Wiles devait démontrer aussi la conjecture Taniyama-Shimura, selon laquelle chaque fonction elliptique peut être corrélée avec une forme modulaire. Même avant qu'elle fût liée au théorème, la démonstration de la conjecture, on l'a vu, avait été un échec. Et Wiles se rendait compte de l'immense difficulté de trouver une preuve : « A la fin, ce qu'on aurait naïvement tenté de faire et que les gens avaient certainement tenté de faire, c'était de compter les fonctions elliptiques d'un côté et les formes modulaires de l'autre, afin de montrer qu'il y avait autant de celles-là que de celles-ci. Mais personne n'a trouvé une manière simple de le faire. La première raison en est qu'il y en a un nombre infini et qu'on ne compte pas l'infini. Ce n'est simplement pas possible. »

Pour trouver une solution, Wiles recourut donc à son approche ordinaire des problèmes difficiles. « Je griffonne parfois, je gribouille. Ce ne sont pas des griffonnages importants, ils sont subconscients. Je ne me sers jamais d'un ordinateur. » En l'occurrence, et comme pour beaucoup de problèmes dans la théorie des nombres, un ordinateur n'eût été, en effet, d'aucun secours. La conjecture Taniyama-Shimura s'applique à un nombre infini de fonctions, et si un ordinateur peut bien résoudre un cas spécifique en quelques secondes, il ne pourrait jamais traiter tous les cas. Ce qu'il fallait mettre en œuvre, c'était une démarche logique effectuée pas à pas, qui fournirait une raison réelle et expliquerait pourquoi toute fonction elliptique doit être modulaire. Wiles s'en remettait donc à une simple feuille de papier, un crayon et son esprit. « J'étais pratiquement habité tout le temps par cette idée. J'y pensais en me réveillant, j'y pensais pendant la journée et j'y pensais encore quand je me mettais au lit. S'il n'y avait eu quelque distraction, je n'aurais absolument pensé à rien d'autre. »

Au bout d'une année de contemplation, Wiles décida d'adopter la stratégie connue sous le nom d'*induction* comme base de sa démonstration. L'induction est une forme de preuve extrêmement efficace, parce qu'elle permet à un mathématicien de prouver qu'un postulat est fondé pour un nombre infini de cas, rien qu'en démontrant un seul cas. Imaginez, par exemple, qu'un mathématicien veuille prouver qu'un postulat est vrai pour tous les nombres jusqu'à l'infini. Le premier pas consisterait à prouver qu'il est vrai pour le nombre 1, ce qui semble être une tâche assez simple. Le pas suivant consiste à démontrer que si c'est vrai pour le nombre 1, ce doit l'être pour le nombre 2, puis que ce qui est vrai pour le 2 doit l'être pour le 3, puis pour le 4 et ainsi de suite. D'une manière plus générale, le mathématicien doit démontrer que si le postulat est vrai pour n'importe quel nombre n, il doit également l'être pour le nombre suivant $n + 1$.

La preuve par induction est essentiellement un processus en deux temps :

1. Prouvez que le postulat est vrai pour le premier cas.

2. Prouvez que si le postulat est vrai pour n'importe quel cas, il doit l'être pour le cas suivant.

Une autre façon de se représenter la preuve par

Évariste Galois

induction est d'imaginer le nombre infini de cas comme une rangée infinie de dominos. Pour prouver chaque cas individuel, il est nécessaire de trouver une manière de faire tomber tous les dominos. Les faire tous tomber un par un prendrait un temps infini, mais la preuve par induction permet de les faire tous tomber en faisant tomber le premier. Si les dominos sont correctement disposés, la chute du premier entraînera celle des autres jusqu'à l'infini. La preuve par induction ressemble à l'effet domino : un nombre infini de cas peut être prouvé par le premier (l'appendice 9 démontre comment un postulat relativement simple peut être démontré pour tous les nombres).

Le défi pour Wiles était donc de construire un raisonnement inductif démontrant que chacune des fonctions elliptiques pouvait être corrélée à une modulaire. Ayant établi la preuve pour ce premier cas, il fallait ensuite l'étendre à l'ensemble infini des équations elliptiques. Wiles trouva le modèle de sa première étape dissimulée dans les travaux d'un génie français du XIXe siècle à la destinée tragique.

Évariste Galois naquit à Bourg-la-Reine, un petit village au sud de Paris, le 25 octobre 1811, vingt-deux ans après la Révolution française. Napoléon était au faîte de sa puissance, mais l'année suivante fut celle de la désastreuse campagne de Russie et, en 1814, Napoléon fut exilé et Louis XVIII monta sur le trône. Échappé de l'île d'Elbe en 1815, Napoléon regagna Paris et le trône, mais cent jours plus tard, il était vaincu à Waterloo et contraint d'abdiquer de nouveau. Galois naquit donc, comme Sophie Germain, dans une époque agitée, mais alors que la jeune femme s'était tenue à l'écart des turbulences de la Révolution, il se trouva, lui, au centre des querelles politiques, ce qui non seulement le détourna d'une brillante carrière académique, mais encore causa sa mort prématurée.

L'agitation sociale se répercutait, bien entendu, sur la vie de chacun, mais en plus, Galois s'intéressait à la politique à cause de son père, Nicolas-Gabriel. Alors qu'Évariste était âgé de quatre ans, son père fut élu maire de Bourg-la-Reine. C'était l'époque du retour de Napoléon au pouvoir, et les fortes convictions libérales de Nicolas-Gabriel Galois correspondaient alors à celles du reste de la nation. Personnage amène et cultivé, celui-ci s'acquit le respect de sa communauté, et il conserva ses fonctions de maire même lorsque Louis XVIII remonta sur le trône. Outre la politique, il semble avoir eu comme principal intérêt la composition de quatrains spirituels, qu'il lisait aux réunions de la mairie, à la grande joie de ses administrés. Ce fut d'ailleurs ce talent qui, plusieurs années plus tard, entraîna sa disgrâce.

A douze ans, Évariste Galois entra au lycée Louis-le-Grand, institution prestigieuse, où régnait une forte discipline. Il n'y fit d'abord pas de mathématiques et ses résultats scolaires furent honorables, sans plus. Durant son premier trimestre, un événement se produisit qui marqua sa vie. Le lycée avait autrefois été à la charge des jésuites et des rumeurs laissèrent entendre qu'il reviendrait sous leur autorité. L'incessante querelle entre républicains et monarchistes s'ajoutait aux tiraillements entre le pouvoir royal et les représentants du peuple, et l'influence croissante des prêtres fut interprétée comme un signe que la balance penchait en faveur de la royauté. Les étudiants du lycée, dont la plupart nourrissaient des sympathies républicaines, projetèrent de se rebeller, mais le proviseur, un certain Berthod, en eut vent et chassa sur-le-champ une douzaine de meneurs. Quand il demanda le lendemain une manifestation d'allégeance des étudiants les plus âgés, ceux-ci refusèrent de boire à la santé de Louis XVIII, ce qui entraîna l'expulsion d'une centaine d'entre eux[1]. Trop jeune pour participer à la révolte, Galois demeura donc au lycée. Néanmoins, l'humiliation infligée à ses condisciples attisa ses tendances républicaines.

Ce ne fut qu'à seize ans que Galois s'inscrivit à son premier cours de mathématiques, une matière qui, selon ses professeurs, devait le transformer d'élève docile en sujet turbulent. Ses livrets de notes indiquent qu'il négligea toutes les autres matières pour se concentrer sur sa nouvelle passion :

> Cet élève ne travaille que dans les plus hautes sphères des mathématiques. La folie mathématique s'est emparée de ce garçon. Je pense qu'il vaudrait mieux que ses parents lui permettent de ne rien étudier d'autre. Autrement, il perd ici son temps et ne fait rien d'autre que tourmenter ses professeurs et se tourmenter lui-même[2].

La soif de Galois pour les mathématiques dépassa bientôt les capacités de son professeur et le jeune homme s'instruisit donc dans les livres les plus récents des maîtres de son temps. Il absorba d'emblée les concepts les plus abstrus et il avait seulement dix-sept ans quand il publia son premier article dans les *Annales de Gergonne*. La voie semblait toute tracée pour ce prodige, mais ce fut pourtant sa fulgurance qui constitua le plus grand obstacle à la reconnaissance de ses mérites. Bien qu'il en sût beaucoup plus qu'il n'en fallait en mathématiques pour réussir aux examens du lycée, Galois présentait des solutions si

---

1. A la vérité, ces mauvais élèves avaient refusé de chanter à la chapelle en l'honneur du roi. Les révoltés furent renvoyés sans même que leurs parents en fussent avisés *(N.d.T.)*.

2. Ses notes disaient également : « Élève nullement méchant, mais original et singulier, raisonneur. » Il faut aussi rappeler qu'à Louis-le-Grand, Galois eut deux professeurs qui reconnurent hautement son talent. Vernier, qui le poussa à se présenter à Polytechnique, et Richard, homme de grande valeur à qui Le Verrier doit en grande partie d'avoir découvert la planète Neptune par le calcul *(N.d.T.)*.

novatrices et si complexes que ses examinateurs n'en saisissaient pas la valeur. Pis, Galois pratiquait le calcul mental et ne prenait donc pas la peine d'exposer sur le papier le détail de ses raisonnements, ce qui laissait les examinateurs perplexes et frustrés.

D'autre part, l'impatience et le mauvais caractère du jeune génie ne lui attirèrent guère la sympathie de ses maîtres, ni d'ailleurs de ceux qui avaient affaire à lui. Quand il se présenta à l'École polytechnique, ses réponses abruptes et peu claires à l'oral lui valurent d'être rejeté. Or, Galois aspirait désespérément à entrer à Polytechnique, non seulement pour le prestige académique de l'établissement, mais également parce que l'École passait pour un centre d'activisme républicain. Il y revint l'année suivante et de nouveau, ses sauts logiques à l'oral confondirent son examinateur, Dinet. Pressentant qu'il allait être écarté une seconde fois et furieux que l'on ne reconnût pas ses talents, Galois perdit le contrôle de ses nerfs et lança le torchon du tableau noir sur Dinet, qu'il atteignit au visage. Il ne devait jamais plus franchir le seuil auguste de Polytechnique.

En dépit de ces rejets, Galois demeurait confiant dans ses talents mathématiques et poursuivait ses recherches. Celles-ci portaient surtout sur les solutions d'équations et notamment les équations du deuxième degré. Celles-ci revêtent la forme

$ax^2 + bx + c = 0$, où a, b et c peuvent revêtir n'importe quelle valeur.

La gageure consiste à trouver les valeurs de x pour lesquelles l'équation est valide. Plutôt que de s'en tenir aux tâtonnements, les mathématiciens préfèrent disposer d'une méthode pour trouver les solutions, et cette solution existe heureusement :

$$x = \frac{-b \pm \sqrt{b^2 - 4\,ac}}{2a}$$

Rien qu'en substituant les valeurs de a, b et c dans la recette ci-dessus, on peut calculer les valeurs correctes de x. Par exemple, on peut appliquer cette recette à la solution de l'équation suivante :

$$2x^2 - 6x + 4 = 0, \text{ où } a = 2, b = -6 \text{ et } c = 4$$

En introduisant les valeurs de a, b et c, la solution se trouve être $x = 1$ ou $x = 2$.

Les équations du deuxième degré appartiennent à un type d'équations beaucoup plus grand, les polynômes. Un type plus compliqué de polynômes est l'équation cubique :

$$ax^3 + bx^2 + cx + d = 0$$

La complication supplémentaire procède du terme additionnel x^3. En ajoutant le terme x^4, on atteint le niveau suivant de polynome, connu comme l'équation du quatrième degré :

$$ax^4 + bx^3 + cx^2 + dx + e = 0$$

Au XIXe siècle, les mathématiciens avaient également des recettes pour trouver des solutions aux équations des troisième et quatrième degrés, mais il n'existait pas de méthode connue pour en trouver aux équations du cinquième degré :

$$ax^5 + bx^4 + cx^3 + dx^2 + ex + f = 0$$

Galois s'entêta à trouver une solution pour les équations du cinquième degré, ce qui représentait l'une des grandes gageures de l'époque, et à dix-sept ans, il avait fait assez de progrès en ce sens pour soumettre deux articles sur ce sujet à l'Académie des sciences. Le rapporteur désigné pour juger de leur valeur fut Augustin Louis Cauchy, qui allait plusieurs années plus tard en découdre avec Lamé sur une démonstration en fin de compte défaillante du Dernier théorème de Fermat. Cauchy fut frappé par le travail du jeune homme et le jugea digne de concourir au Grand prix de mathématiques de l'Académie. Pour pouvoir participer au concours, les deux articles devaient être fondus en un seul mémoire. Cauchy les renvoya donc à Galois et attendit sa réponse.

Ayant surmonté les critiques de ses maîtres et le rejet de l'École polytechnique, le génie de Galois allait enfin être reconnu ; mais au cours des trois années qui suivirent, une succession de drames personnels et professionnels allait ruiner ses ambitions. En juillet 1829, un nouveau prêtre, un jésuite, arriva à Bourg-la-Reine, dont le père de Galois était toujours le maire. L'ecclésiastique s'offensa des sympathies républicaines de l'élu et lança une campagne de rumeurs séditieuses pour le faire démettre. Cet intrigant profita de la réputation de faiseur de placets de Nicolas-Gabriel Galois ; il fabriqua des vers de mirliton[1] ridiculisant des membres de la communauté et les signa du nom du maire. Le père Galois ne put survivre à la honte qui s'ensuivit et il se suicida.

Évariste Galois rentra de Paris pour assister à l'enterrement de son père et affronter la zizanie que le prêtre avait semée dans le village. Tandis que le cercueil était descendu dans la fosse, un esclandre éclata entre le jésuite qui dirigeait le service et les partisans du maire, informés du complot monté contre ce der-

1. La perfidie du jésuite fut de rédiger ses vers contre un membre de la famille Galois même. Le père Galois, qui était déjà la cible des intrigues cléricales de l'époque, en conçut une manie de persécution *(N.d.T.)*.

nier. Le prêtre reçut un projectile au front, l'altercation tourna à l'émeute et le cercueil fut lâché sans ménagement dans la fosse. Le spectacle des notables réactionnaires qui avaient persécuté et détruit son père eut pour seul effet de renforcer chez le jeune Galois son ardeur républicaine.

De retour à Paris, il refondit ses articles bien avant la date de clôture de la compétition et soumit le mémoire au secrétaire de l'Académie, Joseph Fourier[1], qui était censé le soumettre à son tour au jugement du comité. Ce mémoire n'apportait pas de solution à l'équation du cinquième degré, mais il contenait des aperçus lumineux et plusieurs mathématiciens, y compris Cauchy, considéraient qu'il obtiendrait le prix. Mais à la consternation de Galois et de ses amis, non seulement il n'obtint pas le prix mais encore il n'y concourut même pas officiellement : mort quelques semaines avant la proclamation des résultats, Fourier avait sans doute omis de l'y inclure. On ne retrouva jamais ce mémoire et l'injustice fut rapportée par un journaliste :

> L'an dernier, avant le 1er mars, M. Galois a confié au secrétaire de l'Institut un mémoire sur la solution des équations numériques. Ce mémoire eût dû participer au concours du grand prix de mathématiques. Il méritait le prix, car il pouvait aider à résoudre certains problèmes laissés en suspens par Lagrange. M. Cauchy avait fait les plus vifs éloges de l'auteur pour son travail. Et qu'est-il advenu ? Le mémoire est perdu et le prix a été décerné sans la participation du jeune savant.
>
> *Le Globe*, 1831.

Galois supposa que son mémoire avait été délibé-

1. Le baron Joseph Fourier (1768-1830) était lui-même un mathématicien de grand renom : on lui doit la découverte des séries trigonométriques, dites séries de Fourier, d'une grande importance en mathématiques *(N.d.T.)*.

rément égaré par une Académie politiquement partisane, soupçon qui fut confirmé l'année suivante, quand l'Académie rejeta un autre manuscrit de Galois, arguant que le raisonnement n'en était pas assez clair, ni assez développé pour lui permettre d'en juger la rigueur. Galois conclut à une conspiration pour l'exclure de la communauté des mathématiciens et il se détourna de la recherche pour se mettre au service de la cause républicaine. Il était alors étudiant à l'École normale supérieure, établissement un peu moins prestigieux que l'École polytechnique. Là, sa réputation de trublion le disputa à celle de mathématicien, surtout durant la révolution de 1830, qui vit Charles X s'enfuir de France et les factions politiques se disputer la maîtrise des rues de Paris. Le directeur de l'École, Guigniault, monarchiste, conscient du fait que la majorité de ses étudiants étaient des républicains radicaux, les consigna dans leurs dortoirs et verrouilla les portes de l'École. Galois se trouva donc dans l'incapacité d'aller se battre aux côtés des siens et sa frustration et sa colère atteignirent leur comble quand les républicains furent vaincus. A la première occasion, il traita le directeur de couard et, comme de juste, celui-ci expulsa l'impertinent. Pour Galois, la carrière officielle de mathématicien avait pris fin.

Le 4 décembre, le génie contrarié se jeta dans la révolte professionnelle en s'enrôlant dans l'artillerie de la Garde nationale, une branche républicaine des milices connue sous le nom d'« Amis du Peuple ». Avant la fin du mois, Louis-Philippe, qui venait d'accéder au trône et qui tenait à éviter une nouvelle insurrection, supprima l'artillerie de la Garde nationale et Galois se trouva donc démuni et sans domicile. Cette jeune gloire trébuchait à tous les carrefours, et certains de ses anciens collègues s'alarmèrent de ses tribulations. Sophie Germain, qui était à cette époque l'égérie timide des mathématiques françaises, s'en ouvrit à l'ami de sa famille, le comte Libri-Carrucci :

> Il est décidément une infortune qui atteint tout ce qui touche aux mathématiques. La mort de M. Fourier a été le coup final pour l'étudiant Galois qui, en dépit de son impertinence, a témoigné de son ouverture d'esprit. Il a été chassé de l'École normale, il est sans argent, sa mère est sans moyens et il s'obstine dans l'insulte. On dit qu'il deviendra tout à fait fou. Je crains que cela soit vrai.

Il était inévitable que la destinée de Galois allât de mal en pis aussi longtemps qu'il serait animé par sa passion politique. Alexandre Dumas en a laissé un témoignage. Le célèbre romancier se trouvait au restaurant *Les Vendanges de Bourgogne* un jour qu'on y donnait un banquet pour fêter l'acquittement de dix-neuf républicains accusés de conspiration :

> Tout à coup, au milieu d'une conversation particulière avec mon voisin de gauche, le nom de Louis-Philippe, suivi de cinq ou six coups de sifflet, vint frapper mon oreille. Je me retournai.
>
> Une scène des plus animées se passait à quinze ou vingt couverts de moi.
>
> Un jeune homme, tenant de la même main son verre levé et un couteau-poignard ouvert, s'efforçait de se faire entendre. C'était Évariste Galois (...).
>
> Le bruit était tel, que la cause de ce bruit était devenue incompréhensible.
>
> Ce que j'entrevoyais dans tout cela, c'est qu'il y avait menace; que le nom de Louis-Philippe avait été prononcé – et ce couteau ouvert disait clairement à quelle intention.
>
> Cela dépassait de beaucoup la limite de mes propres opinions républicaines : je cédai à la pression de mon voisin de gauche, qui, en sa qualité de comédien du roi, n'aimait pas l'idée d'être compromis, et nous sautâmes, de l'appui de la fenêtre dans le jardin.
>
> Je rentrai chez moi assez inquiet : il était évident que cette affaire aurait des suites. En effet, deux ou trois jours après, Évariste Galois fut arrêté.

Après avoir été détenu pendant un mois à la prison de Sainte-Pélagie, Galois fut accusé de menaces contre la vie du roi et jugé. Ses actions ne laissaient guère de doutes sur sa culpabilité, mais la confusion qui avait régné au banquet faisait que personne ne pouvait vraiment assurer l'avoir entendu proférer des menaces directes. La sympathie du jury et le jeune âge du prévenu – tout juste vingt ans – le firent acquitter. Mais le mois suivant, il était arrêté de nouveau.

Le 14 juillet 1831, Galois célébra à sa façon l'anniversaire de la prise de la Bastille : il se promena dans Paris sous l'uniforme illégal d'artilleur de la Garde. Ce n'était sans doute qu'un geste de défi, mais il lui valut six mois à Sainte-Pélagie. Il ne buvait pas : les gens rudes qui partageaient sa prison le firent boire. Le botaniste François Raspail, autre républicain farouche, emprisonné pour avoir refusé la Légion d'honneur que voulait lui décerner Louis-Philippe, a décrit la première beuverie de Galois :

> Il s'empare du petit verre comme Socrate prenant courageusement la ciguë; il l'avale d'un coup, non sans cligner des yeux et faire la grimace. Un deuxième verre n'est pas plus difficile à avaler que le premier, puis le troisième. Le débutant perd l'équilibre. Triomphe! Hommage au Bacchus des prisons! Vous avez enivré une âme ingénue, qui a horreur du vin[1].

Une semaine plus tard, un franc-tireur embusqué dans une mansarde en face de la prison tire dans une cellule, blessant le voisin de Galois; celui-ci se convainc que la balle lui était destinée et que le gouvernement cherche à l'assassiner. La crainte de la persécution politique le terrifie, l'éloignement de sa famille et de ses amis, le rejet de ses idées mathéma-

---

1. En réalité, ce n'était pas avec du vin que s'enivra Galois, mais avec de l'eau-de-vie, éperonné par les sarcasmes de ses compagnons de prison : « Tu ne bois que de l'eau : quitte donc le parti républicain et retourne à tes mathématiques. Sans vin ni femmes, tu ne seras jamais un homme » *(N.d.T.)*.

tiques le plongent dans la dépression. Dans un accès de délire alcoolique, il tente de se poignarder, mais Raspail et d'autres parviennent à le désarmer et à le maîtriser. Raspail rapporte les paroles de Galois juste avant la tentative de suicide :

> Sais-tu de quoi je manque, mon ami ? Je ne l'avoue qu'à toi : c'est quelqu'un que je puisse aimer et n'aimer qu'en esprit. J'ai perdu mon père et personne ne l'a jamais remplacé, m'entends-tu ?...

En mars 1832, un mois avant l'expiration de la peine de Galois, une épidémie de choléra éclata à Paris et les prisonniers de Sainte-Pélagie furent libérés[1]. Ce qui advint à Galois au cours des semaines qui suivirent a suscité bien des conjectures, mais ce qui est certain est que les événements de cette période furent en grande partie la conséquence d'une liaison avec une femme mystérieuse, Stéphanie-Félicie Poterine du Morel, fille d'un respectable médecin parisien. Si on ignore le début de l'idylle, on n'en connaît que trop la fin.

Stéphanie était déjà fiancée à un jeune homme bien né, Pescheux d'Herbinville, qui avait découvert l'infidélité de sa fiancée. Celui-ci en conçut de la colère, et étant l'un des meilleurs tireurs de France, n'hésita pas à provoquer immédiatement Galois en duel. Galois savait la réputation de l'autre. Dans la soirée qui précéda le duel, et dont il pensait qu'elle était sa dernière chance de jeter ses pensées sur le papier, il écrivit des lettres à ses amis, pour leur expliquer sa situation :

> Je prie les patriotes et amis de ne pas me reprocher de mourir autrement que pour le pays. Je meurs victime d'une

1. Les autorités ne voulurent pas que Galois fût exposé à l'épidémie et ils le transférèrent à l'hôpital, où il demeura un mois en tant que prisonnier sur parole.

infâme coquette et de deux dupes de cette coquette. C'est dans un misérable cancan que s'éteint ma vie. (...) Votre tâche est bien simple : prouver que je me suis battu malgré moi, c'est-à-dire après avoir épuisé tout moyen d'accommodement, et dire si je suis capable de mentir, de mentir même pour un si petit objet que celui dont il s'agissait[1].

En dépit de sa dévotion à la cause républicaine et de l'épisode pseudo-romanesque, Galois avait conservé sa passion pour les mathématiques et l'une de ses plus grandes craintes était que ses recherches, après avoir été rejetées par l'Académie, fussent perdues pour toujours. Dans une tentative désespérée de gagner la postérité, il travailla toute la nuit à écrire les théorèmes dont il estimait qu'ils expliquaient entièrement l'énigme des équations du cinquième degré. La figure 19 montre quelques-unes des dernières pages écrites par Galois. Elles étaient en grande partie la transcription des idées qu'il avait déjà soumises à Cauchy et à Fourier, mais entremêlées à l'algèbre de haut vol se trouvaient des références éparses à « Stéphanie » ou « une femme » et des cris de désespoir, « Je n'ai pas le temps ! Je n'ai pas le temps ! » A la fin de la nuit, quand ses calculs furent complets, il ajouta une lettre d'accompagnement à son ami Auguste Chevalier, demandant que s'il mourait, ses papiers fussent adressés aux plus grands mathématiciens européens.

Mon Cher Ami,

J'ai fait quelques découvertes en analyse. La première porte sur les équations du cinquième degré et d'autres fonctions intégrales.

Dans la théorie des équations, j'ai recherché les conditions pour la résolution des équations par les radicaux; cela m'a donné l'occasion d'approfondir cette théorie et de décrire

1. Dans une autre lettre, Galois déclare avoir été provoqué par « deux patriotes » dont l'identité est restée mystérieuse, autant que la nature de la provocation *(N.d.T.)*.

toutes les transformations possibles d'une équation même si elle n'est pas soluble par les radicaux. Tout cela sera trouvé ici dans trois mémoires...

J'ai, dans ma vie, osé avancer des propositions sur ce dont je n'étais sûr. Mais tout ce que j'ai écrit ici a été clair dans ma tête depuis plus d'un an, et il ne serait pas dans mon intérêt de m'exposer au reproche que j'annonce des théorèmes dont je n'ai pas une preuve complète.

Demande publiquement à Jacobi ou à Gauss de donner leurs opinions, non sur la vérité, mais sur l'importance de ces théorèmes. Après cela, j'espère que quelques-uns trouveront profit à ordonner ce brouillon.

Je t'embrasse avec effusion,

É. Galois

Le lendemain matin, le mercredi 30 mai 1832, Galois et d'Herbinville se firent face sur le pré à vingt-cinq pas l'un de l'autre, armés de pistolets. D'Herbinville était accompagné de témoins, Galois était seul. Il n'avait informé personne de son épreuve : le messager qu'il avait adressé à son frère Alfred ne devait annoncer la nouvelle du duel qu'après qu'il serait terminé et les lettres qu'il avait écrites à ses amis ne leur parviendraient que plusieurs jours plus tard.

Les pistolets furent levés et firent feu. D'Herbinville resta debout, Galois, blessé à l'estomac, était tombé à terre. Il n'y avait pas de chirurgien à disposition et le vainqueur s'en alla tranquillement pendant que son ennemi agonisait. Quelques heures plus tard, Alfred arriva sur les lieux et fit transporter son frère à l'hôpital Cochin. Mais il était trop tard, la péritonite flambait et Galois mourut le lendemain.

Ses funérailles furent presque aussi mouvementées que celles de son père. La police, craignant qu'elles déclenchassent une manifestation politique, avait arrêté la veille trente amis de Galois. Ce qui n'empêcha pas deux mille républicains d'assister à la cérémonie et, bien évidemment, des algarades éclatèrent entre les partisans et collègues de Galois d'une part et, de l'autre, les fonctionnaires du gouvernement venus surveiller les événements.

Fig. 19 : La nuit précédant son duel, Galois essaya de coucher sur le papier toutes ses idées mathématiques. D'autres notes apparaissent toutefois sur ce brouillon; ainsi, dans le quart gauche inférieur, on peut déchiffrer « Une femme », avec le mot « femme » raturé. Peut-être une référence à la femme qui aurait provoqué le duel fatal.

La colère emplissait les amis de Galois, car l'idée s'ancrait que d'Herbinville n'était pas un fiancé trompé, mais un agent du gouvernement, et que Stéphanie n'était pas une maîtresse, mais une intrigante. Des incidents tels que le coup de feu tiré contre la prison de Sainte-Pélagie pendant que Galois s'y trouvait renforçaient les soupçons d'un complot visant à assassiner le jeune agitateur; on conclut donc que Galois avait été attiré dans un guet-apens sentimental tendu à des fins politiques et pour l'éliminer physiquement. Les historiens ont débattu de l'affaire du duel : était-ce bien le résultat d'une histoire d'amour ou une machination politique? Toujours est-il que l'un des plus grands mathématiciens de l'histoire était mort à vingt ans, après avoir étudié les mathématiques pendant cinq ans.

Avant de diffuser les papiers de Galois, son frère et Auguste Chevalier les récrivirent pour les clarifier et développer les explications. L'habitude de Galois d'exposer ses idées à la hâte et de façon maladroite s'était évidemment aggravée pendant sa dernière nuit, où il avait si peu d'heures pour résumer des années de recherches. Des copies du manuscrit furent bien adressées à Carl Gauss, à Carl Jacobi et à d'autres, mais pendant plus d'une décennie elles n'éveillèrent pas d'échos. Puis, en 1846, Joseph Liouville tomba sur un exemplaire, y décela le génie et passa des mois à les interpréter. Enfin, il les publia dans son prestigieux *Journal de mathématiques pures et appliquées*. Les réactions des autres mathématiciens furent promptes et enthousiastes; en effet, après avoir partagé en solubles et insolubles les équations du cinquième degré, Galois avait parfaitement exposé la façon de chercher les solutions des premières. De plus, il avait étendu ses investigations à des équations de degrés supérieurs, avec x^6, x^7 et plus, et il avait défini celles qui étaient solubles. Ce chef-d'œuvre des mathématiques du XIXe siècle était l'œuvre d'un génie tragique.

Dans sa présentation du mémoire, Liouville analysait les raisons pour lesquelles le jeune mathématicien avait été rejeté par ses aînés et la manière dont il l'avait restauré à sa place :

> Un désir exagéré de concision fut la cause de ce défaut que l'on doit surtout tâcher d'éviter en traitant les matières mystérieuses de l'algèbre pure. La clarté est, en effet, d'autant plus nécessaire qu'on a dessein d'entraîner le lecteur plus loin des routes battues et dans des contrées plus arides. « Quand il s'agit de questions transcendantes, disait Descartes, soyez transcendantalement clair. » Galois a trop souvent négligé ce précepte, et nous pouvons comprendre que d'illustres géomètres aient jugé devoir essayer de ramener dans le droit chemin, par la sévérité de leurs sages conseils, un débutant plein de génie, mais inexpérimenté. L'auteur qu'ils censuraient était devant eux, ardent, actif; il pouvait profiter de leur avis.
>
> Mais à présent tout est changé. Galois n'est plus! Gardons-nous bien de nous laisser aller à d'inutiles critiques. Laissons là ses défauts. Voyons ses qualités (...) Mon zèle a été bien récompensé, et j'ai joui d'un vif plaisir au moment où, après avoir comblé de légères lacunes, j'ai reconnu l'exactitude entière de la méthode par laquelle Galois prouve en particulier ce beau théorème : pour qu'une équation irréductible de degré premier soit soluble par des radicaux, il faut et il suffit que toutes les racines soient des fonctions rationnelles de deux quelconques d'entre elles[1].

Le renversement du premier domino

Au cœur des calculs de Galois se trouvait un concept connu sous le nom de *théorie des groupes*, une idée dont il avait fait un outil efficace pour attaquer des problèmes jusque-là insolubles. En mathématiques, un groupe est une série d'éléments qui peuvent

1. Galois fut enterré au Cimetière Sud de Paris, dont il ne reste rien. Son œuvre se résume à une soixantaine de pages *(N.d.T.)*.

être combinés par une opération telle qu'une addition ou une multiplication et qui satisfont à certaines conditions. Une de leurs propriétés importantes est que, lorsque deux éléments sont combinés, le résultat en est un autre élément du groupe. Le groupe est dit fermé pour cette opération.

Par exemple, des nombres entiers forment un groupe par addition. La combinaison de deux nombres entiers par addition en forme un troisième :

$$4 + 12 = 16.$$

Tous les résultats possibles procédant d'une addition appartiennent aux nombres entiers et les mathématiciens disent donc que « les nombres entiers sont clos par l'addition » ou que « les nombres entiers forment un groupe additif ». Cependant, les nombres entiers ne forment pas un groupe pour la division, parce que la division d'un nombre entier par un autre ne donne pas nécessairement un nombre entier. Ainsi,

$$4/12 = 1/3.$$

La fraction résultante ne constitue pas un nombre entier et n'appartient donc pas à l'ensemble originel. Toutefois, si l'on considère un grand groupe qui comprend les fractions, les nombres dits « rationnels », on peut rétablir la clôture : « Les nombres rationnels sont clos par la division. » Cela dit, la prudence est de rigueur, car la division par le zéro mène à l'infini, engendrant ainsi des cauchemars mathématiques. C'est la raison pour laquelle il vaut mieux dire que « les nombres rationnels, à l'exclusion du zéro, sont clos par la division ». A maints égards, le concept de clôture évoque celui de complétude décrit dans un chapitre précédent.

Les nombres entiers et les fractions constituent

des groupes infiniment grands et l'on supposerait que plus un groupe est grand, plus ses mathématiques sont intéressantes. Néanmoins Galois avait un parti-pris minimaliste et il avait montré que de petits groupes soigneusement composés avaient aussi leurs richesses. Au lieu de se servir de groupes infinis, il commençait avec une équation donnée et constituait son groupe à partir de l'ensemble de solutions qu'elle avait. Ce furent les groupes formés par les solutions aux équations du cinquième degré qui permirent à Galois d'élaborer ses méthodes pour ces équations. Un siècle et demi plus tard, Wiles allait utiliser les travaux de Galois comme base de sa démonstration de la conjecture Taniyama-Shimura.

Pour établir cette démonstration, les mathématiciens devaient, on l'a vu, montrer que chacune de l'infinité de fonctions elliptiques pouvait être appariée à une forme modulaire. A l'origine, ils avaient tenté de montrer que l'ADN d'une fonction elliptique (la série *E*) pouvait être apparié à l'ADN d'une forme modulaire (la série *M*), puis ils passaient à la fonction suivante. Le processus est raisonnable, mais personne n'avait trouvé le moyen de le répéter à l'infini pour toutes les fonctions elliptiques et toutes les formes modulaires.

L'approche de Wiles fut entièrement différente. Au lieu de procéder par couple de fonction elliptique et de forme modulaire l'un après l'autre, il essaya d'apparier un élément de toutes les séries *E* et *M* et puis de passer à l'élément suivant. En d'autres termes, chaque ADN comportant une liste infinie d'éléments, les « gènes » individuels qui constituent l'ADN, Wiles voulait démontrer que chaque premier gène de chaque série *E* pouvait être apparié à chaque premier gène de chaque série *M*. Il montrerait ensuite que chaque deuxième gène de chaque série *E* pouvait être apparié à chaque deuxième gène de chaque série *M*, et ainsi de suite.

Dans l'approche traditionnelle, on affrontait un problème d'infini où, même si l'on pouvait prouver que toute une série *E* correspondait à toute une série *M*, on se retrouvait avec une infinité de l'une et de l'autre. L'approche de Wiles n'éliminait pas l'infini, parce que, même s'il prouvait que le premier gène d'une série *E* correspondait à celui d'une série *M*, il se retrouvait avec une infinité d'autres gènes à apparier. Cette approche présentait toutefois un avantage majeur sur la précédente.

Dans l'ancienne méthode, en effet, si l'on avait bien trouvé qu'une série *E* correspondait à une série *M*, il fallait ensuite se demander quelles séries suivantes on tenterait d'apparier. Mais l'infinité de ces deux séries ne comporte pas d'ordre naturel et le choix qu'on en fait est largement arbitraire. Or, dans la méthode de Wiles, les gènes, eux, ont bien un ordre naturel et quand on a prouvé que les premiers gènes de l'une et l'autre séries s'apparient bien ($E_1 = M_1$), l'étape suivante consiste évidemment à passer aux deuxièmes gènes ($E_2 = M_2$) et ainsi de suite.

Cet ordre naturel était exactement ce dont Wiles avait besoin pour réaliser sa démonstration inductive. Il lui fallait démontrer que si les premiers éléments s'appariaient, les deuxièmes pouvaient également le faire, puis les troisièmes et ainsi de suite. La chute du premier domino entraînait celle des autres.

Il franchit la première étape quand il prit conscience de l'efficacité des groupes de Galois. Il existait, pour chaque fonction elliptique, un nombre donné de solutions qui pouvaient être utilisées pour former un groupe. Après des mois d'analyse, Wiles démontra que ce groupe menait à une conclusion indéniable : le premier élément de toutes les séries *E* pouvait être apparié au premier élément de toutes les séries *M*. Grâce à Galois, Wiles avait donc fait tomber le premier domino. L'étape suivante consistait à montrer que si n'importe quel élément des séries *E* s'appariait à l'élément correspondant des séries *M*, il fallait que les éléments suivants s'appariassent également.

Il avait fallu deux ans pour en arriver là, et personne ne pouvait prévoir le temps nécessaire pour développer cette démonstration. Wiles était conscient de la tâche qui l'attendait. « Vous pourriez vous demander comment je pouvais consacrer un temps illimité à un problème qui n'était peut-être pas soluble. La réponse est que j'aimais travailler sur ce problème, et que j'en étais obsédé. Je trouvais plaisir à l'affronter. De plus, je savais que les mathématiques auxquelles je pensais, même si elles ne suffisaient pas à démontrer la conjecture Taniyama-Shimura, démontreraient quand même quelque chose. Je ne m'égarais pas sur des sentiers obscurs, je faisais tout le temps de bonnes mathématiques. Certes, le risque demeurait que je ne parvinsse jamais à Fermat, mais je ne perdais certainement pas mon temps. »

« *Le théorème de Fermat est-il résolu ?* »

Bien qu'elle n'eût couvert qu'une étape dans la démonstration de la conjecture Taniyama-Shimura, la stratégie « galoisienne » de Wiles représentait une jolie percée mathématique et méritait à elle seule une publication. La réclusion qu'il s'était imposée s'opposait à ce qu'il annonçât ce résultat au reste du monde, mais par ailleurs il ne voyait pas qui, dans le monde, aurait eu la même idée.

Évoquant son attitude philosophique à l'égard de rivaux éventuels, Wiles déclare : « A l'évidence, personne ne passerait des années pour trouver quelque chose et s'aviser ensuite que quelqu'un d'autre l'a trouvé quelques semaines avant vous. Mais curieusement, parce que je travaillais sur un problème que je considérais impossible, je n'avais pas vraiment peur d'une rivalité. Je pensais simplement que ni moi ni personne d'autre ne savait comment y arriver. »

Le 8 mars 1988, Wiles fut consterné de lire des manchettes dans les journaux affirmant que le Dernier théorème de Fermat avait été résolu. Le *Washington Post* et le *New York Times* annonçaient que Yoichi Miyaoka, trente-huit ans, de l'Université métropolitaine de Tokyo, avait découvert la solution du problème le plus difficile du monde. Miyaoka n'avait pas encore publié sa preuve, il en avait simplement esquissé les grandes lignes lors d'un séminaire de l'institut Max Planck pour les mathématiques à Bonn. Don Zagier, qui s'y trouvait, avait ainsi résumé l'optimisme de la communauté : « La démonstration de Miyaoka est très excitante et il y a des gens qui estiment qu'elle a de grandes chances d'être valide. Elle n'est pas encore définie, mais jusqu'ici, elle semble bonne. »

Miyaokoa avait expliqué à Bonn qu'il avait abordé le problème par un angle complètement nouveau, celui de la géométrie différentielle. Pendant les décennies précédentes, les spécialistes de cette discipline avaient acquis une bonne compréhension des formes mathématiques, et en particulier de leurs propriétés de surface. Puis, en 1970, une équipe de Soviétiques dirigés par le professeur S. Arakelov avait ébauché des parallèles entre la géométrie différentielle et certains problèmes de la théorie des nombres. C'était un aspect du programme Langlands et l'on espérait donc que les problèmes non résolus de la théorie des nombres pourraient être résolus par l'analyse des questions correspondantes et déjà résolues en géométrie différentielle. C'était ce qu'on appelait la *philosophie du parallélisme*.

Les spécialistes de la géométrie différentielle qui s'attaquaient aux problèmes de la théorie des nombres devinrent les « géomètres algébriques arithméticiens ». En 1983, ils remportèrent leur première victoire quand Gerd Faltings, de l'Institute for Advanced Studies de Princeton, apporta une contribution majeure à la compréhension du Dernier théorème de Fermat. Ce dernier avait affirmé qu'il n'y avait pas de solution entière à l'équation

$$x^n + y^n = z^n \text{ si } n \text{ est plus grand que 2.}$$

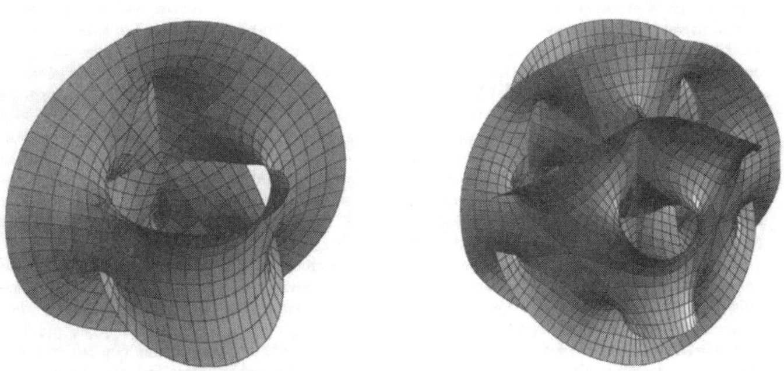

Fig. 20 : Ces formes ont été créées à l'aide du programme d'ordinateur Mathematica. *Ce sont des représentations géométriques de l'équation* $x^n + y^n = 1$, *où* n = *3 dans la première forme et n = 5 dans la seconde.* x *et* y *sont ici considérés comme des variables complexes.*

Faltings estimait qu'il pouvait progresser dans la démonstration du Dernier théorème par l'étude des formes géométriques associées à différentes valeurs de *n*. Les formes correspondant à chacune des équations sont toutes différentes, mais elles présentent un trait commun : elles comportent toutes des trous. Les formes sont quadri-dimensionnelles, un peu comme les formes modulaires, et l'on en voit en deux dimensions dans la figure 20. Toutes les formes ressemblent à des bretzels à plusieurs trous. Plus la valeur de n est grande et plus il y a de trous dans la forme correspondante.

Faltings put prouver que, étant donné que ces formes ont toujours plus d'un trou, l'équation de Fermat associée ne pouvait avoir qu'un nombre fini de trous correspondant à une solution en nombres entiers. Un nombre fini de solutions pouvait aller de zéro, comme le pensait Fermat, à un million, voire un milliard. Faltings n'avait donc pas démontré le Dernier théorème, mais il avait au moins écarté l'hypothèse d'une infinité de solutions.

Cinq ans plus tard, Miyaoka assura qu'il pouvait aller plus loin. Il n'avait pas encore trente ans qu'il avait créé une conjecture concernant l'« inégalité de Miyaoka ». Il devint évident que la preuve de sa propre conjecture géométrique démontrerait non seulement que le nombre de solutions de l'équation de Fermat était fini, mais encore qu'il était égal à zéro. La démarche de Miyaoka était analogue à celle de Wiles parce qu'ils essayaient tous deux de prouver le Dernier théorème en le rattachant à une conjecture fondamentale dans une discipline différente des mathématiques. Pour Miyaoka, c'était la géométrie différentielle et pour Wiles, les fonctions elliptiques et les formes modulaires. Par malheur pour Wiles, il en était encore à tenter de démontrer la conjecture Taniyama-Shimura alors que Miyaoka annonçait une preuve complète de sa propre conjecture et donc du Dernier théorème de Fermat.

Deux semaines après sa déclaration à Bonn, Miyaoka publia les cinq pages d'algèbre qui offraient le détail de sa preuve et les contrôles commencèrent.

Les théoriciens des nombres et les géomètres différentiels du monde entier scrutèrent le communiqué ligne par ligne, à l'affût de la moindre faille dans le raisonnement ou de l'ombre d'une hypothèse fausse. Quelques jours plus tard, plusieurs mathématiciens soulignèrent ce qui semblait constituer une contradiction dans la démonstration. Une partie des travaux de Miyaoka menait à une conclusion particulière de la théorie des nombres, qui, lorsqu'elle était transcrite en géométrie différentielle, contredisait un résultat publié plusieurs années auparavant. Sans doute cela n'invalidait-il pas nécessairement toute la démonstration de Miyaoka, même si cela divergeait du parallélisme professé entre la théorie des nombres et la géométrie différentielle.

Deux autres semaines passèrent, au terme desquelles Gerd Faltings, qui avait frayé le chemin de Miyaoka, annonça qu'il avait localisé la raison exacte de la rupture dans le parallélisme : c'était une faille du raisonnement. Le mathématicien japonais, qui était essentiellement un géomètre, n'avait pas été tout à fait rigoureux dans la transcription de ses idées dans le langage de la théorie des nombres, qui lui était moins familier. Une armée de théoriciens des nombres courut à la rescousse de Miyaoka pour l'aider à corriger son erreur, mais ce fut en vain. Deux mois après la proclamation initiale, le sentiment général était que la démonstration originale avait fait chou blanc.

Comme cela avait été le cas de nombreuses démonstrations défaillantes du passé, celle de Miyaoka avait créé des mathématiques novatrices. Des fragments en demeurèrent debout, en tant qu'applications ingénieuses de la géométrie différentielle à la théorie des nombres; dans les années qui suivirent, d'autres mathématiciens s'en servirent pour prouver d'autres théorèmes, mais pas celui de Fermat.

L'effervescence autour de Fermat s'essouffla et de brèves mises au point de la presse rappelèrent que l'énigme vieille de trois siècles en restait une. Sans doute inspiré par l'agitation, un graffiti apparut sur les murs de la station de métro de la Huitième Rue, à New York :

$x^n + y^n = z^n$: pas de solution.
J'ai découvert une preuve remarquable,
mais je ne peux pas l'écrire parce que mon train arrive.

La chambre la plus obscure

Wiles poussa un soupir de soulagement que le monde n'entendit évidemment pas. Le Dernier théorème de Fermat n'avait pas été conquis et Wiles pouvait poursuivre sa bataille pour le démontrer par le biais de la conjecture Taniyama-Shimura. « J'étais la plupart du temps assis à mon bureau, mais parfois je pouvais réduire le problème à quelque chose de très spécifique, quelque chose qui me paraissait insolite, quelque chose qui se trouvait quasiment sous la feuille de papier et que je ne pouvais saisir. Quand il y avait quelque chose qui m'occupait l'esprit, je n'avais besoin ni de papier, ni de crayon, ni de bureau, j'allais plutôt me promener le long du lac. Quand je suis en train de marcher, je parviens à me concentrer sur un aspect très précis d'un problème et à me polariser complètement. Comme j'ai toujours de quoi écrire dans ma poche, je peux toujours m'asseoir sur un banc quand une idée me vient. »

Au bout de trois ans d'efforts constants, Wiles avait réussi une série de percées. Il avait appliqué les groupes de Galois aux fonctions elliptiques, il avait fragmenté celles-ci en une infinité de morceaux et il avait prouvé que le premier élément de toute fonction elliptique devait être modulaire. Il avait renversé le premier domino et étudiait les techniques qui pouvaient permettre de renverser les autres. Rétrospectivement, cela paraît évident comme stratégie, mais il avait fallu une détermination féroce pour en arriver là et surmonter les accès de doute. Wiles compare son expérience à l'exploration d'une grande maison inconnue. « On entre dans la première chambre et elle est obscure. Complètement obscure. On se heurte aux meubles, on finit par connaître leur emplacement. Après quelque six mois, on finit par trouver le commutateur et soudain la pièce est éclairée. On peut voir exactement où l'on se trouve. Puis on passe à la pièce suivante, et l'on affronte de nouveau six mois d'obscurité. Donc, chacune des percées qui ont été faites et qui sont parfois brèves, ne durant qu'un jour ou deux, sont l'accomplissement des mois de tâtonnements dans le noir, sans lesquels il n'y aurait jamais eu de lumière. »

En 1990, Wiles se trouvait dans la pièce la plus obscure. Il l'explorait depuis deux ans. Il n'avait pas encore trouvé le moyen de démontrer que si un élément d'une fonction elliptique est modulaire, l'élément suivant doit l'être aussi. Ayant essayé tous les outils et techniques des manuels, il les avait tous trouvés inadéquats. « Je pensais vraiment que j'étais sur la bonne voie, mais cela ne signifiait pas obligatoirement que j'atteindrais mon but. Il se pouvait que les méthodes nécessaires pour résoudre ce problème particulier eussent dépassé la portée des mathématiques contemporaines. Peut-être que celles dont j'avais besoin ne verraient pas le jour avant un siècle. Alors, même si j'étais sur la bonne voie, je pouvais être dans le mauvais siècle. »

Mais toujours intrépide, il persévéra une année de plus. Il commença à travailler sur une technique dite théorie d'Iwasawa : c'était une méthode d'analyse des fonctions elliptiques qu'il avait étudiée à Cambridge, sous la direction de John Coates. Telle quelle, elle était sans doute inappropriée, mais il espérait pouvoir la modifier et la transformer en un instrument assez efficace pour engendrer un effet domino.

La méthode de Kolyvagin et Flach

Depuis qu'il avait réussi sa percée avec les groupes de Galois, Wiles se sentait de plus en plus frustré. Quand la pression intérieure devenait trop grande, il se tournait vers sa famille. Depuis qu'il avait commencé à travailler sur le Dernier théorème de Fermat, en 1986, il était deux fois devenu père. « La seule manière de me détendre était la compagnie de mes enfants. Les jeunes enfants ne s'intéressent pas à Fermat, ils veulent entendre une histoire et ils n'auront de cesse qu'ils ne l'aient entendue. »

A l'été 1991, Wiles pensait qu'il avait échoué à transformer la théorie d'Iwasawa. Il lui fallait toujours démontrer que chaque domino, à supposer qu'il eût été lui-même renversé, renversât le domino suivant, c'est-à-dire que si chaque élément de la série E des fonctions elliptiques s'appariait à un élément de la série M des formes modulaires, ce serait également le cas du suivant. Il lui fallait encore s'assurer que ce serait le cas pour chaque fonction elliptique et chaque forme modulaire. La théorie d'Iwasawa ne lui offrait pas la sécurité recherchée. Une enquête supplémentaire approfondie dans la littérature mathématique ne lui livra pas la méthode requise. Ayant passé cinq ans en réclusion volontaire à Princeton, Wiles décida qu'il était temps de reprendre une vie sociale pour se tenir au fait des dernières nouvelles mathématiques. Peut-être quelqu'un travaillait-il sur une technique novatrice et ne l'avait-il pas encore publiée, pour une raison ou l'autre. Wiles se rendit à Boston pour assister à une grande conférence sur les fonctions elliptiques, où il serait certain de rencontrer quelques vedettes en ce domaine.

Il fut chaleureusement accueilli par ses collègues du monde entier, ravis de le retrouver dans le circuit des conférences après une aussi longue absence. Ils ignoraient l'objet de ses travaux et il se garda bien de les en informer. Ils ne devinaient pas non plus ses raisons profondes quand il leur demanda les dernières nouvelles sur les fonctions elliptiques. Les premières réponses ne lui apportèrent rien d'intéressant pour lui-même, mais un entretien avec son ancien mentor John Coates fut plus fructueux. « Coates m'informa qu'un de ses étudiants, Matheus Flach, était en train de rédiger un superbe mémoire dans lequel il analysait les fonctions elliptiques. Il s'appuyait sur une méthode récemment mise au point par Kolyvagin et il semblait que celle-ci fût faite sur mesures pour mon problème. Elle paraissait être exactement ce qu'il me fallait, bien que, j'en étais conscient, il me faudrait développer plus avant cette méthode dite Kolyvagin-Flach. J'abandonnai totalement l'approche que j'avais utilisée et me consacrai jour et nuit à développer la méthode Kolyvagin-Flach. »

En théorie, cette nouvelle méthode pouvait étendre le raisonnement de Wiles, du premier à tous les autres éléments d'une équation elliptique donnée. D'autre part, elle était susceptible de s'appliquer à toutes les fonctions elliptiques. Le professeur Kolyvagin avait conçu une méthode remarquablement puissante et Matheus Flach l'avait à la fois affinée et renforcée. Ni l'un ni l'autre ne se doutaient que Wiles projetait d'incorporer leurs travaux dans la démonstration la plus importante du monde.

De retour à Princeton, Wiles consacra plusieurs mois à se familiariser avec la nouvelle méthode, puis à la tâche gigantesque de l'adapter et de la mettre en œuvre. Et bientôt, pour une fonction elliptique donnée, il réussit à faire fonctionner la méthode inductive, et se trouva alors en mesure de renverser tous les dominos. Malheureusement, la méthode Kolyvagin-Flach n'était pas applicable à toutes les fonctions elliptiques, et Wiles s'avisa à la fin que ces dernières pouvaient en fait être classées en familles diverses. Si la méthode Kolyvagin-Flach marchait pour une fonction elliptique d'une famille donnée, elle le faisait pour toutes les autres de cette famille. La gageure était de l'adapter de façon à ce qu'elle s'appliquât à toutes les familles. Certes, il y en avait qui étaient plus difficiles que d'autres, mais Wiles pensait qu'il aurait raison de toutes les familles, l'une après l'autre.

Au bout de six années d'efforts intenses, Wiles commençait à croire qu'il arrivait au terme. Semaine après semaine, il démontrait que de nouvelles et plus vastes familles de fonctions elliptiques devaient être modulaires. Ce ne serait qu'une question de temps avant qu'il eût raison des fonctions elliptiques majeures. Mais durant cette étape finale, il commença à se rendre compte que toute sa démonstration reposait sur une technique qu'il n'avait découverte que quelques mois plus tôt. Et il commença à se demander s'il utilisait la méthode Kolyvagin-Flach de manière bien rigoureuse.

« Durant cette année-là, j'avais travaillé très dur pour rendre la méthode Kolyvagin-Flach efficace, mais ce travail impliquait de nombreux processus délicats dont je n'étais pas familier. Il y avait là beaucoup d'algèbre qui me contraignit à apprendre beaucoup de nouvelles mathématiques. Puis, vers le début de janvier 1993, je décidai que j'avais besoin de me

Nick Katz

confier à quelqu'un qui serait un expert dans les techniques géométriques dont je me servais. Il me fallait être très prudent dans le choix de la personne à laquelle je me confierais, parce que l'affaire devait rester confidentielle. Je choisis Nick Katz. »

Le professeur Nick Katz travaillait au Département des mathématiques de l'université de Princeton, et il connaissait Wiles depuis de nombreuses années. En dépit de leur voisinage, Katz ignorait ce qui se passait au bout du couloir. Il se rappelle en détail les circonstances dans lesquelles Wiles lui révéla son secret :

« Un jour, Andrew vint me voir à l'heure du thé et me demanda si je pouvais le rejoindre dans son bureau, parce qu'il y avait quelque chose dont il voulait me parler. Je n'avais aucune idée de ce que cela pouvait être. Je me rendis dans son bureau et il ferma la porte derrière moi. Il me dit qu'il pensait être capable de prouver la conjecture Taniyama-Shimura. Je fus saisi, abasourdi. C'était fantastique.

« Il m'expliqua qu'une grande partie de son travail reposait sur l'extension des travaux de Flach et de Kolyvagin, mais c'était très technique. Il ne se sentait pas du tout sûr de lui pour la partie la plus technique de la démonstration et il voulait la passer en revue avec quelqu'un pour être sûr que son travail était correct. Il estimait que j'étais la personne qui pouvait l'aider à ce contrôle, mais je pense qu'il y avait une autre raison pour laquelle il s'était adressé à moi. Il était sûr que je tiendrais ma langue et que je ne parlerais pas à d'autres de sa démonstration. »

Donc, Wiles avait confié son secret au bout de six années d'isolement. Maintenant, c'était à Katz de se dépatouiller de la montagne de calculs spectaculaires basés sur la méthode Kolyvagin-Flach. Presque tout ce que Wiles avait réalisé était révolutionnaire, et Katz réfléchit longuement à la meilleure manière d'effectuer une révision intégrale : « Ce qu'Andrew devait expliquer était si énorme qu'il ne lui aurait pas été possible de me l'expliquer dans son bureau de manière informelle. Pour une entreprise de cette importance, nous avions besoin de la structure d'entretiens hebdomadaires programmés, sans quoi nous nous serions égarés. C'est pourquoi nous avons décidé d'organiser une série de cours. »

Ils décidèrent que la meilleure stratégie serait d'annoncer une série de cours ouverts aux étudiants diplômés du département. Wiles donnerait les cours et Katz serait dans l'audience. Ces cours porteraient effectivement sur la partie de la démonstration qu'il fallait vérifier, mais les étudiants ne le sauraient pas. L'intérêt de vérifier la démonstration de cette manière était que Wiles serait contraint d'expliquer son travail pas à pas et que cela ne susciterait pas de soupçons dans le département. En apparence, c'était un cours pour diplômés comme les autres.

« Andrew annonça donc sa série de cours, intitulée *Calculs sur les fonctions elliptiques*, dit Katz avec un sourire gêné, ce qui était un titre tout à fait anodin ; il pouvait recouvrir n'importe quoi. Il ne parla pas de Fermat, il ne parla pas de Taniyama-Shimura, il commença par se lancer bille en tête dans des calculs techniques. Personne au monde n'aurait jamais deviné le véritable sujet. C'était fait de telle manière qu'à moins de savoir à quoi cela servait, les calculs paraissaient incroyablement techniques et ennuyeux. Et quand vous ne savez pas à quoi servent les mathématiques, il est impossible de les suivre. Sans parler du fait que c'est déjà assez difficile à suivre même quand on sait de quoi il s'agit. De toute façon, les auditeurs s'esquivèrent l'un après l'autre et après quelques semaines, je me trouvais être le seul auditeur dans la salle. »

Katz écouta donc attentivement chaque étape de la démarche de Wiles. A la fin, son opinion fut que la méthode Kolyvagin-Flach semblait fonctionner parfaitement. Personne dans le département ne semblait se rendre compte de ce qui se passait. Personne n'imaginait que Wiles était sur le point d'emporter le prix le plus important des mathématiques. Leur petit complot avait été une réussite.

Une fois achevée la série de cours, Wiles consacra tous ses efforts à compléter la démonstration. Il avait appliqué avec succès la méthode Kolyvagin-Flach à toutes les familles de fonctions elliptiques, l'une après l'autre, et au point où il en était, une seule famille se montra rebelle au traitement. Wiles rapporte de quelle façon il tenta quand même de compléter le dernier élément de sa démonstration : « Un matin de la fin de mai, Nada était sortie avec les enfants et j'étais assis à ma table de travail, en train de penser à la famille en suspens de fonctions elliptiques. Je regardais distraitement un article de Barry Mazur et une phrase me sauta aux yeux. Elle mentionnait un raisonnement du XIXe siècle, et je m'avisai soudain que je pourrais l'utiliser pour appliquer la méthode Kolyvagin-Flach à la dernière famille de fonctions elliptiques. Je poursuivis tout l'après-midi et j'oubliai de déjeuner. Vers trois ou quatre heures, j'étais vraiment convaincu que je pourrais venir à bout du dernier problème. Je descendis vers l'heure du thé et Nada fut très surprise de mon retard. Je lui annonçai alors que j'avais résolu le Dernier théorème de Fermat. »

La conférence du siècle

Au terme de sept années d'effort ininterrompu, Wiles avait donc bâti une preuve de la conjecture

Taniyama-Shimura. Après y avoir rêvé pendant trente ans, il avait du même coup démontré le théorème de Fermat. Il était temps d'en informer le monde.

« Vers mai 1993, j'étais convaincu que je tenais tout le Dernier théorème de Fermat à ma merci, dit Wiles. Je voulais encore vérifier un peu la preuve, mais une conférence était prévue à Cambridge à la fin de juin et je pensais que ce serait une occasion inespérée pour annoncer la preuve : c'est ma ville natale et j'y avais préparé ma licence. »

La conférence se tenait au Isaac Newton Institute. Cette fois-ci, l'institut avait organisé une séance de travail sur la théorie des nombres sous le titre obscur *Les Fonctions L et l'arithmétique*. L'un des organisateurs en était l'ancien maître de Wiles, John Coates : « Nous avions invité des gens du monde entier qui travaillaient sur cette catégorie de problèmes, et Andrew y figurait naturellement. Nous avions prévu une semaine de conférences intensives et, à l'origine, étant donné que nous avions reçu beaucoup de demandes pour un temps de chaire, je n'avais alloué à Andrew que deux interventions. Mais je me rendis ensuite compte qu'il aurait besoin d'une troisième et je lui concédai le temps de ma propre intervention. Je savais qu'il voulait annoncer quelque chose d'important, mais je n'avais aucune idée de ce que c'était. »

Quand Andrew arriva à Cambridge, il avait devant lui deux semaines et demie avant sa première conférence et il voulait les exploiter au mieux. « Je décidai de vérifier ma preuve et en particulier la partie Kolyvagin-Flach avec un ou deux experts. Le premier auquel je m'adressai fut Barry Mazur. Je crois lui avoir dit : “J'ai avec moi un manuscrit qui contient la preuve d'un certain théorème.” Il parut tout à fait déconcerté pendant un moment, puis je lui dis : “Bon, regardez-le.” Je crois qu'il lui a fallu un certain temps pour reprendre ses esprits. Il avait l'air stupéfait. Je l'informai alors que j'avais de toute façon l'intention d'en parler à la conférence et que j'aimerais beaucoup qu'il essayât de vérifier mon travail. »

Une par une, les plus éminentes personnalités de la théorie des nombres commencèrent à arriver au Newton Institute, y compris Ken Ribet, dont les calculs en 1986 avaient inauguré le calvaire de sept ans de Wiles. « Je me suis rendu à cette conférence sur les fonctions *L* et les courbes elliptiques et ça n'avait pas l'air d'une réunion exceptionnelle, jusqu'au moment où les gens ont commencé à me dire qu'ils avaient entendu des rumeurs fantastiques sur la série de conférences d'Andrew Wiles. La rumeur était qu'il avait démontré le Dernier théorème de Fermat, et j'ai seulement pensé que c'était complètement dingo. J'ai pensé que ça ne pouvait pas être vrai. Il y a de nombreux cas où des rumeurs ont commencé à circuler dans le monde des maths, surtout par Internet, et l'expérience prouve qu'il ne faut pas leur accorder trop de crédit. Mais celles-ci persistaient et Andrew refusait d'y répondre et se comportait de façon très, très bizarre. John Coates lui a demandé : “Andrew, qu'est-ce que vous avez prouvé ? Est-ce que nous devons convoquer la presse ?” Andrew a juste répondu par un geste de la tête et est resté muet. Il se préparait vraiment à un grand spectacle.

« Puis, un après-midi, Andrew est venu me voir et a commencé à m'interroger sur ce que j'avais fait en 1986 et un peu sur l'histoire des idées de Frey. Je me suis dit, c'est incroyable, mais il a dû prouver la conjecture Taniyama-Shimura et le Dernier théorème de Fermat, sans quoi il ne me poserait pas ces questions. Je ne lui ai pas demandé directement si c'était vrai, parce qu'il se comportait de façon très coquette et je savais que je n'obtiendrais pas une réponse directe. Alors j'ai dit quelque chose comme : "Bon, Andrew, si vous avez l'occasion de parler de ce travail, voici ce qui s'est passé." Je l'ai regardé comme si j'étais au courant de quelque chose, mais je ne savais pas vraiment ce qui se passait. J'en restais à des suppositions. »

La réaction de Wiles aux rumeurs et à la tension qui croissait était simple : « Les gens me demandaient à propos de mes conférences ce que j'allais annoncer exactement. Je leur répondais : "Venez les écouter et vous le saurez." »

En 1920, David Hilbert, qui avait alors cinquante-huit ans, donna une conférence publique à Göttingen sur le Dernier théorème de Fermat. Quand on lui demanda si le problème serait jamais résolu, il répondit qu'il ne serait pas vivant pour le voir, mais que peut-être de plus jeunes membres de l'audience en verraient la solution. L'estimation de la date par Hilbert était assez exacte. La conférence de Wiles avait été bien programmée aussi par rapport au prix Wolfskehl. Dans son testament, Paul Wolfskehl avait fixé la date limite au 13 septembre 2007.

Le titre de la série de conférences de Wiles était *Les Formes modulaires, les courbes elliptiques et les représentations de Galois*. Une fois de plus, et comme dans la série de cours organisée pour le bénéfice de Nick Katz, le titre en était si général qu'il ne révélait rien. La première conférence de Wiles fut apparemment banale; elle jetait les bases de son offensive contre la conjecture Taniyama-Shimura qui ferait l'objet des deux autres conférences. La majorité de ses auditeurs, ignorant totalement les rumeurs, ne saisirent pas l'objet de la conférence et s'intéressèrent peu aux détails. Ceux qui étaient au parfum, en revanche, guettaient le moindre détail.

Immédiatement après la conférence, la machine à

rumeurs recommença à fonctionner avec une vigueur accrue, et le courrier électronique la relaya dans le monde entier. Le professeur Karl Rubin, un ancien élève de Wiles, en informa ses collègues aux États-Unis :

Date Lundi 21 juin 1993 13 : 33 :06
Sujet Wiles
Salut. Andrew a donné aujourd'hui sa première conférence. Il n'a pas annoncé une preuve de Taniyama-Shimura, mais il se dirige dans cette direction et il doit donner deux autres conférences. Il reste toujours très secret sur le résultat final.

Ce que je pense est qu'il va prouver que si E est une courbe elliptique sur Q et que la représentation de Galois sur les points d'ordre 3 de E répond à certaines hypothèses, alors E est modulaire. D'après ce qu'il a dit, il semble qu'il ne démontrera pas la totalité de la conjecture. Ce que je ne sais pas est si ça s'appliquera à la courbe de Frey et donc si ça concerne Fermat. Je vous tiendrai au courant.

Karl Rubin
Ohio State University

Le lendemain, la rumeur avait encore gagné du terrain et le public de la deuxième conférence fut nettement plus nombreux. Wiles les titilla avec un calcul intermédiaire qui montrait clairement qu'il était aux prises avec la conjecture Taniyama-Shimura, mais l'audience se demandait toujours s'il en avait fait assez pour la prouver et, par conséquent, pour venir à bout du Dernier théorème de Fermat. Une nouvelle moisson de courrier électronique partit via les satellites.

Date Mardi 22 juin 1993 13 : 10 :39
Sujet Wiles
Pas davantage de vraies nouvelles dans la conférence d'aujourd'hui. Andrew a énoncé un théorème général sur l'utilisation des représentations de Galois selon les grandes lignes que j'avais suggérées hier. Ça ne semble pas du tout s'appliquer aux courbes elliptiques, mais le grand fracas viendra demain.

Je ne sais vraiment pas pourquoi il s'y prend de cette manière. Il est évident qu'il sait ce qu'il va dire demain. C'est vraiment un travail massif auquel il s'est attaqué depuis des années, et il a l'air sûr de son fait. Je vous informerai de ce qui se passera demain.

Karl Rubin
Ohio State University

Le 23 juin, Andrew donna sa troisième et dernière conférence. John Coates relève : « Ce qui était remarquable, c'est que presque tous ceux qui avaient contribué aux idées qui sous-tendaient la démonstration étaient dans la salle : Mazur, Ribet, Kolyvagin et beaucoup, beaucoup d'autres. »

A ce point-là, la rumeur était tellement insistante que toute la communauté mathématique de Cambridge se présenta à la conférence. Ceux qui avaient eu de la chance étaient entassés dans l'auditorium, tandis que les autres attendaient dans le corridor, où ils essayaient de se hausser sur la pointe des pieds jusqu'aux fenêtres. Ken Ribet n'avait pas voulu prendre le risque de manquer la proclamation mathématique la plus importante du siècle : « Je suis arrivé tôt et je me suis assis au premier rang avec Barry Mazur. J'avais apporté mon appareil photo avec moi pour fixer l'événement. L'atmosphère était électrique et les gens très excités. Nous avions le sentiment que nous participions à un moment historique. Les gens avaient des sourires sur le visage avant et pendant la conférence. La tension augmentait depuis plusieurs jours. Puis il y eut ce merveilleux moment où nous approchions d'une preuve du Dernier théorème de Fermat. »

Barry Mazur avait déjà reçu de Wiles une copie de la démonstration, mais même alors, il fut étonné par la performance. « Je n'ai jamais assisté à une aussi splendide conférence, aussi pleine d'idées lumineuses, avec une telle tension dramatique. Et quel crescendo ! Il n'y avait qu'une conclusion possible. »

Conférence d'Andrew Wiles au Isaac Newton Institute, Cambridge, le 23 juin 1993. Wiles vient tout juste d'annoncer sa preuve du Dernier théorème de Fermat. Ni lui ni le public ne se doutent des épreuves qui l'attendent.

Étrangement, Wiles est incapable de se rappeler en détail les moments finaux de la conférence, mais il se souvient bien de l'atmosphère : « La presse avait bien eu vent de la conférence, mais heureusement elle n'était pas présente. Mais vers la fin, beaucoup de gens dans l'audience prenaient des photos et le directeur de l'Institut s'était dûment préparé, avec une bouteille de champagne. Il y eut un silence solennel quand je lus la preuve et lorsque j'écrivis l'énoncé du Dernier théorème de Fermat. Je dis : "Je crois que je m'arrêterai ici", et des applaudissements nourris suivirent. »

L'après-coup

Curieusement, les impressions de Wiles sur la conférence étaient partagées : « C'était évidemment un grand moment, mais mes sentiments étaient contradictoires. Tout cela avait fait partie de moi pendant sept ans, ç'avait été toute ma vie professionnelle. J'étais tellement absorbé dans le problème que je pensais qu'il m'appartenait. Mais là, je me laissais aller. J'avais le sentiment que je laissais une partie de moi m'abandonner. »

Son collègue Ken Ribet ne partageait pas ces réserves : « C'était un événement tout à fait remarquable. Je veux dire, vous allez à des conférences et il y en a quelques-unes qui sont banales, d'autres qui sont bonnes et d'autres encore qui sont exceptionnelles, mais ce n'est qu'une fois dans une vie que l'on a une conférence où quelqu'un déclare avoir résolu un problème qui a résisté pendant trois cent cinquante ans. Les gens se regardaient et se disaient : "Mon Dieu, vous savez que nous venons d'assister à un événement historique..." Puis il y a eu quelques questions sur des aspects techniques de la démonstration et sur les applications possibles d'autres équations, puis le silence a régné et une deuxième salve d'applaudissements a éclaté. La conférence suivante était la mienne. Les gens ont pris des notes, ils ont applaudi et personne, y compris moi-même, n'avait la moindre idée de ce que j'avais dit dans cette conférence. »

Tandis que les mathématiciens répandaient la bonne nouvelle sur l'Internet, le reste du monde dut attendre les bulletins d'information du soir ou les journaux du lendemain. Les équipes de télévision et les reporters scientifiques accoururent au Newton Institute, demandant tous des interviews avec « le plus grand mathématicien du siècle ». Le *Guardian* titra : « La dernière énigme des maths a vécu ! » et *Le Monde* annonça en première page : « Le théorème de Fermat enfin résolu. » Partout, les journalistes interrogèrent les mathématiciens sur le travail de Wiles, et les professeurs, à peine remis du choc, étaient censés expliquer la preuve mathématique la plus compliquée qu'il y eût jamais eu ou bien encore résumer en un mot la conjecture Taniyama-Shimura.

Le professeur Shimura apprit la preuve de sa propre conjecture en jetant les yeux sur la première page du *New York Times* : « Enfin, le cri Eurêka ! dans une énigme séculaire des maths. » Trente-cinq ans après le suicide de son ami Yutaka Taniyama, la conjecture qu'ils avaient créée ensemble avait triomphé. Pour beaucoup de mathématiciens, la démonstration de la conjecture Taniyama-Shimura était une réussite beaucoup plus importante que la solution du Dernier théorème de Fermat, parce qu'elle entraînait des conséquences immenses pour beaucoup d'autres théorèmes mathématiques. Les journalistes qui traitaient de l'affaire tendaient, eux, à se concentrer sur Fermat et ne mentionnaient Taniyama-Shimura qu'en passant, quand ils le faisaient.

Shimura, qui est modeste et courtois, ne fut pas inconsidérément contrarié par le peu d'attention qu'on prêtait à son rôle dans la démonstration du Dernier théorème de Fermat, mais il prit ombrage de ce que lui et Taniyama fussent passés du statut de noms propres à celui d'adjectifs. « Il est vraiment curieux que des gens parlent de la conjecture Taniyama-Shimura, mais que personne ne parle de Taniyama et de Shimura. »

C'était la première fois que les mathématiques faisaient les unes des journaux depuis que Yoichi Miyaoka avait annoncé en 1988 sa preuve manquée. Mais cette fois, le volume de presse sur l'événement fut deux fois plus gros et personne n'exprima de doutes sur les calculs. Wiles devint soudain célèbre, en fait le seul mathématicien célèbre au monde, et le magazine *People*[1] le classa parmi « les vingt-cinq personnes les plus fascinantes de l'année », avec la princesse Diana et Oprah Winfrey[2]. Une chaîne de confection internationale demanda au génie réservé de poser pour sa nouvelle collection d'habillement pour homme.

Tandis que le cirque médiatique se poursuivait et que les mathématiciens faisaient de leur mieux sous les feux de la rampe, le travail sérieux de vérification de la preuve était en cours. Comme dans toutes les disciplines scientifiques, chaque information nouvelle doit être passée au crible avant d'être acceptée comme valide. Des jurés examinaient donc la démonstration de Wiles. Bien que ses conférences à l'Isaac Newton Institute eussent offert la ligne générale de ses calculs, cela n'avait pas valeur d'un examen officiel par ses pairs. Le protocole académique exige que tout mathé-

1. Hebdomadaire américain consacré aux vedettes. *(N.d.T.)*.
2. Célèbre présentatrice américaine de télévision *(N.d.T.)*.

maticien soumette un manuscrit complet à un journal respecté, dont le rédacteur en chef soumettra le texte à une équipe d'experts chargés de le contrôler ligne par ligne. Wiles devait donc passer l'été dans l'anxiété, attendant le rapport de ses examinateurs et espérant qu'il aurait leur aval.

"All the News That's Fit to Print"

The New York Times

Late Edition

VOL.CXLII . . . No. 49,372 — NEW YORK, THURSDAY, JUNE 24, 1993 — 50 CENTS

At Last, Shout of 'Eureka!' In Age-Old Math Mystery

By GINA KOLATA

Impossible Is Possible

Pierre de Fermat, whose theorem may have been proved.

Tsutomu Hata, seated left, who led a walkout of 44 Liberal Democratic members of Japan's Parliament on Tuesday, announced the formation of a new party at a news conference in the heat of television lights.

SENATORS TAKE UP CLINTON'S BUDGET WITH ACID DEBATE

G.O.P. ALTERNATIVE BEATEN

Two Parties Relish the Stage, Trading Vitriolic Speeches on How to Trim Deficit

By MICHAEL WINES

A Turnout in Each Camp

In High Dudgeon Indeed

Split in Japan's Ruling Party Is Rearranging Political Map

By JAMES STERNGOLD

End of an Era

House Retains Space Station In a Close Vote

By CLIFFORD KRAUSS

Move to Kill Project

Cutback in U.S. Funds to Reduce Summer Jobs for New York Youths

By THOMAS J. LUECK

Contrast to Last Summer

S.& L. Woes Impinge on Privileged Haven

By JEANNE B. PINDER

Maharajahs and Stars

Jennifer Rosbridge practicing jumping recently at the stables of the Palm Beach Polo and Country Club in West Palm Beach, Fla.

U.S. Reports Setback On Russian Aid Plan

Budget Debate: A Primer

Cutting Through Claims and Counterclaims As Senate Ponders Ways to Curb the Deficit

By DAVID E. ROSENBAUM

News Analysis

Amount of Deficit Reduction

Economic Rumblings

INSIDE

Panel Acts on Base Closings

Iraqis Move Toward Iran

Nigeria Voids Its Elections

Mine Field in the Heavens

News Summary

La presse internationale rapporta la démonstration du Dernier théorème de Fermat, le lendemain de la conférence de Wiles.

Andrew Wiles et Ken Ribet tout de suite après la conférence historique au Isaac Newton Institute.

VII

Un petit problème

> Un problème digne d'attaque montre sa valeur en ripostant.
>
> Piet Hein

Dès que les conférences de Cambridge furent terminées, le comité Wolfskehl fut informé de la démonstration de Wiles. Ils ne pouvaient pas décerner le prix sur-le-champ, parce que les règlements du concours demandaient explicitement la vérification par d'autres mathématiciens et la publication officielle de la preuve.

> La Königliche Gesellschaft der Wissenchaften à Göttingen (...) ne prendra en considération que les mémoires mathématiques parus sous forme de monographie dans les périodiques ou qui sont en vente dans les librairies (...) L'attribution du prix par la Société ne se fera pas avant deux ans après la publication du mémoire à couronner. Cet intervalle est destiné à permettre aux mathématiciens allemands et étrangers d'exprimer leur opinion sur la validité de la solution publiée.

Wiles soumit son manuscrit au journal *Inventiones Mathematicae,* et Barry Mazur, le rédacteur en chef de cette publication, commença à choisir les jurés. Le texte de Wiles mettait en jeu une telle variété de techniques mathématiques, anciennes et modernes, que Mazur prit la décision exceptionnelle de nommer non pas deux ou trois jurés comme d'habitude, mais six. Chaque année quelque trente mille articles scientifiques sont publiés dans des revues scientifiques dans le monde, mais le volume et l'importance de celui de Wiles impliquaient qu'il serait soumis à une révision exceptionnelle. Pour simplifier la tâche, ses deux cents pages furent divisées en six sections et chacun des jurés se vit attribuer la responsabilité d'un chapitre.

Le chapitre 3 revint à Nick Katz, qui connaissait déjà cette partie de la démonstration de Wiles : « Je me trouvais à Paris pour l'été, pour travailler à l'Institut des hautes études scientifiques, et j'emportai l'ensemble des deux cents pages ; le chapitre qui me revenait faisait soixante-dix pages. Quand je fus sur place, je décidai que j'avais besoin de fortes compétences techniques et j'insistai donc pour que Luc Illusie, qui se trouvait également à Paris, fît office de juré adjoint pour ce chapitre. Nous nous rencontrâmes plusieurs fois par semaine cet été-là, nous instruisant l'un l'autre à fond pour tenter de comprendre ce chapitre. Nous ne fîmes littéralement rien d'autre que réviser ce manuscrit ligne par ligne pour nous assurer qu'il ne recelait pas d'erreurs. Quelquefois, nous nous trouvions déconcertés et tous les jours, parfois deux fois par jour, j'adressai une question à Andrew par Internet : je ne comprends pas ce que vous dites à cette page, ou bien il me semble que cette ligne est erronée. Je recevais d'habitude une réponse le jour même ou le jour suivant, qui clarifiait le problème, et nous continuions jusqu'au problème suivant. »

La démonstration consistait en un raisonnement gigantesque, bâti de manière dense à partir de centaines de calculs assemblés par des milliers de liens logiques. Si un seul de ces calculs était vicié ou que l'un des liens n'était pas cohérent, c'était l'ensemble de la démonstration qui risquait de se trouver infirmée.

Wiles, qui était retourné à Princeton, attendait anxieusement que les jurés eussent fini leur tâche. « Mon travail, dit-il, était sans cesse interrompu par les questions que m'adressaient les jurés. J'étais assez sûr qu'aucune de ces questions n'était très grave. » Il avait déjà vérifié sa démonstration à deux reprises avant de la confier aux jurés, et il ne s'attendait donc pas à plus que l'équivalent mathématique d'erreurs grammaticales ou typographiques, des bavures sans conséquence qu'il pouvait rectifier immédiatement.

« Ces questions furent adressées d'une façon relativement normale jusqu'au mois d'août, se rappelle Katz. Et là j'ai trouvé ce qui paraissait être un petit problème de plus. Aux environs du 23 août, j'adressai un courrier électronique à Andrew, mais comme la réponse était un peu compliquée, il me la faxa. Le fax ne semblait cependant pas répondre à ma question, alors je lui adressai un autre courrier électronique et je reçus un autre fax qui ne me satisfit pas davantage. »

Wiles avait cru que son erreur était aussi superficielle que les autres, mais l'insistance de Katz le contraignit à la prendre au sérieux. « Je ne pouvais pas résoudre sur-le-champ cette question d'apparence très banale, dit Wiles. Pendant quelque temps, elle me parut du même ordre que les autres, mais dans le courant de septembre, je m'avisai que ce n'était pas une simple difficulté mineure, mais une faille fondamentale. C'était une erreur dans une partie cruciale de la démonstration mettant en jeu la méthode Kolyvagin-Flach, mais elle était si subtile qu'elle m'avait jusqu'alors complètement échappé. L'erreur est tellement abstraite qu'elle ne peut pas être décrite en termes simples. Même pour l'expliquer à un autre mathématicien, il faudrait que celui-ci consacre deux ou trois mois à étudier très attentivement cette partie du manuscrit. »

En résumé, le problème était qu'il n'y avait pas de

garantie que la méthode Kolyvagin-Flach fonctionnât comme Wiles l'avait projeté. Cette méthode était censée étendre la preuve depuis le premier élément de toutes les fonctions elliptiques et de toutes les formes modulaires à tous les autres éléments, assurant ainsi l'effet domino. A l'origine, la méthode Kolyvagin-Flach ne fonctionnait que dans des circonstances très restreintes, mais Wiles estimait l'avoir suffisamment adaptée et renforcée pour répondre à tous ses besoins. Or, selon Katz, cela n'était pas prouvé et les conséquences en furent dévastatrices et dramatiques.

Une seule erreur ne signifiait pas nécessairement que tout le travail de Wiles fût bon à jeter, mais elle imposait certainement un renforcement de la démonstration. L'absolutisme des maths exigeait que Wiles démontrât sans doute aucun que sa méthode s'appliquait à tous les éléments des séries E et M.

Le poseur de tapis

Lorsque Katz prit conscience de la signification de l'erreur qu'il avait décelée, il commença à se demander comment il ne l'avait pas repérée au printemps, quand Wiles lui avait donné une série de cours dans le seul but de dépister des erreurs. « Je pense que la raison en est la suivante : quand on écoute un cours, il y a une tension qui s'installe entre la volonté de tout comprendre et le désir de laisser le conférencier poursuivre. Si vous l'interrompez trop souvent, il n'arrivera jamais à s'expliquer. Par ailleurs, si on n'interrompt jamais celui qui parle, on finit par perdre le fil et l'on hoche poliment la tête, mais on ne vérifie vraiment rien. Il y a cette tension entre poser trop de questions et en poser trop peu, et visiblement, à la fin de ces cours, c'est-à-dire là où l'erreur s'est faufilée, je m'étais laissé aller à poser trop peu de questions. »

Quelques semaines plus tôt seulement, la presse internationale avait qualifié Wiles de mathématicien le plus brillant du monde et après trois cent cinquante ans d'espérances déçues, les théoriciens des nombres croyaient qu'ils avaient enfin eu raison de Pierre de Fermat. Et soudain, Wiles devait affronter l'humiliation et admettre qu'il avait commis une erreur. Mais avant de la confesser, il s'efforça de combler la lacune. « Je ne pouvais pas renoncer. J'étais obsédé par le problème et je croyais toujours que la méthode Kolyvagin-Flach avait simplement besoin de quelques modifications. Il me fallait la modifier un peu et elle fonctionnerait très bien. Je décidai donc de retourner à mes vieilles habitudes et de m'isoler entièrement du monde extérieur. Il fallait me concentrer de nouveau, mais cette fois dans des circonstances beaucoup plus difficiles. Pendant un long moment, je pensai que la correction était à portée de main, que c'était quelque chose de simple qui m'avait échappé et que j'arrangerais tout le lendemain. Ç'aurait pu être le cas, mais le temps passait et le problème devenait de plus en plus résistant. »

Wiles espérait qu'il pouvait corriger l'erreur avant que la communauté des mathématiciens s'avisât de son existence. Sa femme, qui avait été témoin des sept années d'effort engloutis dans la démonstration originelle, le voyait aux prises avec une erreur qui pouvait tout réduire à néant. Wiles se souvient : « En septembre, Nada m'a dit que tout ce qu'elle voulait pour son anniversaire était une démonstration correcte. Son anniversaire est le 6 octobre. Il ne me restait que deux semaines pour compléter la démonstration et je n'y arrivai pas. »

C'était également une période tendue pour Nick Katz. « En octobre, les seuls qui fussent au courant de l'erreur étaient moi, Illusie, les jurés des autres chapitres et Andrew. En principe, c'était tout. Mon attitude était celle d'un juré qui est censé travailler dans la confidentialité. Je ne pensais certainement pas que j'aurais à en discuter avec qui que ce fût, sauf Andrew, et je n'en parlai donc à personne. Quant à lui, il avait l'air normal, mais il cachait un secret au monde et je crois que cela le mettait très mal à l'aise. Andrew croyait chaque jour qu'il aurait corrigé l'erreur le lendemain, mais l'automne avançait et le texte de sa démonstration n'étant pas encore disponible, la rumeur commença à courir qu'il y avait un problème. »

Un autre des jurés, Ken Ribet, éprouvait particulièrement le poids du secret : « Pour une raison tout à fait fortuite, je reçus le surnom de "Fermat Information Service". Cela avait commencé par un article dans le *New York Times,* pour lequel Andrew m'avait demandé de répondre au reporter à sa place, et l'article disait : "Ribet, qui est le porte-parole d'Andrew Wiles" ou quelque chose de ce genre. Après cela je devins la cible de toutes sortes de curiosités à propos du Dernier théorème de Fermat, de l'extérieur aussi bien que de l'intérieur de la communauté des mathématiciens. Des gens des médias appelaient du monde entier. Pendant deux ou trois mois, je donnai beaucoup de conférences, au cours desquelles je soulignais le magnifique exploit qu'était la démonstration et je parlais des parties que j'en connaissais le mieux, mais au bout d'un certain temps, les gens commencèrent à devenir impatients et à poser des questions gênantes.

« Voyez-vous, Wiles avait fait cette proclamation publique, mais personne à l'exception du très petit groupe de jurés n'avait vu un exemplaire du manuscrit. Alors les mathématiciens attendaient d'avoir communication de ce texte, qu'Andrew leur avait promis quelques semaines après l'annonce initiale en juin. Ils disaient : "Bon, les nouvelles du théorème ont été données, nous aimerions savoir ce qui se passe. Qu'est-ce qu'il est en train de faire ? Pourquoi est-ce que nous ne sommes pas informés ?" Ils étaient un peu agacés d'être tenus dans l'ignorance et ils voulaient donc savoir ce qui se passait. Puis la situation empira, parce que les nuages s'amoncelèrent au-dessus de la démonstration et les gens me parlaient de cette rumeur selon laquelle il y avait une faille dans le chapitre 3. Ils me demandaient ce que j'en savais et moi, j'étais embarrassé. »

Alors que Wiles et les jurés démentaient toute connaissance d'une faille ou, du moins, refusaient de répondre, les spéculations s'emballaient. En désespoir de cause, les mathématiciens commencèrent à échanger des messages sur Internet dans l'espoir d'éclaircir le mystère.

Sujet Une erreur dans la démonstration de Wiles ?
Date 18 nov 1993 21 : 04 : 49 GMT
Beaucoup de rumeurs circulent sur une ou plusieurs failles dans la preuve de Wiles. Est-ce que faille signifie fêlure, fissure, crevasse, trou ou abîme ? Est-ce que quelqu'un dispose d'informations fiables ?

Joseph Lipman
Purdue University

Dans chaque salon de thé de chaque département universitaire de mathématiques, les ragots sur la démonstration de Wiles allaient s'amplifiant. En réaction, quelques mathématiciens tentèrent de restaurer un peu de calme dans la communauté.

Sujet Réponse : Une erreur dans la démonstration de Wiles ?
Date 19 nov. 1993 15 :42 :20 GMT
Je n'ai pas d'informations de première main et je ne me crois pas autorisé à commenter des informations de seconde main. Je crois que le mieux à faire pour tout le monde est de rester serein

et de laisser les jurés, qui sont tout à fait compétents et qui examinent le texte de Wiles, faire leur travail. Ils rapporteront leurs conclusions quand ils auront quelque chose de précis à faire connaître. Toute personne qui a écrit un article ou qui en a jugé un sait très bien que parfois des questions se posent lors de la révision. Il serait extraordinaire que ce ne soit pas le cas avec un résultat aussi important et une démonstration aussi longue et difficile.

Leonard Evens
North Western University

En dépit des appels au calme, le courrier électronique proliféra sur Internet. Non seulement les mathématiciens discutaient de l'erreur supposée, mais encore, ils débattaient de l'éthique d'un jugement prématuré sur la conclusion des jurés.

Sujet : Autres rumeurs sur Fermat
Date 24 nov. 1993 12 :00 :34 GMT

Je crois qu'il est clair que je ne suis pas d'accord avec ceux qui prétendent que nous ne devrions pas faire des suppositions sur le fait que la démonstration du Dernier théorème de Fermat par Wiles comporte ou non une faille. Je suis tout à fait favorable à ce genre de rumeurs tant qu'elles ne sont pas prises trop au sérieux. Je ne les trouve pas malicieuses. En particulier parce que, que la démonstration de Wiles soit ou non défaillante, je suis certain qu'il a fait de la mathématique de niveau international.

Voici donc ce que j'ai glané aujourd'hui, d'énième main...

Bob Silverman

Sujet : Trou Fermat
Date Lundi 22 nov. 1993 20 :16 GMT

Coates a déclaré dans une conférence au Newton Institute, ici, la semaine dernière qu'à son avis il existe une faille dans les « systèmes géométriques Euler » qui font partie de la preuve et qu'il faudrait « peut-être une semaine et peut-être deux ans » pour la combler. Je me suis entretenu avec lui plusieurs fois, mais je ne suis toujours pas sûr de ce sur quoi il se fonde pour dire cela : il n'a pas de copie du manuscrit.

Pour autant que je sache, la seule copie à Cambridge est dans les mains de Richard Taylor, l'un des jurés du papier pour *Inventiones*, et il s'est systématiquement refusé à tout commen-

taire jusqu'à ce que les jurés parviennent à une conclusion unanime. La situation est donc confuse. Pour ma part, je ne vois pas comment l'opinion de Coates pourrait être tenue pour autorisée à ce stade-ci : je me propose d'attendre un mot de Richard Taylor.
Richard Pinch

Tandis que se poursuivait l'agitation sur son inaccessible preuve, Wiles essayait de son mieux d'ignorer la controverse et les spéculations. « Je me suis réellement isolé parce que je ne voulais pas savoir ce que les gens disaient de moi. Je suis donc entré en réclusion, mais périodiquement, mon collègue Peter Sarnak me rappelait : "Vous savez, il y a une tempête qui souffle au dehors." Je l'écoutais, mais pour moi-même je voulais me retrancher complètement pour me concentrer exclusivement sur le problème. »

Peter Sarnak était entré au Princeton Mathematics Department en même temps que Wiles, et au fil des ans, ils étaient devenus des amis intimes. Durant cette période d'intense turbulence, Sarnak était l'une des rares personnes auxquelles Wiles se confiait. « Je n'ai jamais su les détails exacts, mais il était clair qu'il essayait de surmonter ce problème particulier. Mais chaque fois qu'il corrigeait un point de ses calculs, cela posait des problèmes dans un autre point. C'était comme s'il essayait de clouer un tapis dans une chambre plus petite. Andrew clouait le tapis dans un coin pour s'apercevoir qu'il dépassait dans un autre coin. Ce n'était pas à lui de décider que le tapis s'adaptait ou non à la chambre. Mais attention, en dépit de l'erreur, Andrew avait fait un pas de géant. Avant lui, il n'y avait personne qui savait comment approcher la conjecture Taniyama-Shimura, mais là, tout le monde était excité parce qu'il avait déployé devant nous des tas d'idées nouvelles. C'était des idées fondamentales que personne n'avait imaginées auparavant. Même si son problème ne pouvait pas être résolu, il avait fait cette considérable avancée, mais évidemment le Fermat restait toujours sans solution. »

Wiles comprit à la fin qu'il ne pourrait pas rester éternellement muet. La solution à l'erreur n'était pas à portée de main et il était temps de mettre un terme aux spéculations. Après un automne de ratages désastreux, il adressa le message électronique suivant à la messagerie mathématique :

> Sujet : État du Fermat
> Date : 4 déc. 1993 01 :36 :50 GMT
> En raison des spéculations sur l'état de mon travail sur la conjecture Taniyama-Shimura et le Dernier théorème de Fermat, je présente ici un résumé de la situation. Durant la révision un certain nombre de problèmes sont apparus, dont la plupart ont été résolus, mais aussi un que je n'ai pas pu régler. La réduction pivotale de (la plupart des cas de) la conjecture Taniyama-Shimura au calcul du groupe Selmer est correcte. Toutefois, les calculs finaux d'une limite supérieure précise du groupe Selmer dans le cas semi-stable (de la représentation carrée symétrique associée à une forme modulaire) ne sont pas encore complets dans leur état actuel. Je crois que je serai en mesure de terminer cela dans un délai rapproché en me servant des idées exposées dans mes cours de Cambridge.
>
> Le fait qu'il reste beaucoup de travail à faire sur le manuscrit explique qu'il n'est pas encore disponible pour la diffusion en prépublication. Dans mes cours de Princeton, qui commencent en février, je donnerai un compte rendu détaillé de ce travail.

L'optimisme de Wiles ne convainquit pas grand monde. Près de six mois s'étaient écoulés sans que l'erreur eût été corrigée et il n'y avait pas de raison d'attendre un changement dans les six mois prochains. De toute façon, s'il pouvait vraiment « terminer cela dans un délai rapproché », pourquoi avait-il pris la peine d'expédier son message sur Internet ? Pourquoi ne pas rester silencieux pendant quelques semaines, puis publier le manuscrit complet ? Les cours de février qu'il mentionnait ne fournirent pas les détails annoncés et la communauté mathématique commença à penser que Wiles essayait tout bonnement de temporiser.

Les journaux se saisirent de l'affaire une fois de plus et l'on rappela aux mathématiciens la preuve manquée de Miyaoka en 1988. L'histoire se répétait. Les théoriciens des nombres attendaient maintenant un message expliquant pourquoi la démonstration de Wiles était irrémédiablement défectueuse. Une poignée de mathématiciens avait déjà exprimé ses doutes au cours de l'été, et leur pessimisme semblait justifié. Une histoire qui courait était que le professeur Alan Baker, de l'université de Cambridge, avait parié cent bouteilles de vin contre une que la preuve serait infirmée dans les douze mois suivants. Baker dénie l'anecdote, mais reconnaît avoir témoigné d'un « scepticisme sain ».

Moins de six mois après sa conférence au Newton Institute, la démonstration de Wiles était en ruines. Le plaisir, la passion et l'espoir qui l'avaient soutenu durant les années de travail secret avaient cédé le pas à l'embarras et au désespoir. Il évoque comment son rêve d'enfance était devenu un cauchemar. « Les sept premières années que j'avais travaillé à ce problème, j'avais aimé ce combat personnel. Aussi ardu qu'il ait été, aussi insurmontables que les difficultés m'aient paru, j'étais absorbé dans ma passion d'enfance, je ne pouvais pas y renoncer, je ne voulais pas m'en écarter un instant. Puis j'en avais parlé publiquement et, dans le fait d'en parler, il y avait un sentiment de perte. C'était une émotion tout à fait contradictoire. C'était merveilleux de voir les gens réagir à la démonstration et de voir aussi comment mes arguments pouvaient complètement changer toute la direction des mathématiques, mais en même temps, j'avais perdu une quête personnelle. C'était révélé au monde et je n'étais plus maître du rêve privé que j'accomplissais. Et après, une fois que le problème avait surgi, il y avait des douzaines, des centaines, des milliers de gens qui voulaient m'en distraire. Faire des mathématiques de façon un peu trop publique n'est certainement pas de mon goût et je n'en étais pas du tout content. »

Les théoriciens des nombres dans le monde entier comprenaient l'attitude de Wiles. Ken Ribet avait lui-même passé par les mêmes affres huit ans plus tôt, quand il avait essayé de démontrer le lien entre la conjecture Taniyama-Shimura et le Dernier théorème de Fermat. « Je donnais une conférence sur cette preuve au Mathematical Sciences Research Institute à Berkeley quand quelqu'un dans l'audience a demandé : “Bon, attendez un instant, comment pouvez-vous savoir que ceci et cela soient vrais ?” J'ai répondu en donnant immédiatement ma raison et ils ont répliqué : “Ça ne s'applique pas dans cette situation.” J'ai ressenti immédiatement de la terreur. J'ai eu sur-le-champ des sueurs froides et j'ai été très contrarié. Puis je me suis rendu compte qu'il n'y avait qu'une façon de justifier cela, qui était de consulter les travaux fondamentaux sur la question et de voir comment il fallait opérer dans une situation similaire. J'ai donc relu le papier en question et j'ai vu que la méthode exposée s'appliquait bien dans mon cas, et un ou deux jours plus tard, j'avais tout mis au point. A ma conférence suivante, j'étais en mesure de fournir la justification. Mais vous vivez toujours dans l'anxiété que si vous annoncez quelque chose d'important, on puisse y découvrir une erreur fondamentale.

« Quand vous trouvez une erreur dans un manuscrit, deux choses peuvent se passer. Parfois, vous retrouvez immédiatement votre assurance et la preuve peut être rétablie sans grande difficulté. Et parfois, c'est le contraire. C'est très contrariant, vous éprouvez un vertige quand vous vous avisez que vous avez fait une erreur fondamentale et qu'il n'y a pas moyen d'y remédier. Il est possible, lorsqu'une maille saute, que le trou s'agrandisse dans le théorème, qui se désagrège complètement, parce que plus vous essayez de le réparer et plus les dégâts s'étendent. Mais dans le cas de Wiles, chaque article avait son importance propre : ce manuscrit, le fruit de sept années de travail, était fondamentalement bâti avec plusieurs articles importants mis ensemble et chacun des articles était très intéressant. L'erreur s'est produite dans un des articles, dans le chapitre 3, mais même si vous retranchez ce chapitre, le reste est absolument formidable. »

Mais sans le chapitre 3, il n'y avait pas de preuve de la conjecture Taniyama-Shimura, et donc pas de preuve du Dernier théorème de Fermat. La communauté mathématique était déçue que la preuve qui sous-tendait les deux grands problèmes se trouve en péril. De plus, au bout de six mois d'attente, personne, sinon Wiles et les jurés, n'avait accès au manuscrit. On demandait de plus en plus fortement que le secret fût levé pour que chacun pût voir le détail de l'erreur. On espérait que quelqu'un localiserait un défaut que Wiles n'avait pas vu et effectuerait un calcul qui réparerait la faille dans la preuve. Quelques mathématiciens avancèrent même que la preuve était trop importante pour qu'on la laissât à la garde d'un seul homme. Les théoriciens des nombres se sont trouvés en proie aux sarcasmes d'autres mathématiciens, qui mettaient ironiquement en doute leur compréhension du problème. Ce qui aurait dû être le moment le plus glorieux de l'histoire des mathématiques tournait à la farce.

En dépit des pressions, Wiles refusa de diffuser le manuscrit. Il n'était pas disposé à abandonner le combat et à laisser quelqu'un d'autre compléter la preuve bâtie au cours de sept années de recherches et lui voler ses lauriers. La personne qui aurait prouvé le Dernier théorème de Fermat ne serait pas celle qui y aurait travaillé le plus, mais celle qui publierait la preuve finale et complète. Wiles savait que si le manuscrit était publié en l'état, il serait assailli de questions et de demandes d'explications de la part de candidats réparateurs, et que cela le priverait de l'espoir de réparer lui-même sa faille tout en fournissant aux autres des pistes précieuses.

Il tenta de retourner à son isolement antérieur et reprit l'habitude de travailler obstinément dans son grenier. A l'occasion, il allait se promener comme dans le passé sur les rives du lac de Princeton. Les joggeurs, cyclistes et canoéistes qui le saluaient autrefois d'un geste de la main s'arrêtaient pour lui demander s'il faisait des progrès. Sa photo avait paru dans tous les médias, dans *People*, et il avait même été interviewé par CNN. L'été précédent, il était la première célébrité mathématique du monde, désormais, son image s'était ternie.

Entre-temps, les rumeurs bourdonnaient toujours au département des mathématiques. Le professeur John Conway, mathématicien à Princeton, évoque ainsi l'atmosphère dans la cafeteria du département : « Nous nous réunissions pour le thé à trois heures et nous nous jetions sur les petits gâteaux. Quelquefois, nous discutions des problèmes mathématiques ; d'autres fois nous discutions du procès d'O.J. Simpson et parfois des progrès d'Andrew. Personne n'osant aller lui demander directement comment avançait son travail, nous nous comportions un peu comme des kremlinologues. Quelqu'un disait : "J'ai vu Andrew ce matin. — Est-ce qu'il souriait ? — Oui, mais il n'avait pas l'air content." Nous ne pouvions juger de ses sentiments que par son visage. »

Le cauchemar du courrier électronique

A mesure que l'hiver avançait, les espoirs d'une percée pâlissaient. De plus en plus de mathématiciens soutenaient que c'était le devoir d'Andrew de diffuser le manuscrit. Les rumeurs continuaient à courir et un journal annonça que Wiles avait renoncé et que sa preuve s'était irrévocablement effondrée. C'était sans doute exagéré, mais il n'en demeurait pas moins vrai qu'Andrew avait épuisé des dizaines d'approches qui étaient censées combler la faille du raisonnement et qu'il ne voyait pas d'autres accès possibles à la solution.

Wiles avoua à Peter Sarnak que la situation devenait désespérée et qu'il était près de se résigner à la défaite. Sarnak suggéra qu'une partie de la difficulté résidait dans le fait que Wiles n'avait personne à qui se fier de manière quotidienne; personne avec qui il pût mettre ses idées à l'essai ou qui eût pu lui inspirer des approches plus obliques. Il suggéra à Wiles de mettre quelqu'un dans son secret et d'essayer une fois de plus de réparer la faille. Wiles avait besoin de quelqu'un qui fût expert dans la manière de manipuler la méthode Kolyvagin-Flach et qui fût parfaitement discret. Après y avoir longuement réfléchi, il décida d'inviter à Princeton Richard Taylor, un enseignant de Cambridge, pour travailler avec lui.

Taylor était l'un des jurés chargés de vérifier la preuve, et c'était un ancien élève de Wiles. Comme tel il méritait deux fois sa confiance. L'année précédente, il se trouvait dans l'auditoire au Newton Institute assistant à la présentation de la preuve du siècle par son ancien maître. Maintenant, c'était à lui que revenait la tâche de renflouer la preuve naufragée.

En janvier, Wiles, secondé par Taylor, explorait derechef la méthode Kolyvagin-Flach, essayant de trouver une issue à l'impasse. Parfois, après des journées d'efforts, les deux hommes s'aventuraient dans

Richard Taylor

un territoire nouveau, mais ils se retrouvaient inévitablement au point de départ. S'étant avancés plus loin que jamais et ayant subi un échec après l'autre, ils s'avisèrent tous deux qu'ils se trouvaient au cœur d'un labyrinthe inimaginablement vaste. Leur plus grande crainte était que ce labyrinthe fût infini et sans issue et qu'ils fussent condamnés à y errer lamentablement.

Puis, au printemps 1994, alors qu'il semblait que les choses ne pouvaient aller plus mal, le message Internet suivant apparut sur les écrans d'ordinateurs dans le monde entier :

> Date 03 avril 1994
> Sujet Encore Fermat !
> Il y a eu aujourd'hui un développement extraordinaire dans le Dernier théorème de Fermat.
> Noam Elkies a communiqué un contre-exemple, et donc le Dernier théorème de Fermat est faux en fin de compte ! Elkies en a parlé aujourd'hui à l'Institut. La solution à Fermat qu'il a élaborée met en jeu un exposant incroyablement grand (supérieur à 10^{20}), mais il est constructif. L'idée de base semble être une sorte de construction du point de Heegner, combinée avec une descente réellement ingénieuse pour passer des courbes modulaires à la courbe de Fermat. La partie réellement difficile du raisonnement semble être celle où il montre que le champ de définition de la solution (qui serait *a priori* un champ de classe annulaire d'un champ imaginaire du quatrième degré) descend en fait à Q.
> Je n'ai pas pu saisir tous les détails, qui étaient assez compliqués...
> Il semblerait donc qu'après tout la conjecture Taniyama-Shimura ne soit pas vraie. Les experts pensent qu'elle peut être sauvée en étendant le concept de représentation automorphe et en introduisant la notion de « courbes anormales » qui donneraient quand même naissance à une « représentation quasi automorphe ».
>
> Henri Darmon
> Université Princeton

Noam Elkies était le professeur de Harvard qui, en 1988, avait trouvé un contre-exemple à la conjecture d'Euler, prouvant donc qu'elle était fausse :

$$2\,682\,440^4 + 15\,365\,639^4 + 18\,796\,760^4 = 20\,615\,673^4.$$

Maintenant il venait apparemment de découvrir un contre-exemple du Dernier théorème de Fermat, ce qui prouvait que celui-ci était faux. C'était un coup dramatique pour Wiles, car cela impliquait que la raison pour laquelle il ne pouvait redresser sa démonstration découlait directement de la fausseté du Dernier théorème. Le coup était encore plus pénible pour la communauté mathématique tout entière, parce que si le Dernier théorème de Fermat était faux, alors Frey avait déjà démontré qu'il mènerait à une fonction elliptique qui n'était pas modulaire, en contradiction directe avec la conjecture Taniyama-Shimura. Elkies n'avait donc pas seulement trouvé un contre-exemple à Fermat, il en avait également trouvé un indirect à la conjecture Taniyama-Shimura.

La mort de la conjecture Taniyama-Shimura entraînerait des conséquences dévastatrices dans toute la théorie des nombres, parce que les mathématiciens en avaient tacitement admis la vérité. On a vu au chapitre 5 que les mathématiciens, en effet, avaient rédigé des douzaines de démonstrations qui commençaient par la formule : « A supposer que la conjecture Taniyama-Shimura soit vraie » ; mais Elkies venait de montrer que cette hypothèse était infondée, et toutes ces démonstrations s'effondraient simultanément. Les mathématiciens demandèrent donc des explications sur-le-champ et bombardèrent Elkies de questions. Mais ils n'obtinrent ni réponses, ni explications sur son silence. Personne ne pouvait même trouver les détails du contre-exemple.

Après un ou deux jours de remue-ménage, quelques mathématiciens commencèrent à regarder de plus près le message électronique et se rendirent compte que, bien qu'il fût clairement daté du 2 ou du 3 avril, c'était parce qu'ils l'avaient reçu de deuxième ou troisième main. Le message original était daté du

1er avril et c'était un poisson d'avril toxique inventé par le théoricien des nombres canadien Henri Darmon. Cette mauvaise plaisanterie servit de leçon aux ragoteurs et, pendant quelque temps, le Dernier théorème, Wiles, Taylor et la démonstration en souffrance furent laissés tranquilles.

Cet été-là, Wiles ni Taylor n'avancèrent. Au terme de huit ans d'efforts ininterrompus et d'une obsession qui l'avait habité toute une vie, Wiles était préparé à admettre l'échec. Il déclara à Taylor qu'il ne voyait pas d'utilité à poursuivre leur tentative de réparation de la démonstration. Taylor avait déjà projeté de passer le mois de septembre à Princeton avant de retourner à Cambridge, et en dépit de l'humeur sombre de Wiles, il suggéra de persévérer encore un mois. S'ils n'avaient rien trouvé à la fin septembre, ils renonceraient, reconnaîtraient publiquement leur erreur et publieraient la démonstration défectueuse pour offrir aux autres la possibilité de l'analyser.

Le cadeau d'anniversaire

Si son combat semblait voué à l'échec, Wiles pouvait se dire que le reste du travail qu'il avait effectué pendant sept ans restait valide. Pour commencer, l'utilisation par Wiles des groupes de Galois avait donné à tout le monde une nouvelle compréhension de la question. Il avait montré que le premier élément de toute fonction elliptique pouvait être apparié avec le premier élément d'une forme modulaire. Puis la gageure consistait à démontrer que si un élément d'une fonction elliptique était modulaire, le deuxième élément devait l'être aussi et, pour finir, que tous les éléments l'étaient.

Wiles avait étudié pendant des années les moyens

d'étendre cette preuve. Il essayait de compléter une approche inductive et il s'était débattu avec la théorie d'Iwasawa dans l'espoir de démontrer que si un domino tombait, tous les autres tombaient aussi. A l'origine, la théorie d'Iwasawa avait semblé assez puissante pour déclencher l'effet domino désiré, mais à la fin, elle n'avait pas satisfait tous les espoirs. Wiles avait donc passé deux ans dessus pour aboutir à un cul-de-sac.

A l'été 1991, après une année d'errements, Wiles avait trouvé la méthode Kolyvagin-Flach et il avait abandonné la théorie d'Iwasawa en faveur de celle-ci. L'année suivante, la démonstration avait été annoncée à Cambridge et Wiles avait été élevé au rang de héros. Mais deux mois plus tard, la méthode Kolyvagin-Flach s'était révélée défectueuse et, depuis lors, la situation n'avait fait qu'empirer. Tous les efforts pour la remettre sur pied avaient échoué.

C'était seulement la partie relative à la méthode Kolyvagin-Flach qui était défectueuse. Même si le Dernier théorème de Fermat et la conjecture Taniyama-Shimura n'avaient pas été démontrés, Wiles avait fourni aux mathématiciens tout un arsenal de techniques et de stratégies nouvelles qu'ils pouvaient appliquer à la démonstration d'autres théorèmes. Ce n'était pas un échec déshonorant que le sien, et Wiles s'habituait à la perspective d'avoir été vaincu.

A titre de consolation, il voulait au moins savoir la raison de son échec. Tandis que Taylor reconsidérait et réanalysait les méthodes alternatives, Wiles décida de passer le mois de septembre à démonter une fois de plus la structure de la méthode Kolyvagin-Flach afin de comprendre très exactement pourquoi elle ne fonctionnait pas. Il se rappelle très clairement ces jours décisifs : « J'étais assis à mon bureau, le lundi 19 septembre, examinant la méthode Kolyvagin-Flach. Je ne songeais pas tant à la faire marcher qu'à savoir pourquoi elle ne marchait pas. Je cherchais sans doute une aiguille dans une meule de foin, mais c'était pour me rassurer. Soudain, et de façon totalement inattendue, j'eus cette incroyable révélation. Je compris que, bien que la méthode Kolyvagin-Flach ne marchât pas parfaitement, c'était tout ce dont j'avais besoin pour faire marcher ma théorie originelle d'Iwasawa. Je m'avisai que la méthode Kolyvagin-Flach m'offrait assez de moyens pour reprendre mon approche originelle de trois ans auparavant. Des cendres de Kolyvagin-Flach semblait donc ressurgir le phénix d'une vraie réponse au problème. »

La théorie d'Iwasawa en tant que telle avait été inadéquate. Et la méthode Kolyvagin-Flach prise à elle seule l'avait également été. Mais elles se complétaient. Ce fut un moment d'inspiration que Wiles ne devait pas oublier. Le souvenir en était si puissant qu'en le racontant, il fut ému aux larmes : « C'était indescriptiblement beau ; c'était si simple et si élégant. Je ne pouvais pas comprendre comment je ne m'en étais pas avisé plus tôt et je considérai tout cela pendant une vingtaine de minutes. Puis, durant la journée, je me promenais dans le département et je revenais à mon bureau pour voir s'il était toujours là. Il l'était. Je ne pouvais pas me contenir. J'étais tellement excité, c'était le jour le plus important de ma vie. Rien de ce que je ferais par la suite n'aurait autant d'importance. »

Ce n'était pas seulement l'accomplissement du rêve d'enfance et l'aboutissement de huit ans d'effort ininterrompu, c'était un triomphe. Condamné à l'humiliation, Wiles s'était ressaisi pour prouver au monde son génie. Les quatorze mois écoulés avaient été les plus douloureux, les plus humiliants et les plus déprimants de sa carrière mathématique. Mais une seule intuition brillante avait mis fin à ses souffrances.

« Le premier soir je rentrai à la maison et je n'y travaillai pas. Mais le lendemain matin, je le vérifiai entièrement et, à onze heures, j'étais satisfait. Je descendis et je dis à ma femme : "Je l'ai ! Je crois que je l'ai trouvé." Et c'était tellement inattendu qu'elle pensa que je parlais d'un jouet d'enfant ou de quelque chose du genre et elle demanda : "Tu as quoi ?" Je lui dis que j'avais rétabli ma démonstration. »

Le mois suivant, Wiles put tenir la promesse à laquelle il avait manqué l'année précédente. « Nous arrivions de nouveau à l'anniversaire de Nada et je me rappelai que la dernière fois je n'avais pas pu lui offrir le cadeau qu'elle voulait. Cette fois-ci, en retard d'une demi-minute pour le dîner d'anniversaire, je pus lui remettre le manuscrit complet. Je crois qu'elle a préféré ce cadeau à tous les autres que je lui avais faits. »

Sujet : Mise à jour du Dernier théorème de Fermat
Date : 25 oct. 1994 11 : 04 : 11
Ce matin deux manuscrits ont été diffusés :

Les courbes modulaires elliptiques et le Dernier théorème de Fermat,

par Andrew Wiles

Les propriétés annulaires théoriques de certaines algèbres de Hecke

par Richard Taylor et Andrew Wiles.

Le premier (qui est long) annonce la preuve du Dernier théorème de Fermat entre autres, en se fondant sur le second (qui est court) pour un point crucial.

Comme vous savez, le raisonnement exposé par Wiles dans ses conférences de Cambridge comportait une faille importante, nommément la construction d'un système d'Euler. Après avoir en vain essayé de réparer cette construction, Wiles a adopté une approche différente qu'il avait précédemment essayée, mais qu'il avait abandonnée en faveur d'une idée de système d'Euler. Il a été en mesure de compléter cette démonstration en se fondant sur l'hypothèse que certaines algèbres de Hecke sont des intersections complètes locales. Cela et le reste des idées décrites dans les conférences de Cambridge de Wiles est couché dans le premier manuscrit. Parallèlement, Taylor et Wiles ont établi dans le second papier les propriétés nécessaires des algèbres de Hecke.

La structure générale du raisonnement est semblable à celle

que Wiles avait décrite à Cambridge. La nouvelle approche se révèle nettement plus simple et plus courte que la précédente, à cause de la suppression du système d'Euler (en fait, après avoir examiné ces manuscrits, Faltings a apparemment abouti à une plus grande et importante simplification de cette partie du raisonnement).

Des versions de ces manuscrits sont entre les mains d'un petit nombre de gens pour quelques semaines (dans certains cas). Bien qu'il soit préférable d'être prudent pendant un certain temps encore, il y a certainement des raisons d'être optimiste.

Karl Rubin
Ohio State University

Andrew Wiles

VIII

Les grandes mathématiques unifiées

Un jeune fou de Burma
Trouva des preuves de Fermat,
Il eut alors la terreur
De trouver une erreur,
Car Wiles était meilleur !

Fernando Gouvea

Cette fois, il n'y avait plus de doutes sur la preuve. Les deux communications, représentant un total de cent trente pages, furent les plus scrupuleusement analysées dans l'histoire des mathématiques et elles furent finalement publiées dans les *Annals of Mathematics* (mai 1995).

Une fois de plus, Wiles se retrouva à la première page du *New York Times*, mais l'article, intitulé « Un mathématicien déclare qu'une énigme historique est résolue », était un peu éclipsé par une autre information scientifique : « Une découverte sur l'âge de l'univers pose une nouvelle énigme cosmique. » Si les journalistes étaient un peu moins enthousiastes, cette fois-ci, à propos du Dernier théorème de Fermat, les mathématiciens avaient la véritable signification de la preuve bien en perspective. « En termes mathématiques, la preuve finale est l'équivalent de la fission de l'atome ou de la découverte de la structure de l'ADN, déclara John Coates. La démonstration du Fermat est un grand triomphe intellectuel et il ne faut pas perdre de vue qu'elle a révolutionné d'un seul coup la théorie des nombres. Pour moi, le charme et la beauté du travail d'Andrew résident dans ce qu'il constitue un pas de géant pour la théorie algébrique des nombres. »

Durant son épreuve de huit ans, Wiles avait pratiquement réuni toutes les découvertes du siècle dans la théorie des nombres et les avait fondues en une démonstration suprême. Il avait créé des techniques mathématiques tout à fait neuves et il les avait combinées avec les anciennes d'une manière qu'on n'eût jamais cru possible. Ce faisant, il avait inauguré de nouvelles lignes d'attaque sur des phalanges d'autres problèmes. Selon Ken Ribet, la preuve est une synthèse parfaite des mathématiques modernes et une inspiration pour le futur : « Je pense que si vous vous trouviez sur une île déserte et que vous n'aviez que ce manuscrit, vous auriez beaucoup de matière à réflexion. Vous y verriez toutes les idées actuelles en théorie des nombres. Au hasard des pages, vous voyez apparaître brièvement un théorème de Deligne et plus loin, un théorème de Hellegouarch, et toutes ces idées sont mises en œuvre les unes après les autres. »

Tandis que les journalistes scientifiques tissaient leurs éloges sur la preuve du Dernier théorème de Fermat par Wiles, peu d'entre eux s'intéressaient à la conjecture Taniyama-Shimura, qui lui était pourtant intimement liée. Bien peu se souciaient d'évoquer Yutaka Taniyama et Goro Shimura, les deux mathématiciens japonais qui, dans les années cinquante, avaient jeté les bases du travail de Wiles. Taniyama s'était suicidé trente ans auparavant, mais Shimura était toujours en vie et assistait donc à la vérification de sa théorie. Quand on lui demanda quelle était sa réaction, il sourit et, à sa manière simple et digne, répondit : « Je vous l'avais dit. »

MODULAR ELLIPTIC CURVES AND FERMAT'S LAST THEOREM 455

Chapter 1

This chapter is devoted to the study of certain Galois representations. In the first section we introduce and study Mazur's deformation theory and discuss various refinements of it. These refinements will be needed later to make precise the correspondence between the universal deformation rings and the Hecke rings in Chapter 2. The main results needed are Proposition 1.2 which is used to interpret various generalized cotangent spaces as Selmer groups and (1.7) which later will be used to study them. At the end of the section we relate these Selmer groups to ones used in the Bloch-Kato conjecture, but this connection is not needed for the proofs of our main results.

In the second section we extract from the results of Poitou and Tate on Galois cohomology certain general relations between Selmer groups as Σ varies, as well as between Selmer groups and their duals. The most important observation of the third section is Lemma 1.10(i) which guarantees the existence of the special primes used in Chapter 3 and [TW].

1. Deformations of Galois representations

Let p be an odd prime. Let Σ be a finite set of primes including p and let $\mathbf{Q}_\Sigma$ be the maximal extension of $\mathbf{Q}$ unramified outside this set and ∞. Throughout we fix an embedding of $\overline{\mathbf{Q}}$, and so also of $\mathbf{Q}_\Sigma$, in $\mathbf{C}$. We will also fix a choice of decomposition group D_q for all primes q in $\mathbf{Z}$. Suppose that k is a finite field of characteristic p and that

(1.1) $$\rho_0\colon \mathrm{Gal}(\mathbf{Q}_\Sigma/\mathbf{Q}) \to \mathrm{GL}_2(k)$$

is an irreducible representation. In contrast to the introduction we will assume in the rest of the paper that ρ_0 comes with its field of definition k. Suppose further that $\det \rho_0$ is odd. In particular this implies that the smallest field of definition for ρ_0 is given by the field k_0 generated by the traces but we will not assume that $k = k_0$. It also implies that ρ_0 is absolutely irreducible. We consider the deformations $[\rho]$ to $\mathrm{GL}_2(A)$ of ρ_0 in the sense of Mazur [Ma1]. Thus if $W(k)$ is the ring of Witt vectors of k, A is to be a complete Noetherian local $W(k)$-algebra with residue field k and maximal ideal m, and a deformation $[\rho]$ is just a strict equivalence class of homomorphisms $\rho\colon \mathrm{Gal}(\mathbf{Q}_\Sigma/\mathbf{Q}) \to \mathrm{GL}_2(A)$ such that $\rho \bmod m = \rho_0$, two such homomorphisms being called strictly equivalent if one can be brought to the other by conjugation by an element of $\ker : \mathrm{GL}_2(A) \to \mathrm{GL}_2(k)$. We often simply write ρ instead of $[\rho]$ for the equivalence class.

La première page de la démonstration de Wiles publiée, qui compte une centaine de pages.

Comme plusieurs de ses collègues, Ken Ribet estime que la démonstration de la conjecture Taniyama-Shimura a changé les mathématiques : « La répercussion psychologique en est importante. Les gens osent désormais s'attaquer à des problèmes qu'ils répugnaient à affronter par timidité. Le paysage est différent : on sait que toutes les fonctions elliptiques sont modulaires et donc, quand on prouve un théorème dans ce domaine, on traite aussi des formes modulaires et vice versa. La perspective a changé, on appréhende moins de travailler sur des formes modulaires parce qu'on sait qu'au fond on travaille sur des fonctions elliptiques. Et, bien sûr, quand on écrit un article sur les fonctions elliptiques, au lieu de dire qu'on ne sait rien, qu'on va supposer que la fonction Taniyama-Shimura est vraie et qu'on va voir ce qui s'ensuit, on peut dire qu'elle est bien vraie et donc que ceci et cela est également vrai. C'est bien plus agréable. »

Wiles, par le biais de la conjecture Taniyama-Shimura, avait unifié les mondes elliptique et modulaire et il avait ouvert un raccourci vers bien d'autres preuves : les problèmes d'un domaine pouvaient être résolus par analogie avec des problèmes dans des domaines parallèles. Des problèmes classiques des fonctions elliptiques qui remontaient aux Grecs pouvaient être remis sur le métier et traités avec tous les outils modulaires et elliptiques.

Ce qui était encore plus important, c'était que Wiles avait fait le premier pas en direction du grand projet d'unification de Robert Langlands, le Programme Langlands. L'effort a repris pour prouver d'autres conjectures unificatrices reliant des domaines distincts des mathématiques. En mars 1996, Wiles partagea le prix Wolf de 100 000 dollars (à ne pas confondre avec le prix Wolfskehl) avec Langlands. Le

Comité Wolf reconnaissait ainsi que la démonstration de Wiles était un exploit stupéfiant en lui-même et qu'il avait injecté de la vie dans l'ambitieux projet de Langlands. C'était une percée qui pouvait déboucher sur un nouvel âge d'or des mathématiques.

Le prix

La preuve du Dernier théorème de Fermat par Wiles se fonde sur la vérification d'une conjecture formulée dans les années cinquante. Le raisonnement met en œuvre une série de techniques mathématiques développées au cours de la dernière décennie et dont quelques-unes ont été inventées par Wiles lui-même. Le résultat est un chef-d'œuvre des mathématiques modernes, qui mène à l'inévitable conclusion que la preuve de Wiles n'était pas la même que celle de Fermat. Ce dernier avait écrit que sa preuve ne tiendrait pas dans la marge de son exemplaire de l'*Arithmetica* de Diophante, et les cent pages de mathématiques denses de Wiles permettent aisément de le comprendre ; toutefois, le Français n'avait certes pas inventé il y a des siècles et avant tout le monde les formes modulaires, la conjecture Taniyama-Shimura, les groupes de Galois et la méthode Kolyvagin-Flach.

Si Fermat n'avait pas les moyens de Wiles, qu'avait-il donc ? Les mathématiciens sont à cet égard divisés en deux camps. Les sceptiques obstinés estiment que le Dernier théorème de Fermat fut le produit d'un rare moment de faiblesse du génie du XVIIe siècle. Selon eux, bien que Fermat ait écrit : « J'ai trouvé une preuve vraiment remarquable », il n'avait en fait qu'une preuve défectueuse. La nature exacte de cette preuve défectueuse est toujours en débat, mais il est bien possible qu'elle ait été comparable à celles de Cauchy et de Lamé.

D'autres mathématiciens, romantiques optimistes, pensent que Fermat pourrait avoir eu une vraie preuve. Quelle qu'elle ait été, elle aurait été basée sur des techniques du temps et aurait mis en œuvre un raisonnement si ingénieux qu'il aurait échappé à tout le monde, d'Euler à Wiles. Bien que la preuve de Wiles ait été publiée, il reste beaucoup de mathématiciens qui rêvent d'accéder à la gloire en découvrant la preuve originelle de Fermat.

Certes, Wiles a dû recourir à des méthodes du XXe siècle pour résoudre une énigme du XVIIe siècle, mais il a quand même relevé le défi de Fermat selon les règles du Comité Wolfskehl. Le 27 juin 1997, il a donc reçu ce prix, d'une valeur de 50 000 dollars. Le professeur Heinz Wagner, le président du Comité, affirma à cette occasion que le prix Wolfskehl était beaucoup plus important que le Nobel. Celui est décerné tous les ans alors qu'il a fallu attendre quatre-vingt-dix ans avant d'attribuer le Wolfskehl ! Une fois de plus, Fermat et Wiles firent les manchettes dans le monde entier. La résolution du problème avait été officialisée.

Qu'est-ce qui va désormais captiver Wiles ? Comme on peut s'y attendre de la part de quelqu'un qui a travaillé dans le secret absolu pendant sept ans, il se refuse à commenter ses recherches actuelles. Quoi qu'il fasse, il est peu douteux que cela remplace jamais son engouement pour le Dernier théorème de Fermat. « Il n'y a pas d'autre problème qui aura autant de signification pour moi, dit-il. C'était la passion de mon enfance. Rien ne peut la remplacer. Je l'ai résolu. Je m'attaquerai à d'autres problèmes, j'en suis sûr. Certains d'entre eux devront être très ardus et il faudra que j'éprouve de nouveau le sentiment de l'accomplissement, mais il n'y a pas d'autre problème en mathématiques qui puisse me posséder autant.

« J'ai eu ce rare privilège de pouvoir poursuivre dans mon âge adulte ce qui avait été le rêve de mon enfance. C'est rare, je le sais, mais si vous pouvez vous attacher dans votre âge adulte à quelque chose qui a pour vous autant d'importance, cela offre bien plus de satisfaction que rien de ce qu'on peut imaginer. Avoir résolu ce problème, m'apporte une sensation de vide, mais en même temps une formidable impression de liberté. J'ai été tellement obsédé par ce problème que, pendant huit ans, j'y ai pensé tout le temps, depuis mon réveil le matin jusqu'à mon coucher. Ça fait beaucoup de temps dévolu à un seul objet. Cette odyssée-là est terminée. Mon esprit est au repos. »

Appendices

Appendice 1. La preuve du théorème de Pythagore

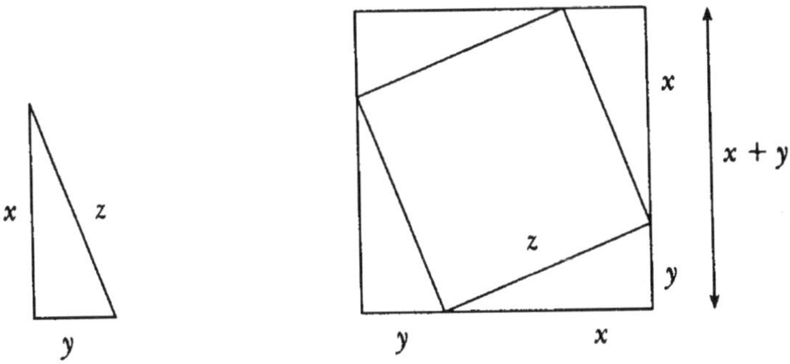

Le but de la preuve est de démontrer que le théorème de Pythagore est vrai pour tous les triangles rectangles. Le triangle ci-dessus peut être n'importe quel triangle rectangle, parce que ses dimensions ne sont pas précisées et que ses côtés sont représentés par les lettres x, y et z.

Les quatre triangles rectangles à droite sont inscrits par un carré plus petit incliné dans un carré plus grand. C'est la surface de ce grand carré qui est la clef de la preuve ; elle peut être calculée de deux façons :

1. Elle peut être calculée entièrement. La longueur de chaque côté est de $x + y$; donc sa surface est de $(x + y)^2$.

2. Elle peut être calculée en mesurant les surfaces des éléments qui la composent. La surface de chaque triangle est $\frac{1}{2}\, xy$, c'est-à-dire $\frac{1}{2} \times$ base $\times$ hauteur. La surface du carré incliné étant z^2, il s'ensuit que la surface du grand carré est de $4 \times$ (la surface de chaque triangle) + la surface du carré incliné $= 4\,(\frac{1}{2}\, xy) + z^2$.

Les méthodes 1 et 2 produisent des expressions différentes ; toutefois, elles doivent être équivalentes puisqu'elles représentent la même surface. Donc :

surface de la méthode 1 = surface de la méthode 2

$$(x + y)^2 = 4\left(\frac{xy}{2}\right) + z^2$$

Les parenthèses peuvent être supprimées. Ainsi :

$$x^2 + y^2 + 2xy = 2xy + z^2$$

Les $2xy$ peuvent être supprimés. Nous avons donc :

$$x^2 + y^2 = z^2.$$

Ce qui est le théorème de Pythagore !

Appendice 2. La preuve d'Euclide que $\sqrt{2}$ est irrationnel

Le but d'Euclide était de démontrer que $\sqrt{2}$ ne peut pas être représenté comme fraction. Étant donné qu'il utilisait le raisonnement par l'absurde, le premier pas consistait à supposer que le contraire était vrai, c'est-à-dire que $\sqrt{2}$ pouvait être considéré comme une fraction inconnue. Cette fraction imaginaire est représentée par p/q, où p et q sont deux nombres entiers.

Avant d'aborder la démonstration, il est utile de comprendre certaines propriétés des fractions et des nombres pairs.

1. Si l'on prend n'importe quel nombre et qu'on le multiplie par 2, le nouveau nombre doit être pair. C'est la définition virtuelle d'un nombre pair.

2. Si l'on sait que le carré d'un nombre est pair, le nombre lui-même doit être pair.

3. Enfin, les fractions peuvent être simplifiées : 16/24 est égal à 8/12 ; il suffit de diviser le nombre et son diviseur par 2. De plus, 8/12 est égal à 4/6, lequel est à son tour égal à 2/3. Cette dernière fraction ne peut pas être divisée davantage, car 2 et 3 n'ont pas de facteur commun. On ne peut simplifier une fraction à l'infini.

Il faut rappeler ici qu'Euclide ne croyait pas qu'on pût écrire $\sqrt{2}$ comme fraction. Toutefois, comme il se sert du raisonnement par l'absurde, il suppose que la fraction p/q existe bien et puis il explore les conséquences de son existence :

$$\sqrt{2} = p/q$$

Si nous élevons les deux éléments de l'équation au carré, nous avons :

$$2 = p^2/q^2$$

Cette équation peut être récrite ainsi :

$$2\,q^2 = p^2$$

Or, d'après la propriété 1, nous savons que p^2 doit être pair. De plus, d'après la propriété 2, nous savons que p lui-même doit être pair. Mais si p est pair, il peut être écrit sous la forme $2m$, où m est un autre nombre entier. Cela découle de la propriété 1. Si l'on insère ces éléments dans l'équation, nous obtenons :

$$2\,q^2 = (2m)^2 = 4\,m^2$$

Si l'on divise par 2 de chaque côté, nous obtenons :

$$q^2 = 2m^2$$

Mais selon les mêmes arguments que nous avons utilisés, nous savons que q^2 doit être pair et donc q lui-même doit être pair. Dans ce cas, q peut être écrit sous la forme $2n$, où n est un autre nombre entier. Si nous revenons au début, il se trouve que

$$\sqrt{2} = p/q = 2m/2n$$

Cette équation peut être simplifiée en divisant les deux termes par 2 et nous obtenons alors :

$$\sqrt{2} = m/n.$$

Nous avons là une fraction m/n, plus simple que p/q.

Toutefois, nous nous trouvons dans une position où nous pouvons répéter exactement la même opération sur m/n et à la fin, nous obtiendrons une fraction encore plus simple, mettons g/h. On peut recommencer le processus à l'infini. Mais nous savons par la propriété 3 que les fractions ne peuvent pas être simplifiées sans fin. Il doit toujours y avoir une forme irréductible, mais notre fraction hypothétique ne semble pas obéir à cette règle. Nous sommes donc fondés à dire que nous avons atteint une contradiction. Si $\sqrt{2}$ pouvait être écrit sous forme de fraction, la conséquence en serait absurde. C'est donc un nombre irrationnel.

Appendice 3. L'énigme de l'âge de Diophante

Appelons L la durée de vie de Diophante. D'après l'énigme, nous disposons d'un état complet de sa vie :

1/6e de sa vie, soit $L/6$ a été l'enfance,
$L/12$ a été sa jeunesse,
$L/7$ a été la durée qui a précédé le mariage,
5 ans plus tard lui est né un fils,
$L/2$ a été la durée de la vie de ce fils,
et Diophante a souffert 4 ans de chagrin avant de mourir.

La longueur de sa vie est donc la somme des données précédentes :

$$L = \frac{L}{6} + \frac{L}{12} + \frac{L}{7} + 5 + \frac{L}{2} + 4$$

Nous pouvons simplifier cette équation comme suit :

$$L = (25/28)\,L + 9$$
$$(3/28)\,L = 9$$
$$L = (28/3) \times 9 = 84$$

Donc Diophante est mort à 84 ans.

Appendice 4. Le problème des poids de Bachet

Pour peser n'importe quel nombre de kilos de 1 à 40, la plupart des gens proposeront six poids : 1, 2, 4, 8, 16 et 32 kg. Ainsi, tous les poids pourront être mesurés en mettant les poids suivants sur un plateau :

1 kg = 1
2 kg = 2
3 kg = 2 + 1
4 kg = 4
5 kg = 4 + 1...
40 kg = 32 + 8

Toutefois, en posant des poids sur les deux plateaux, de telle sorte qu'ils fussent placés sur un plateau avec l'objet à peser, Bachet pouvait réaliser sa tâche avec quatre poids seulement : 1, 3, 9 et 27 kg. Un poids placé avec l'objet à peser revêt, en effet, une valeur négative. Les mesures peuvent donc être réalisées comme suit :

1 kg = 1
2 kg = 3 – 1
3 kg = 3
4 kg = 3 + 1
5 kg = 9 – 3 – 1...
40 kg = 27 + 9 + 3 + 1

Appendice 5. La preuve d'Euclide qu'il existe un nombre infini de triplets pythagoriciens

Un triplet pythagoricien est un ensemble de trois nombres tels que la somme du premier et du deuxième porté au carré égale le troisième porté au carré. Euclide put prouver qu'il en existait une infinité.

Sa démonstration commence par l'observation que la différence entre deux nombres successifs au carré est toujours un nombre impair :

1^2	2^2	3^2	4^2	5^2	6^2	7^2	8^2	9^2	10^2 ...
1	4	9	16	25	36	49	64	81	100 ...

\ 3 /\ 5 /\ 7 /\ 9 /\ 11 /\ 13 /\ 15 /\ 17 /\ 19 / ...

On voit que tout nombre impair peut être ajouté au carré d'un certain nombre pour former le carré suivant. Or les carrés des nombres impairs, qui figurent dans cette liste puisqu'ils sont eux-mêmes impairs, sont en nombre infini, comme les impairs qui leur ont donné naissance.

Il existe donc une infinité de triplets pythagoriciens.

Appendice 6. La dérive dans l'absurde

La démonstration suivante est un exemple classique de la facilité avec laquelle on peut partir d'un axiome simple et, au terme de quelques déductions apparemment logiques, en arriver à démontrer que 2 = 1.

Commençons par l'axiome neutre

$$a = b$$

Puis multiplions les deux termes par a, ce qui donne :

$$a^2 = ab.$$

Ajoutons ensuite aux deux termes $a^2 - 2\,ab$:

$$a^2 + a^2 - 2\,ab = ab + a^2 - 2\,ab.$$

Ce qui peut être simplifié pour donner :

$$2\,(a^2 - ab) = a^2 - ab.$$

Divisons pour finir les deux termes par $a^2 - ab$ et nous obtenons :

$$2 = 1.$$

L'axiome originel semble être, et est, complètement neutre, mais dans les opérations suivantes il y a une erreur désastreuse qui mène à la contradiction finale.

L'erreur apparaît dans la dernière opération, celle où les deux termes de l'équation sont divisés par $a^2 - ab$. Nous savons, par l'axiome originel, que $a = b$ et donc la division par $a^2 - ab$ est équivalente à une division par zéro.

Or, diviser n'importe quoi par zéro est risqué, parce que le zéro entrera un nombre infini de fois dans n'importe quelle quantité finie. En créant l'infini de part et d'autre de l'équation, nous avons dissocié les deux parties et permis à une contradiction de s'infiltrer dans le raisonnement.

Cette erreur subtile est de celles que commirent beaucoup de candidats au prix Wolfskehl.

Appendice 7. Les axiomes de l'arithmétique

Les axiomes suivants sont suffisants aux fondements de la structure complexe de l'arithmétique :

1. Pour n'importe quels nombres m, n

$$m + n = n + m \text{ et } mn = nm.$$

2. Pour n'importe quels nombres n, m, k

$$(m + n) + k = m + (n + k) \text{ et } (mn)\, k = m\, (nk).$$

3. Pour n'importe quels nombres n, m, k

$$m\,(n + k) = mn + mk.$$

4. Il y a un nombre 0 qui possède la propriété que, pour n'importe quel nombre n,

$$n + 0 = n.$$

5. Il y a un nombre 1 tel que pour n'importe quel nombre n

$$n \times 1 = n.$$

6. Pour tout nombre n, il y a un autre nombre k tel que

$$n + k = 0.$$

7. Pour tous nombres m, n, k,

$$\text{si } k \neq 0 \text{ et } kn = km, \text{ alors } m = n$$

A partir de ces axiomes, d'autres règles peuvent être prouvées. En s'en tenant à eux, et à eux seuls, et en les appliquant rigoureusement, on peut, par exemple, prouver la règle apparemment évidente selon laquelle

$$\text{si } m + k = n + k, \text{ alors } m = n.$$

Pour commencer, nous dirons que

$$m + k = n + k$$

Appliquant l'axiome 6, soit un nombre l tel que $k + l = 0$, donc :

$$(m + k) + l = (n + k) + l,$$

puis, appliquant l'axiome 2,

$$m + (k + l) = n + (k + l).$$

Gardant en mémoire que $k + l = 0$, nous savons que

$$m + 0 = n + 0$$

En appliquant l'axiome 4, nous pouvons enfin déclarer ce que nous voulions prouver :

$$m = n.$$

Appendice 8. La théorie des jeux et le *truel*

Examinons d'abord les options de M. Noir. D'abord, il pourrait viser M. Gris. Si son coup porte, le coup suivant sera tiré par M. Blanc. Celui-ci n'a plus qu'un adversaire, M. Noir, et comme M. Blanc est un tireur d'élite, M. Noir est un homme mort.

Une meilleure option pour M. Noir serait de viser M. Blanc. Si son coup porte, le coup suivant sera tiré par M. Gris. Celui-ci n'atteint sa cible que deux fois sur trois, donc il y a une chance que M. Noir survive pour tirer de nouveau sur M. Gris et gagner le truel.

Il semble que la deuxième option est celle que devrait prendre M. Noir. Cependant, il y en a une qui est meilleure : c'est de tirer un coup en l'air. Ce sera ensuite au tour de M. Gris de tirer et il visera M. Blanc, qui est son plus dangereux adversaire. Si M. Blanc survit, il tirera sur M. Gris parce que, de M. Gris et de M. Noir, c'est le plus dangereux. En tirant en l'air, M. Noir a permis à M. Gris d'éliminer M. Blanc ou l'inverse.

C'est la meilleure stratégie pour M. Noir : à la fin, M. Gris ou M. Blanc mourront et M. Noir tirera sur le survivant. Il a donc manipulé la situation de telle sorte qu'au lieu de tirer le premier coup dans un truel, il tirera le premier dans un duel.

Appendice 9. Un exemple de preuve par induction

Les mathématiciens trouvent utile de disposer de formules claires qui leur donnent les sommes de listes variées de nombres. Dans ce cas, la gageure consiste à trouver la formule qui donne la somme des n premiers nombres arithmétiques.

Par exemple, la somme du premier nombre seul est 1, la somme des deux premiers est 3, celle des trois premiers 6, celle des quatre premiers 10, et ainsi de suite.

Une esquisse de formule qui semble décrire ce schéma est :

$$\text{Somme } (n) = \tfrac{1}{2}\, n\, (n + 1).$$

En d'autres termes, si l'on veut trouver la somme des n premiers nombres, il faut simplement introduire le nombre dans la formule et l'on aura la réponse.

La preuve par induction peut prouver que cette formule s'applique à tous les nombres jusqu'à l'infini.

Le premier pas démontre que la formule s'applique au premier cas, $n = 1$. C'est assez simple, parce que nous savons que la somme du premier nombre seul est 1, et si nous appliquons la formule $n = 1$ dans l'esquisse de formule indiquée plus haut, nous obtenons un résultat correct :

$$\text{Somme } (n) = \tfrac{1}{2}\, n\,(n + 1)$$
$$\text{Somme } 1 = \tfrac{1}{2} \times 1 \times (1 + 1)$$
$$\text{Somme } 1 = \tfrac{1}{2} \times 1 \times 2$$
$$\text{Somme } 1 = 1.$$

Le premier domino a été renversé.

Le pas suivant est de montrer que si la formule s'applique à n'importe quelle valeur de n, elle doit être également valide pour $n + 1$. Si la

$$\text{Somme } (n) = \tfrac{1}{2}\, n\,(n + 1),$$
alors la
$$\text{Somme } (n + 1) = \text{Somme } (n) + (n + 1)$$
$$\text{Somme } (n + 1) = \tfrac{1}{2}\, n\,(n + 1) + (n + 1).$$

Après avoir réarrangé et regroupé les termes, nous obtenons :
$$\text{Somme } (n + 1) = \tfrac{1}{2}\,(n + 1)\,[(n + 1) + 1].$$

Ce qu'il faut relever ici est que la forme de cette nouvelle équation est identique à l'équation originelle, à cette différence près que n a été remplacé par $(n + 1)$.

En d'autres termes, si la formule s'applique à n, elle doit aussi s'appliquer à $n + 1$. Si un domino tombe, il fait tomber le suivant. La preuve par induction est complète.

Table des matières

Avant-propos 9
Préface 19

I. « Je pense que je m'arrêterai ici. » 25
II. Le Faiseur d'énigmes 63
III. Une disgrâce mathématique 101
IV. Vers l'abstraction 153
V. La preuve par l'absurde 207
VI. Le calcul secret 241
VII. Un petit problème 295
VIII. Les grandes mathématiques unifiées 319

Appendices 327

Aubin Imprimeur
LIGUGÉ, POITIERS

Achevé d'imprimer en février 1999
N° d'édition 99045 / N° d'impression L 57691
Dépôt légal février 1999
Imprimé en France